# SCI图像语法

## 科技论文配图设计实用技巧

宋元元 著

科学出版社

北京

## 内 容 简 介

本书将自然科学领域科技论文常用的诠释论文重点信息的图像进行了类型划分，跳出传统的学科界限，以图像表达信息的方式作为划分的基础；进而对每种图像的功能作用进行了分析，读者可以根据自己的科研目的判断出采用什么样的表达方式更好。书中将科研图像的构成比作语言构成，从语法的角度来帮助读者理解转换科学理念。科学研究在探索目标上是无止境的，艺术在表现形式上是无止境的，本书在无止境的可能性中，为科研人员找到一些用图像语言描述科学内容的共性方法，用这些规律性的表达方式帮助科研人员进行图像的构建，之后再基于各自的科研创新点来发挥个性化的创作。

本书希望给从事自然科学研究的学生、老师、科研工作者提供构建图像的思路。

**图书在版编目(CIP)数据**

SCI图像语法：科技论文配图设计实用技巧 / 宋元元著. — 北京：科学出版社，2023.3

ISBN 978-7-03-075093-8

Ⅰ. ①S… Ⅱ. ①宋… Ⅲ. ①科学技术—论文—写作研究 Ⅳ. ①G301

中国版本图书馆 CIP 数据核字（2023）第041221号

责任编辑：许 蕾 / 责任校对：杨聪敏
责任印制：师艳茹 / 封面设计：许 瑞

科学出版社 出版
北京东黄城根北街 16 号
邮政编码：100717
http://www.sciencep.com
北京建宏印刷有限公司印刷
科学出版社发行 各地新华书店经销
*
2023 年 3 月第 一 版 开本：787 × 1092 1/16
2024 年 9 月第二次印刷 印张：12 1/4
字数：290 000
**定价：125.00元**
（如有印装质量问题，我社负责调换）

# 序

对于科研工作者而言，在做出优秀的科研成果同时，如何将抽象严肃的深奥知识通过直观、形象的方式来表现，找到有章可循的法则来为自己的研究成果锦上添花？科研图像就是一种十分重要的表达方式。此书作者总结了自己十几年的科技绘图经验与心得，力图为更多的科研工作者解决科技绘图方面的问题提供参照，实现作者一直坚持的信条："用唯美的艺术诠释科研"。

《SCI 图像语法——科技论文配图设计实用技巧》这本书将科研领域常见的图像从视觉构成方面进行了划分，为科学家提供了从另外一个视角来看待科研成果的思路。一图抵万言，图对科学家来说，就是语言，就是用来说清楚自己研究内容的语言，尤其是论文图，不像封面图那么花哨，论文图就是科学家要说清楚研究细节的重要工具。但是，图像工具和文字工具在习惯上有很大区别，为了让读者感受到这个区别，作者在书中将画图比喻成写文章、遣词造句，借助句型、语法这种隐喻的方法来讲解构图，这个讲法是很有创意的。对科研工作者来说，这种模型建立的方式，更容易代入，更容易理解。对不同领域的科学家来说，都能从中得到规律性的经验，再结合自身的研究而变通形成自己的图像表现方式，这是作者最具新意的设计点。

随着时代的发展，无论是项目申请、奖项申报还是工作汇报，要让更多的人，包括大同行、评审专家、管理人员以及政府官员更加直观地了解科研工作的内涵，实现科研成果的可视化表达，从而发挥基础科技更大的社会效果，这也是此书作者一直追求的目标。

此书既可以为专业设计人员提供参考，亦可以帮助科研人员自学，通过科研图像来讲好自己的研究故事，展示科技的魅力，让科学之光焕发艺术之美。

江桂斌

中国科学院院士，发展中国家科学院院士

2023 年春于北京

# 前 言

科技论文也被称为学术论文、科研论文（science paper），是科研工作者在完成一个阶段的研究工作之后，用文字形式将这个阶段性工作所发现的结论和研究亮点进行总结。这种呈现方法是目前全球科研界约定俗成的交流模式，是科研严谨性的体现，是科研逻辑性的体现，即通过撰写并在特定的期刊发表论文来表述自己在特定领域的研究进展——研究了什么科学命题，研究所得到的结论，是否尝试了不同的研究方法或者研究结论是否有独特性。所以对很多科研工作者来说，学术论文是科研成果的呈现形式之一，撰写学术论文的能力与实验室操作技能是同等重要的专业技能。对于学术论文的写作模式和英文写作技巧已经有很多专业人士投入研究，获得了很多经验和理论模式。而对于承载实验逻辑、研究数据和结果等重要信息的科技论文配图，却未有系统、实用的设计“宝典”问世。

论文配图在科研领域出现是时代发展的产物。

在需要传统印前制版的时期，太过于复杂的图像印刷制版难度大，不如用文字和符号呈现方便。在那个年代，图像更多的是被用于大众教育、科普以及图书插图方面，而科研论文中更倾心于文字表述。

随着 CTP（computer to plate）和数字化印刷技术的普及，复杂图像的印刷变得不再是难事，论文配图也更加丰富起来。

科技发展改变了信息传递模式，电子化、无纸化的趋势让学术论文的出版不再受印刷方式限制，知识信息的交流传递速度更快，传递内容更丰富全面（包括图像），对科研人员更有帮助。

此外，信息技术的发展让图像的生成手段也发生了变化，科研人员借助软件工具就可以完成表意的图像制作，而无须从美术基础开始修炼。

论文配图是信息传递需求的结果。

一方面，在各类阅读终端，大量的文字信息需要图像介入来缓冲视线和注意力。另一方面，在信息传递的感受上，图像的表现显然优于文字。

因此，近年来，用图像协助文字符号来表达学术内容与观点这种方式，越来越受到科研学术界的重视。

图像设计与制作融合了艺术学、传播学、心理学、社会学、逻辑学、语言学、计算机科学等多学科的综合能力，在信息传递方面具有简洁、明确、易于传播的特色。

在科技论文配图中，把黑白的符号换成彩色的、把扁平的符号换成立体的，并不是构建可读性的关键点。科技论文配图是一种专业化的工具，掌握图像表达技能，可以提升学术信息传递的效率，提高论文的专业度。论文配图的最终目标是：用图像的表达方式呈现论文中创新性的学术逻辑、与众不同的观察视角或者独到的分析方法。图像在客观呈现之外，是具有主观引导性的，具有对复杂信息拆解优化、对简单信息融合汇总的能力；图像具有将文字表述中不能尽兴的地方表达得淋漓尽致的能力。

要恰到好处地借助图像吸引力和刺激性，将信息根植于读者记忆中，或者吊起读者的胃口、吸引读者对文章的好奇心，那么图像的设计就既要充分考虑所承载信息的直观准确性，又要符合视觉心理学的规则习惯。

图像是一种独特的语言体系，同样的信息，不同的人绘制出来会有不同的形式，这并不完全是工具差异造成的，而是因为不同的人对同样信息的理解方式不同、阐述方式不同，从而形成不同的画面。论文配图设计从外在来看是画面构成的设计，内部核心其实是信息表达。

本书针对常见的论文配图的特征进行分析，从图像设计理念、图像功能立意和软件工具使用的目标策略等方面进行阐述，目的是帮助科研人员明确图像和文字在表述方面的区别、图像化过程中需要转变的思路，进而将复杂的、困扰大家已久的设计问题和软件应用的技术问题融合转化为一个个小型任务点，帮助科研人员有效地解决具体问题。

# 目　录

请访问科学在线www.sciencereading.cn，
选择“科学商城”检索“SCI图像语法”，
在图书详情页“资源下载”栏目中获取本书附
带数字资源。

# 第 1 章 学术图像的特性

一篇完整的学术论文是科研人员对研究成果的完整论述，并将各种事实陈列出来以便论证文章结论的科学合理性。广义上来讲，在这样一篇论文中所有的图像都是学术图像，包括数据图、电镜图、实验相关的照片图、原理示意图、摘要图，甚至封面图。在本书中，我们主要的关注点在原理示意图，如图 1-1 所示，以及摘要图。

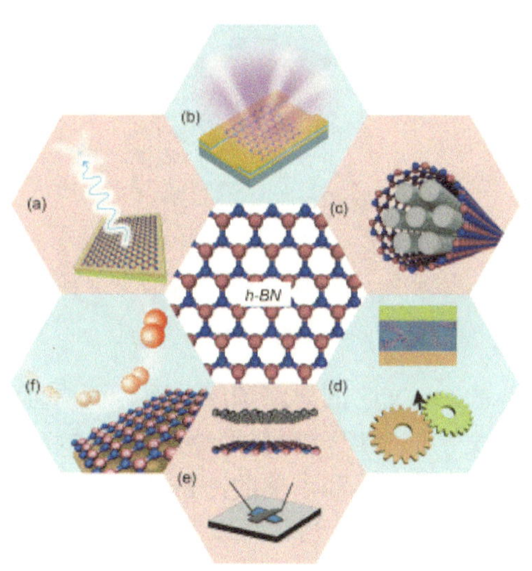


Figure 1 (Color online) Overview of h-BN's properties and applications. h-BN used as (a) the source of single photon emission when proper defects are introduced, (b) the ultraviolet detector, (c) the insulating layer for electric cables, (d) the high-temperature solid lubricants in modern industry, (e) the substrate for high performance electronic devices and (f) the anti-oxidant layer of metal surfaces.

Chemical doping can improve the electrical transport capability by introducing additional doping levels into the bandgap of BN materials, which has been a common method of electronic modulation in current semiconductor industry. According to the origin of doping levels, chemical doping can be divided into external chemical doping and internal doping. The external chemical doping is generally conducted by adsorbing foreign atoms, molecules and other groups onto the BN surfaces (Figure 2(a) and (b)). Due to the difference of electron affinity, there is a charge transfer between the BN and adsorbates, which breaks the electron conjugation of BN and generates doping levels near Fermi level. The external doping includes adsorption doping and substitutional doping. Depending on doping sites, BN materials can be modulated into n-type or p-type semiconductors [22–30]. The internal chemical doping is the self-doping phenomenon caused by intrinsic defects or edge dangling bonds, which can even realize the metallization of BN materials (Figure 2(c)). Typical research progresses on the internal doping are seen for BN nanoribbons with unpassivated edges. The dangling bond states at edges can be closely arranged into an order along the edge direction, which facilitates their coupling with each other and enables the charge carrier to transfer along the

图 1–1

摘要图也称为图像（文）摘要（graphical abstract）、TOC 图。近年来，摘要图逐渐成为配合文字摘要阐述文章的重要环节。论文投稿时，期刊常常鼓励或要求作者提供摘要图，用图像的形式把论文中主要采用的研究思路、最终获得的结论简明地呈现出来，往往与文字摘要一起放在文章起始部分，图像和文字同样起到了摘要提示的作用。在许多期刊平台上，摘要图已成为不可或缺的重要组成，与文章标题一起出现在目录上，如图 1-2 所示，读者可清楚地根据自己兴趣点选择是否点击阅读来了解研究细节。

Multifunctional Platform Based on Electrospun Nanofibers and Plasmonic Hydrogel: A Smart Nanostructured Pillow for Near-Infrared Light-Driven Biomedical Applications

Paweł Nakielski, Sylwia Pawłowska, Chiara Rinoldi, Yasamin Ziai, Luciano De Sio, Olga Urbanek, Krzysztof Zembrzycki, Michał Pruchniewski, Massimiliano Lanzi, Elisabetta Salatelli, Antonella Calogero, Tomasz A. Kowalewski, Alexander L. Yarin, and Filippo Pierini*

ACS Applied Materials & Interfaces 2020, 12, 49, 54328-54342 (Biological and Medical Applications of Materials and Interfaces)
ACS AuthorChoice
Publication Date (Web): November 25, 2020

Abstract　Full text　PDF

ABSTRACT

A Sequentially Responsive Nanosystem Breaches Cascaded Bio-barriers and Suppresses P-Glycoprotein Function for Reversing Cancer Drug Resistance

Jia Liu, Lei Zhao, Lin Shi, Ye Yuan, Daan Fu, Zhilan Ye, Qilin Li, Yan Deng, Xingxin Liu, Qiying Lv, Yanni Cheng, Yunruo Xu, Xulin Jiang, Guobin Wang*, Lin Wang*, and Zheng Wang*

ACS Applied Materials & Interfaces 2020, 12, 49, 54343-54355 (Biological and Medical Applications of Materials and Interfaces)
Publication Date (Web): September 22, 2020

Abstract　Full text　PDF

ABSTRACT

Biodegradable Multifunctional Nanotheranostic Based on $Ag_2S$-Doped Hollow BSA-$SiO_2$ for Enhancing ROS-Feedback Synergistic Antitumor Therapy

Ziliang Zheng, Rong Dai, Zhuo Jia, Xiaorong Yang, Yufei Qin, Shuo Rong, Xiaoyang Peng, Xianmei Xie, Yanyan Wang*, and Ruiping Zhang*

ACS Applied Materials & Interfaces 2020, 12, 49, 54356-54366 (Biological and Medical Applications of Materials and Interfaces)
Publication Date (Web): November 25, 2020

Abstract　Full text　PDF

ABSTRACT

图 1–2

论文行文中的图像大多按照顺序罗列举证信息，与文字的思路顺序一致，而原理示意图和摘要图不同，特别是摘要图。摘要图替代文字或者配合文字将论文研究的特征、亮点、逻辑结构高效呈现给读者，需要考虑图像阅读的感受和审美的冲击，这正是科研人员以往不熟悉、不擅长的领域，是科研人员需要面对的新兴领域。

## 1.1　用图像表现科研亮点

学术研究工作是一个长期的、循序渐进的过程，每一篇学术论文都是在特定条件下形成的表述科学研究成果的理论文章，具有特定的结论点，这些结论点向前追溯需要有前人的研究基础支撑，向后发展需要有进一步探索的延续性。科研人员将这种阶段性成果以论文的形式对外发布阐述时，图像也需要具有承前启后的功能。学术图像不能脱离规则进行颠覆式创作，学术图像中用到的元素要有一定的共性，以便读者看到的时候一眼便认得出来画的是什么；图像中还需要体现作者自己个性化的想法和思路，以便读者能读出作者的创新点。

## 图像对结构描述的优势

图像在描述结构方面具有先天优势。图像可以将结构形貌、色泽、质感表达出来，而且可以对研究对象进行有选择性的“解剖”，将内部结构和外部结构同时展现，如图 1-3 所示，让读者同时获取多层级的信息。

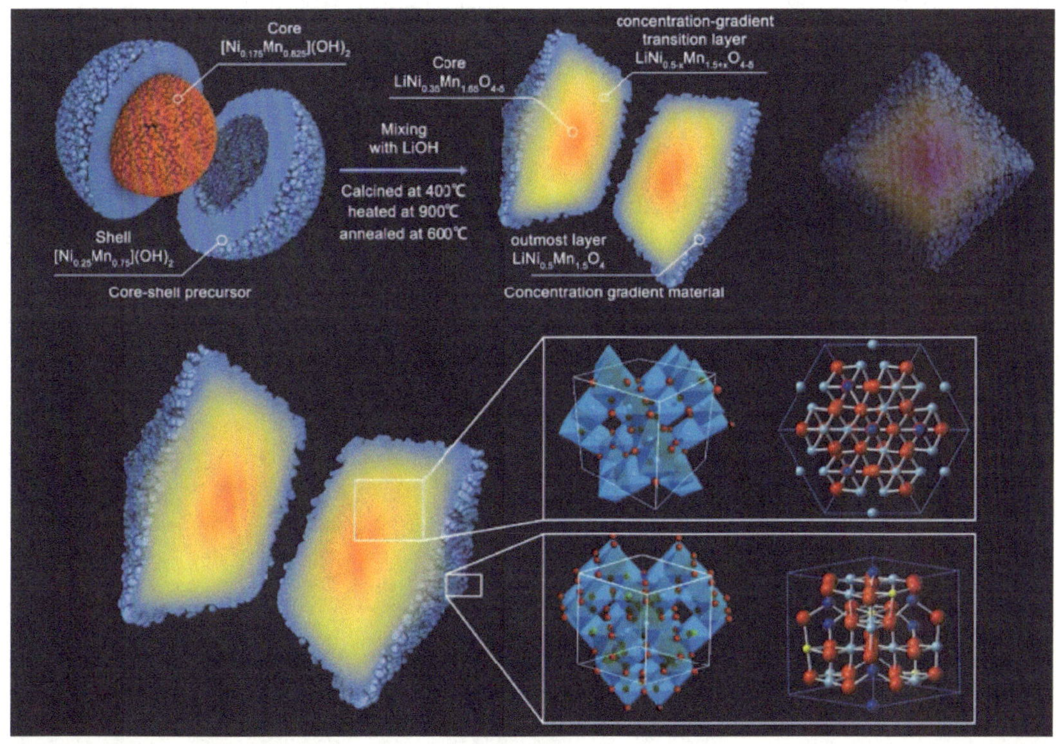


图 1–3

## 图像对环境描述的优势

有些研究需要在特定的环境、特定的条件下进行：脱离了特定的环境，研究结论可能会发生变化；当研究发生在极端条件时，实验环境需要特别强调。用语言文字描述环境往往需要增加多重的形容，而结合图像呈现则会更加直观。例如，相比于文字描述的“极冷极热的环境”，用图像直接呈现出来的冷热感，感受性更强，让读者看到研究对象的同时获取对环境的印象，进而产生共鸣或者身临其境的感觉。

## 图像对相对关系描述的优势

图像对元素之间相对关系的描述优于文字。学术论文中经常需要描述某种反应的过程，在反应过程中，研究对象彼此之间可能会处于动态变化中，图像的流动性和指向性可以对彼此关系变化有更加直观的表述。对于反应过程中复杂的关系和状态中的结构细微变化，用图像来表达优势显而易见。

## 图像有跨语种的情感交流优势

英文可能表达不出中文细腻的措辞，中文可能无法直译英文的准确精髓。图像用视觉语言打破不同语种之间的理解屏障，除了可以直观传递研究信息之外，也具有传递作者情感的特质。如图 1-4 所示，在细胞上画出不同的卡通表情，让读者感受到情绪的层进变化，不失为一种趣味，这种趣味性并没有削弱画面的科学性，反而会给读者带来一丝丝情绪感，整个画面柔情温和起来。

图 1–4

在此借鉴一下图像设计师 David McCandless 在 TED 大会上对信息类图像神奇功效的描述——“视觉化的信息有着某种魔力。它对信息的阐释毫不费力，逐字逐句涌入你的大脑。想象一下，你正穿梭在密密麻麻的信息丛林间，突然碰到赏心悦目的图表或简单明了的可视化数据，就像在密林中邂逅了一方空旷的天地，真是巨大的解脱！”这段文字虽然是针对信息类图像的描述，但是相信对于其中描绘的解脱感，大量正在阅读文献的科研人员是很容易意会的。

科研领域出现越来越多学科交叉合作的趋势，材料领域的研究可能会与生物领域产生交叉，医学领域的研究可能会与材料领域产生合作，要想让读者快速读懂论文的观点，则需要用更加有效的方式帮读者建立研究环境模型。从科研数据平台搜索结果来看，对于同一种物质的研究可能会有成百上千篇论文，虽然说每篇论文的研究都有不同之处，但是在同类或者相近的文献中准确阐明自己的独特观点，获得同行的认同或者被引用，是当下科研人员面临的挑战。

## 1.2 用图像重构科研语义

摘要图是对文字摘要的“翻译”，用图像表述学术论文，需要基于学术论文整体意义进行翻译。但是，“翻译”工作不是把论文中写到的每一个单词、每一句话按照顺序从左到右画成结构的过程。科学研究是有明显的逻辑路径的，据此撰写出的学术论文往往有前因后果，需逐步推理，秩序性很强。而图像是不同于文字的另外一种“语言”，如果按照做科研写论文的习惯逐字逐句来画图，反而会影响图像视觉信息的呈现。

构建图像的过程，是先对论文信息总结概括，再从中抽取要传达给读者的关键理念，需要规划传达信息的秩序性，从而掌控读者阅读的节奏，最终使读者的关注点和作者希望读者关注的点一致，如图 1-5 所示。

A novel coordination-responsive system for the controlled release of doxorubicin was fabricated by complexing platinum cations with selenium-containing polymers. Doxorubicin loaded in the platinum-coordinating micelles can be released in a controlled manner through the competitive coordination of the platinum cations with glutathione. The coordination micelles are quite biocompatible as vehicles of drug delivery, thus opening a new avenue in multidrug systems for cooperative chemotherapy.

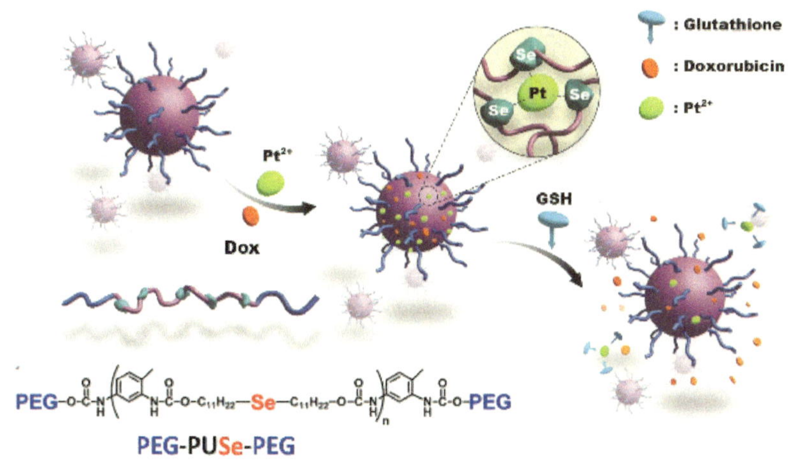


图 1-5

一幅秩序性安排得非常好、语义清晰的图，即便是元素制作不那么精致，一样可以给读者很清楚的信息传达；而一幅关系凌乱的图，无论绘画技法多么高超，看起来也是“词不达意”。

### 从结论入手梳理

用图像讲述科研内容时，即便是按照顺序流程画，也需要重点考虑结论，流程绘制完成之后，要权衡结论在画面中是否占据“主角”地位。视线到达画面时，会快速寻找焦点、寻找结论，再反向追溯结论形成的过程。将视线在画面上游走的路径与画面上重点内容安置的方式结合得足够巧妙，就能产生把信息“喂”给眼睛的感觉。反之，如果按照科研习惯，从前人的成果或研究的前因开始绘图，会在开头画得很认真，越往后到阐述自己观点和结论的时候，就越画不下去、越来越草率了，最后图像传达的信息是已经属于大家共识的背景信息，真正重要的自己的观点信息却被忽略了。

## 从看不见的东西着手画

说到把科研内容画出来，很多人会从实验过程开始回忆，脑海中会浮现实验中用到的装置，并考虑从这些装置的形态着手画图。然而，化学实验室和生物实验室的烧杯不会有太大的本质区别，烧杯画得再精细也很难呈现出惊艳的视觉效果，真正可以让读者眼前一亮的多是那些看不见的微观结构，或者说从理论上推理出来的结构，这些原本看不见的结构可以给出更多研究细节和关键点，如图 1-6 所示。

图 1–6

### 流动性能让视觉更兴奋

在科研工作中，顺序的、按部就班的工作流程贯穿始终，长此以往形成的工作习惯，常常使科研人员在描绘图像的时候，习惯了直线性思维，即按照顺序将信息直线性地排下来之后，将需要重视的部分的图框加粗、将文字加大加黑加深，不知不觉地，一整幅图又变回了由文字来主导信息传递。

在图像构建的过程中，关键信息的呈现除了加黑加粗这种强调方式之外，还有很多巧思。面对画面上信息众多、信息点繁杂的情况时，越是希望抓住读者，就越是要打消对画面信息安排的紧张感，设计符合视觉习惯的流动方式，从容有序地安排每个环节的信息表达，让读者的视线在画面中游走，让感官的兴奋点带动潜意识的信息获取，如图 1-7 所示。

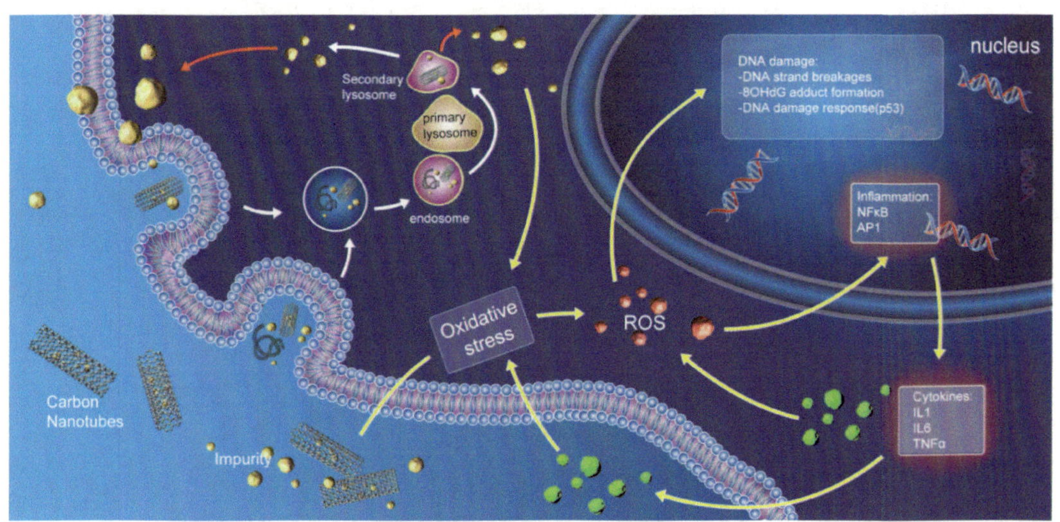


图 1-7

大脑对视线在游走中探索到的信息的记忆更深刻、兴趣更浓郁，过段时间即便是不能完整地回忆起整张图，脑海中也会有存留的信息。

## 1.3 用图像细节来增加论文吸引力

当我们打开新闻网站或 APP 的时候，可能首先会扫一遍整体的版面，看到感兴趣的图像或者标题，再点击进去查看具体内容；如果版面上没什么想看的，就直接关掉，以便节省信息阅读时间，减少不必要的浏览。所以，构建有吸引力的元素对引起读者的兴趣有重要作用。

### 与平面相比，空间更具有吸引力

纸张是平面的，电脑屏幕也是平面的，平面是图像信息承载体的客观属性。但是从艺术诞生之日起，艺术家就在利用视觉感受营造各种幻觉，比如让分明画在平面上的结构看起来像是在立体空间中的一样。这种幻觉营造的立体感让主观认知觉得奇妙且享受其中，如图 1-8 所示。

所谓平面的图像和所谓立体的图像，都是图像艺术家通过画面给出的视觉感受，能产生立体空间感的画面会让人不由自主地投放更多目光。

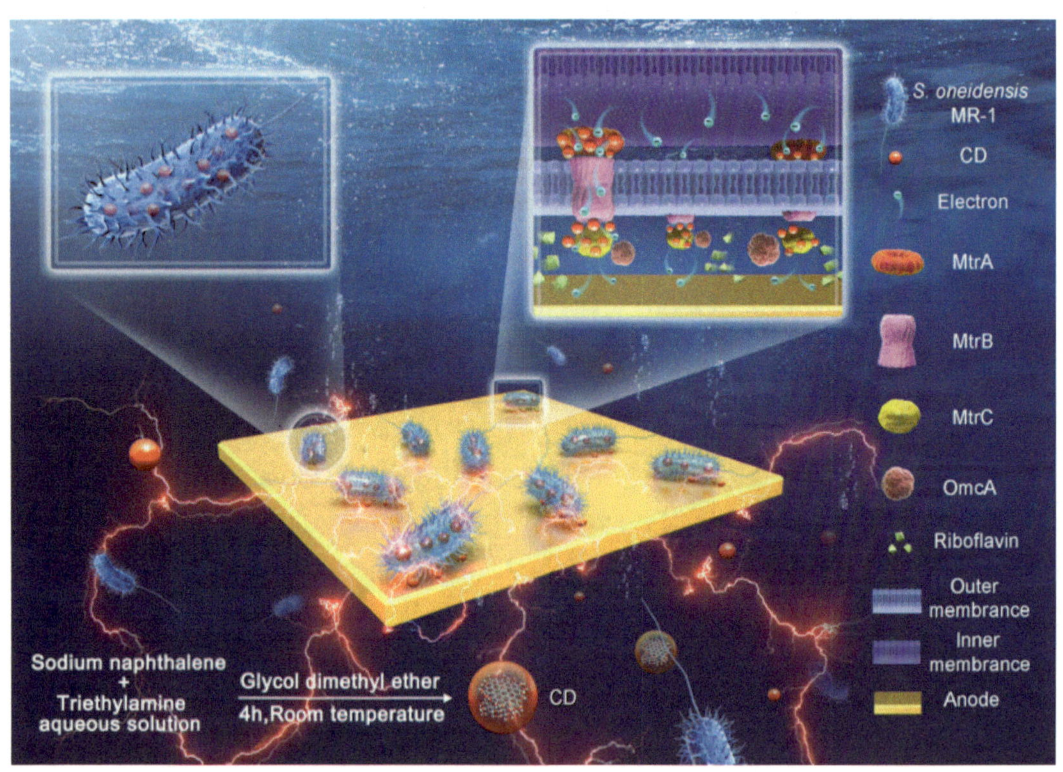


图 1-8

## 注意划分节奏，节奏感让画面更有吸引力

眼睛不仅对空间保持好奇，还喜欢有变化性的画面。注意画面的节奏感，合理分配画面的轻重配比，特别是元素之间没有明确的层进关系时，有意识地分组、划分逻辑层次，可以帮助大脑减轻判断的负担，读图的愉悦感会提升，如图 1-9 所示。

## 形式不能弥补内容的空洞

在形式上做足了功夫，但若内容构建不合理、不充分，吸引力也会大打折扣。好比一部电影，剧情不能令人回味的话，多么炫酷的特效也不能替代故事抓住观众，反而会成为槽点甚至使观众产生负面情绪。学术图像更是以内容驱动形式的艺术，学术图像中所谓的抠细节并不单纯是增加画面质感和描绘细小的背景，而是要抠学术故事的“剧情”细节——学术图像中最重要的细节是图像中的逻辑关系，图像中的逻辑关系设计不能契合研究、不具有表现力，而只具备表面形式的话，不仅不会有吸引力，反而会让读者觉得嘈杂空洞。

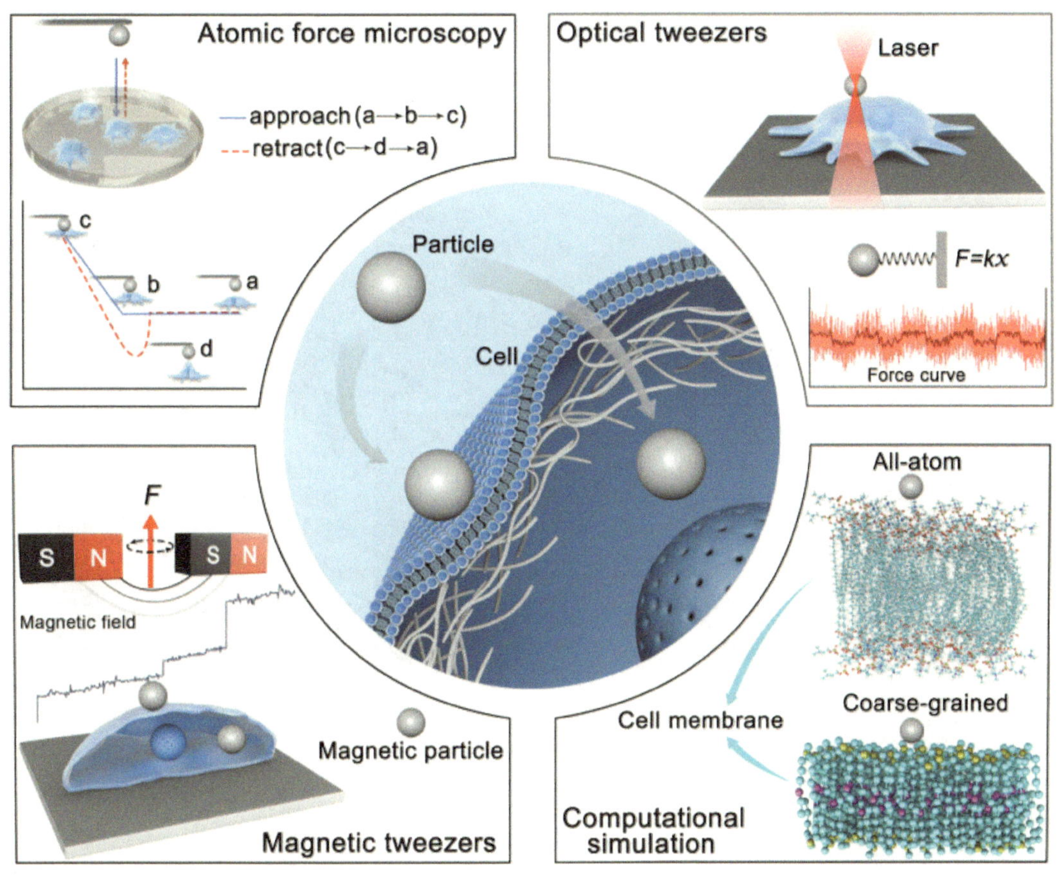


图 1–9

## 1.4 用图像让现实和理论形态同时再现

电子显微镜和望远镜性能越来越好，让科学人员越来越趋向于对高度微观或高度宏观的结构的研究。以微观为例，在高度微观的视野中，显微镜能看到纳米尺度结构的形貌，但是科技论文阐述作者独特观点或研究视角时，需要把这些微观结构的内部特征和相互的差异呈现出来，或者需要讲述其构成原理，仅凭设备本身比较困难。

### 仪器设备中看得到的现实结构

在论文中，经常需要对微观结构进行逐级剖析，例如微米级、纳米级；或者需要分析不同反应条件下微观结构的变化，例如当浓度变化之后的结构变化、当温度变化之后的结构变化等。在专业的仪器设备辅助下，例如扫描电镜，科研人员能观察到微观世界的结构形貌。电镜图等利用仪器设备拍摄的图片是科研的真实性佐证素材，其修图需要格外注意，可以从可读性角度去调整画面的辨识度，如图 1-10 所示，但是不能为了数据好看去美化篡改画面内容，不能为了结论去篡改画面中的形貌。

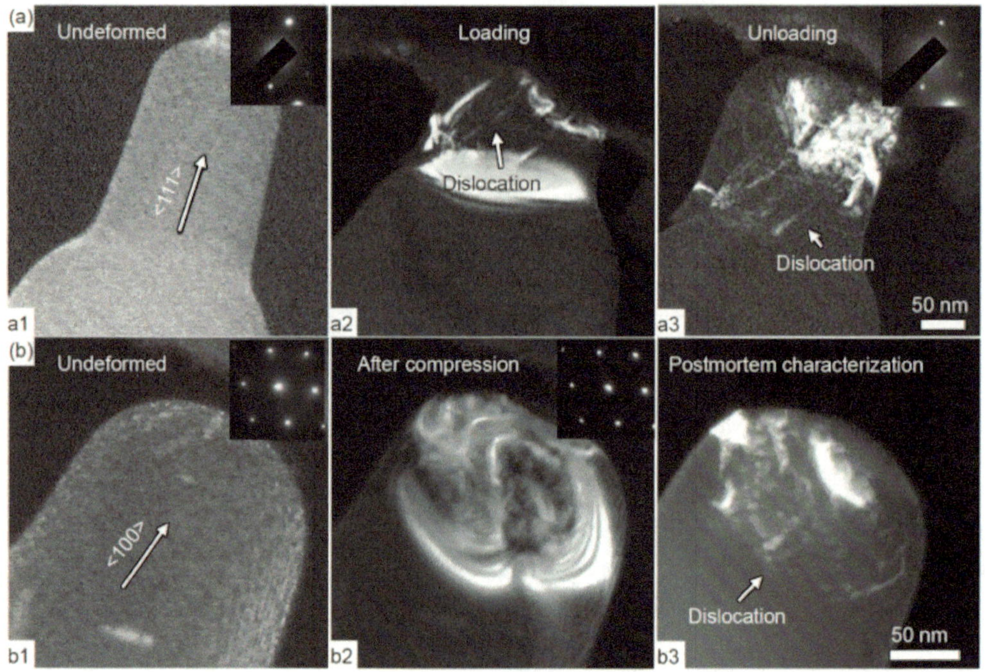


**Figure 4** Room-temperature plastic deformation of single-crystal diamond nanopillars under *in-situ* compression. (a) Dark-field TEM images of a <111>-oriented ~200 nm-sized diamond nanopillar (a1) before brought into contact with, (a2) when compressed against and (a3) after released from the indenter. (b) Dark-field TEM images of a <100>-oriented ~300 nm-sized diamond nanopillar (b1) before brought into contact with and (b2) after released from the indenter. (b3) The postmortem characterization of the same diamond nanopillar in (b2) reveals the dislocation lines. Insets are corresponding SAED patterns.

图 1–10

## 仪器设备中看不到的理论结构

仪器设备可以捕捉到的画面，往往是最终的状态，过程中的变化难以捕捉。此外，如果特征反应是在结构内部的，表观看不到，那么影像设备因为无法看到解剖结构，也就捕捉不到内部的变化。对于这些仪器设备中看不到的情况，需要用理论化的结构模型进行补充，如图 1-11 所示。为研究结论补充解剖信息，对读者阅读会有很大帮助。

学术图像不单纯是形式化的审美对象，还是信息传递的工具。当描述的对象简单明确，并且描述的结果与所涉及的结构精准度相差不大时，文字是够用的；但是，当描述的对象有复杂的条件关系，具有精准却难以描述的结构和情境，又希望能准确传达给读者，并在对方脑海中构建一个同样的模型结构或情境意境时，语言文字再反复修饰可能也不如一幅图像来得准确。这便有了“千言万语不如一幅图”的感慨。

在信息时代来临之前，图像通常被划归到艺术领域，被贴上休闲、娱乐、想象的标签。在信息快速涌动的时代，科研学术的交流比以往更加频繁，在科研领域，我们需要从交流的角度重新审视图像，用交流的模式重新解构科研信息的传播方式，将图像拆解变成可以供科研人员驾驭的语言，成为提升科研工作和交流效率的工具。

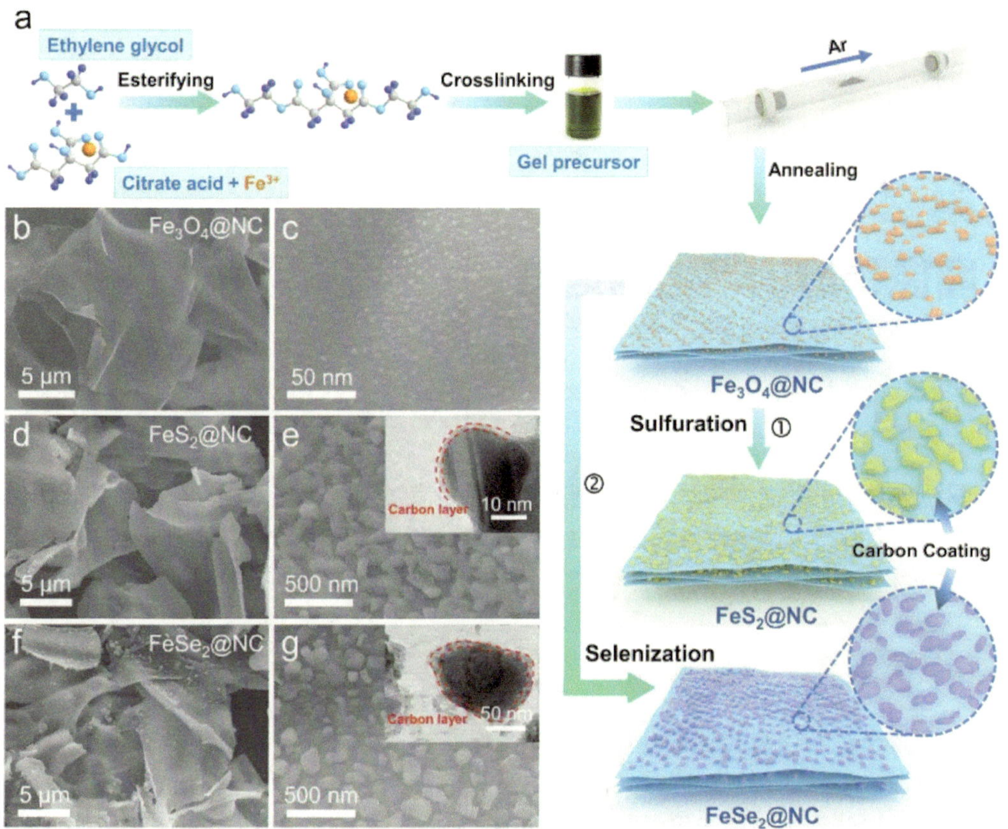


**Figure 1.** (a) Schematic illustration for the synthesis of $Fe_3O_4$@NC, $FeS_2$@NC and $FeSe_2$@NC. FESEM images of (b, c) $Fe_3O_4$@NC, (d, e) $FeS_2$@NC and (f, g) $FeSe_2$@NC. The insets in (e) and (g) are HRTEM images, showing the Fe-based particles are coated by amorphous carbon.

图 1–11

# 第 2 章 图像是遣词造句的语言

科研人员平时翻阅文献时，查看别人的图总是有顺理成章的感觉，自己动手开始作图的时候，却会觉得大脑中建立起画面的内容不多，有时候可能会将这种情况归结为想象力不足的原因。下面让我们一起来看看这个问题的解决方式，看看它是不是想象力的原因。

## 2.1 图像语言的词汇来源

从语言交流和信息传达的角度来研究图像的构成方式，对科研领域有重要的作用，能兼顾对原本学科的理解，同时又能将传播环节推进提升。任何一门语言，在学习初期都有大量的语法规则需要去记忆和练习，熟练掌握之后，就会形成语感，用感受去判断信息，用感受去传递信息，图像也是这样的语言。本书中对图像的分类是基于信息呈现方式以及对科研图像这门语言语感的，而不限于常规的学科分类，大家学习的时候多注意语法的共性，才能在自己的研究领域活学活用，最终形成自己的图像语言习惯。

学术论文中对结构形貌的描述并不会太多，往往仅用术语名词指代。因此，构建学术图像要面对的第一大难关就是找到合适的“图像词汇”。例如，TD-DMRG 计算方法对应的“图像词汇”是什么？画成一台计算机还是一枚芯片？这种“翻译”的状态，就像中译英时怎么也找不到一个和中文词汇对应的英文词汇一样会让思路卡壳，最终呈现出来的画面比较苍白，依然要依靠术语文字来传递信息，如图 2-1 所示。

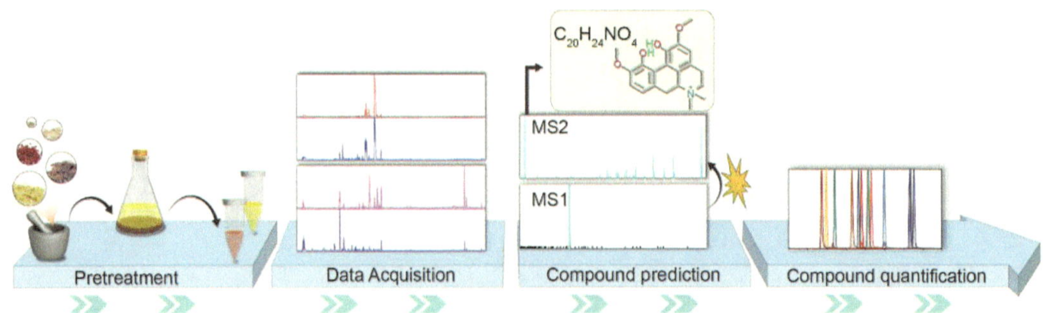


图 2-1

将论文中的文字信息翻译成图像，有时候，前人的研究里有类似的素材可以参考，这是稍微好点的情况；然而，科研追求创新，常常会遇到很多新的没有人遇到过的方法和结构，这样我们就需要从几个方面来考虑词汇的转化。

## 从化学式转化来的图像词汇

化学分子式利用元素符号和数字将单质和化合物的组成记录得很清楚，化学结构式利用元素符号和短线将原子之间连接的方式也记录得准确无误。

### 从符号化的化学式到立体的分子结构式

化学分子式和化学结构式是符号化的记录方式，用立体结构构件将其转化为立体化的呈现方式，可将原子、分子状态的变化传达得既清楚又标准。立体的分子结构式是示意图中不可忽视的素材，可以用常见的模拟计算软件将化学符号按照标准的键长键角生成立体的分子构象，完成最简单的图像语言的“名词”演化工作，如图 2-2 所示。

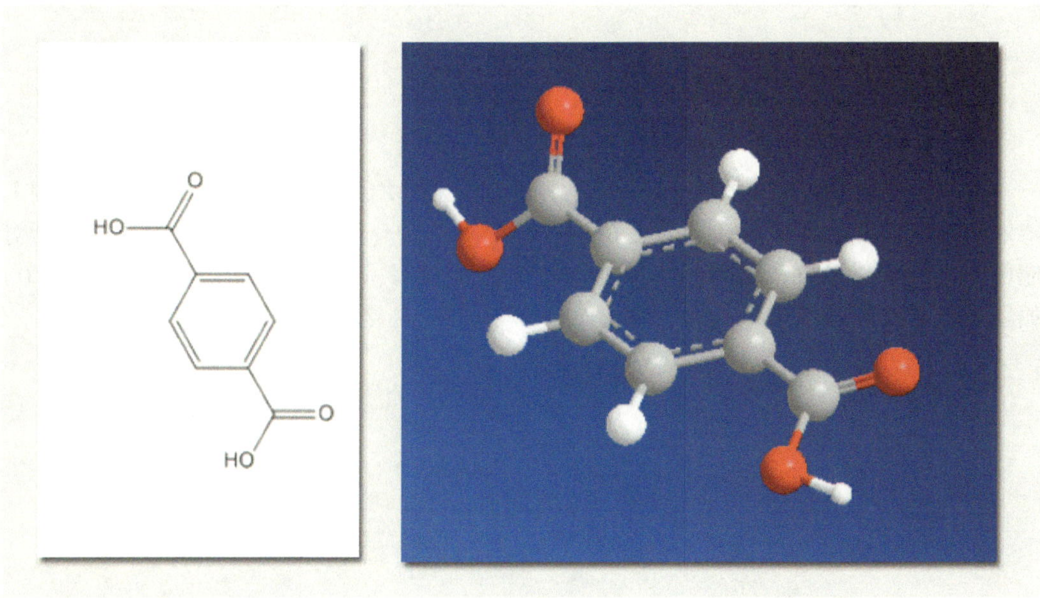


**图 2–2**

一般，在分子结构上花费功夫渲染修饰以呈现分子结构的特征，适用于研究对象本身就是分子的情况，也就是说分子是画面的主角。当前有很多化学模拟软件可以绘制出非常准确的分子结构，且能选择球棒模型、棍棒模型、堆球模型等不同的呈现方式，还可以选择不同角度导出为图像元素，作为图像名词待用；如果不满足于此，可以再提升点技术难度，将模拟出来的分子结构导出为模型，再将模型导入三维软件中增加材质、灯光，渲染之后可以得到结构准确且有质感、样子更加好看的结构式，如图 2-3 所示。

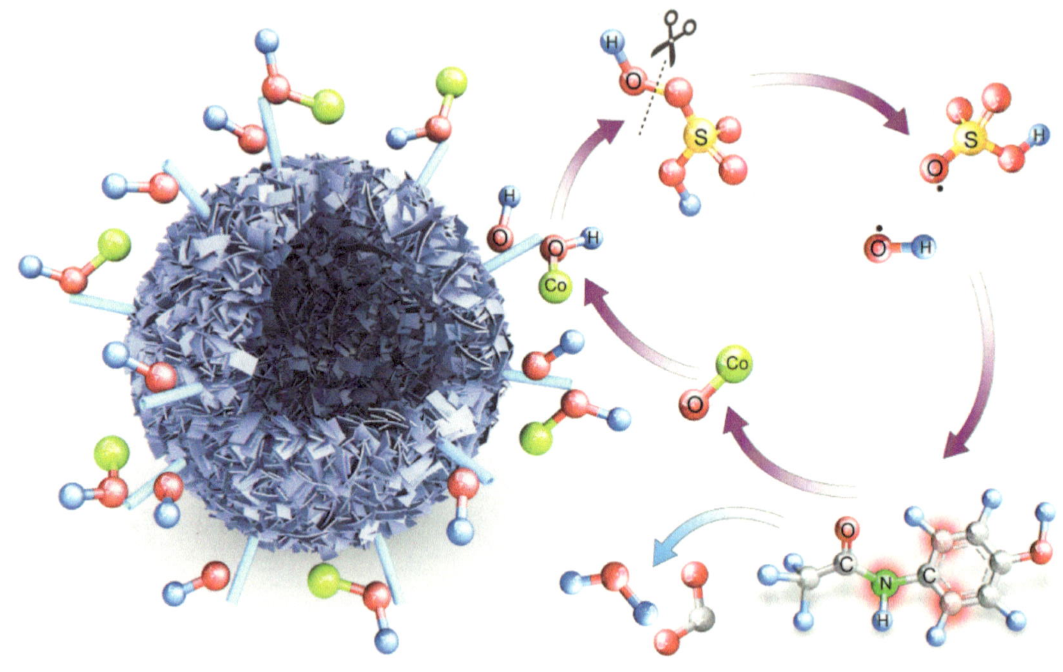


图 2–3

在很多图像中，常常将分子作为“小配件”来增加画面细节。比如，实验中加入特定分子来改变材料属性，或者在反应过程中有新的分子生成或释放，将这些分子对应的立体结构以及加入或释放的途径画出来，比只写术语名词更加形象和有吸引力，如图 2-4 所示。

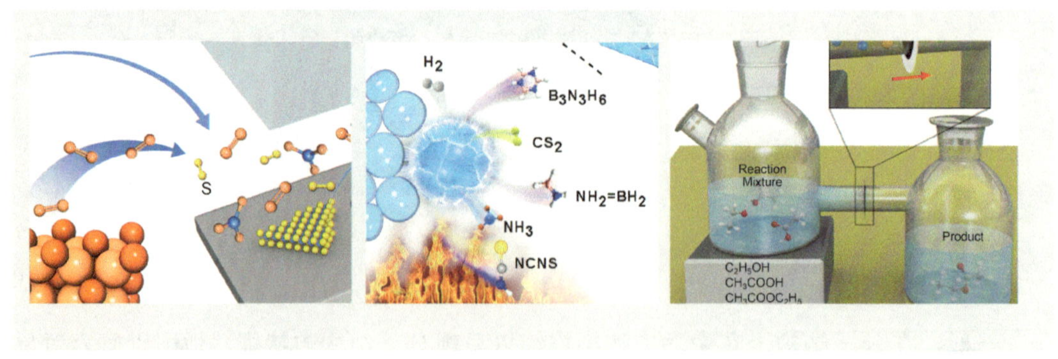


图 2–4

**从通用的化学结构式到特征性的结构表示**

用常规的化学结构式可以讲明分子的基础构成方式，如图 2-5（a）所示。然而，学术论文中不仅限于阐述基础的分子结构，更需要呈现出结构的特殊之处，如图 2-5（b）所示。

将多个分子以组合的方式呈现，比单个分子结构更容易让人印象深刻；背景环境的修饰让图像不那么死板；借助“进进出出”的小分子等“小配件”可以让反应的细节更加生动，同时还合理化地代入了色彩、线条、空间等潜在的艺术元素。

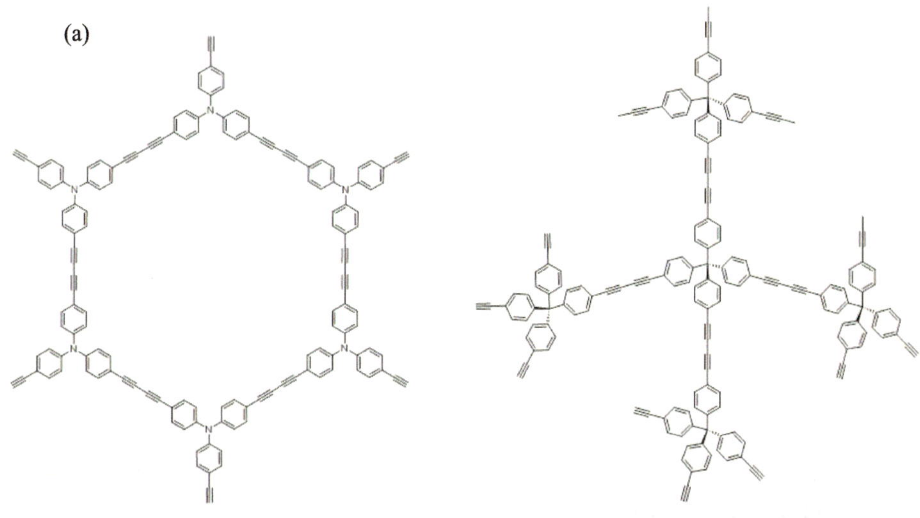

图 2–5

### 复杂的高分子用比喻来表现其特征点

高分子结构虽然也可用化学结构式表达，但是高分子的功能点有时并不在具体的单分子结构上，而是在多个原子的组合之间，元素的组合方式不同会导致功能结构不同。例如，双头的亲水又亲油的两段式结构，构成纳米药物时，分子链段的朝向需要阐述清楚，进而才能阐明实验设计的巧妙之处。因为疏水链段朝外会构成疏水结构，亲水链段朝外会构成亲水结构。这种情况下，用比喻的方式来绘制结构会更有助于讲清楚它的特征点，如图 2-6 所示。

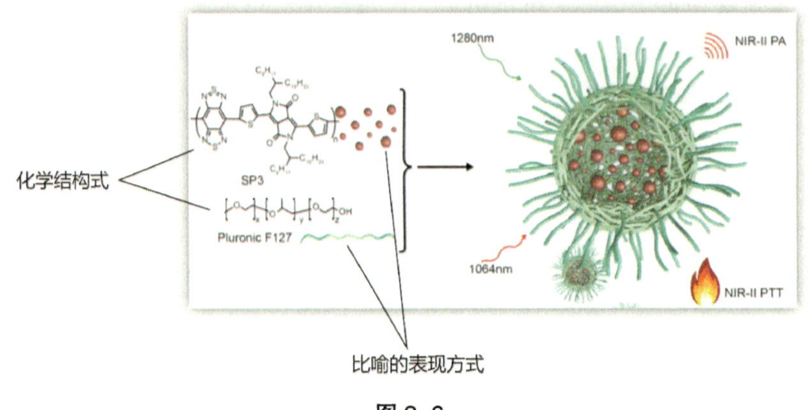


图 2–6

将高分子结构按照功能属性比喻成链条、套环或者锁头等，是对高分子结构常见的处理方式，这种比喻方法能直观并且能更方便地示意官能团之间的关系。高分子构成的纳米结构，功能多样，层级复杂，甚至在每个不同的节点上有不同的功能属性，比喻的方式显得尤为重要，如图 2-7 所示。

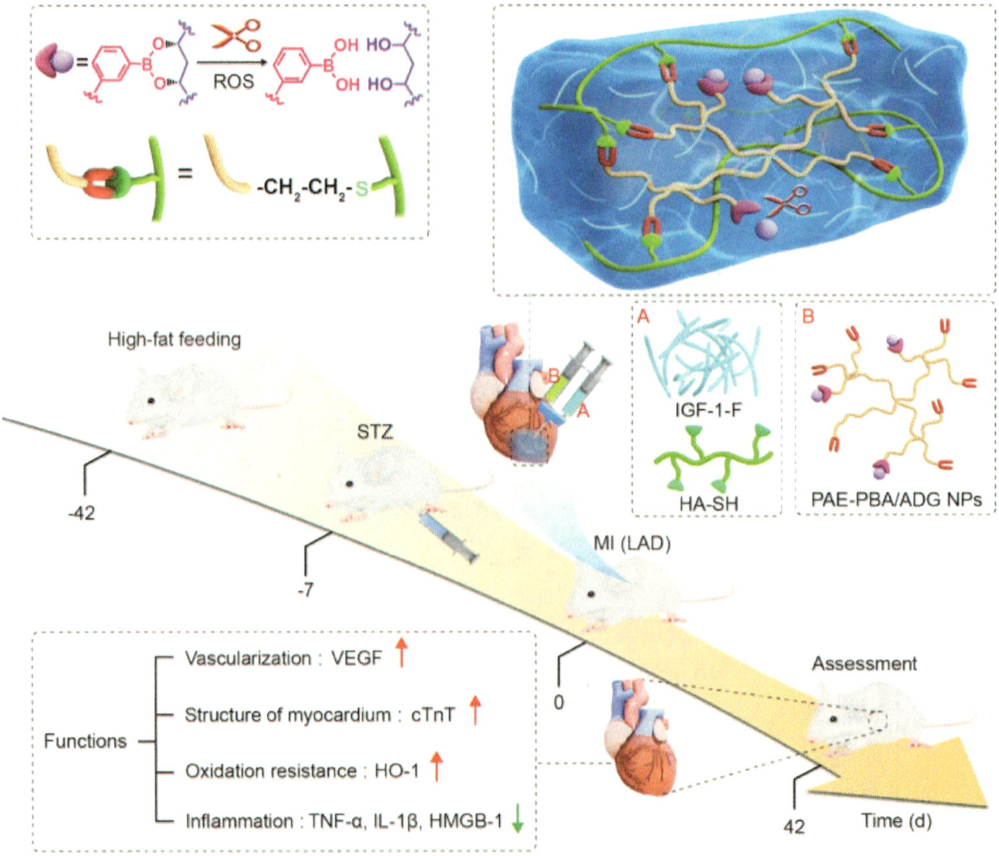

图 2–7

## 从电镜图转化来的素材

电镜图也是科研领域常见的图源素材之一，在电子显微镜的帮助下观察到的真实的微观样貌、结构的构成方式和特征，可以成为构建图像的元素基础。电镜图是比分子结构式更加直观的结构呈现方式。

### 直接由电镜临摹而来的结构

按照电镜中可以观察到的结构特征构建图像元素，只需要考虑角度、剖面或者是否放大即可。这种情况下绘出的结构与电镜观察到的结构相似度比较高，如图 2-8 所示。

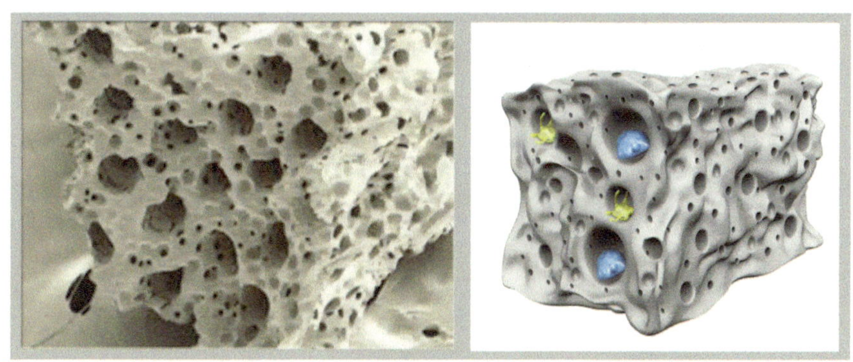

图 2-8

### 参照电镜推测而来的结构

电镜图是科学研究过程中拍摄的纪实影像，但是在撰写论文和对外交流的时候，可能需要分析更多的原理化的结构，才能将科学研究的结论讲清楚，此时的图像中则需要基于电镜图而高于电镜图的细节描述，需要将肉眼观测不到或者能观测到却过于细微不明显的细节展现出来。这种情况下对电镜提供的形貌信息要有概括、有取舍，选择典型特征进行绘制，同时遵循图像的表达需求，不必追求高度一致，如图 2-9 所示。

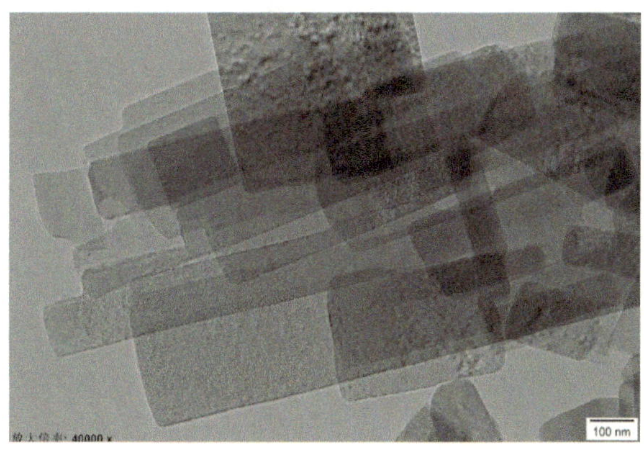

图 2-9

## 案例：从电镜下的结构到画出来的模拟结构的演变过程

我们找个简单案例来看下，如何将单体结构从显微镜下可见的微观形貌转变为图解状态。

将如图 2-10 所示电镜图逐层放大，最终可以看到一颗颗小球团聚并且周围有附着物的状态，这是结构在电镜下纪实的样子。

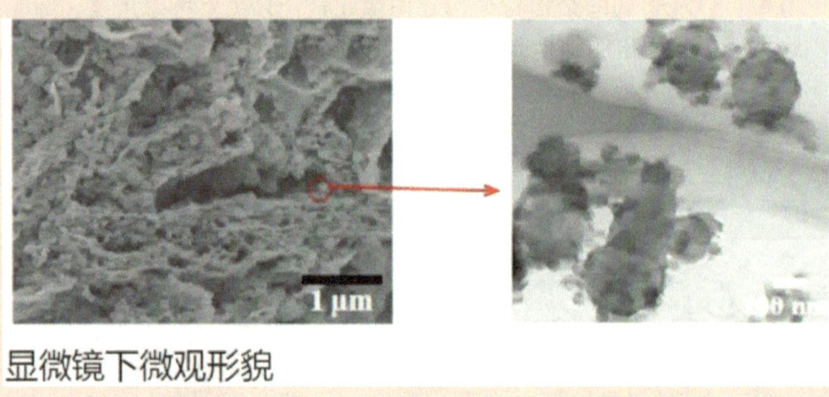


图 2-10

在论文中，科研人员希望能对纳米结构的构成理论有诸如此类详尽的表达："C 包覆 MnO 得到 MnO@C 纳米粒子（～ 30nm），MnO@C 纳米粒子牢牢地吸附在纳米 Si 球表面形成（Si@MnO）@C，而（Si@MnO）@C 则均匀地黏附在 RGO 纳米片层间，形成一个 3D 的（Si@MnO）@C/RGO 网络。"基于这个目标，我们需要借助图像的手段提升表达方式，在画面上刻画出更多可读的细节给读者，如图 2-11 所示。

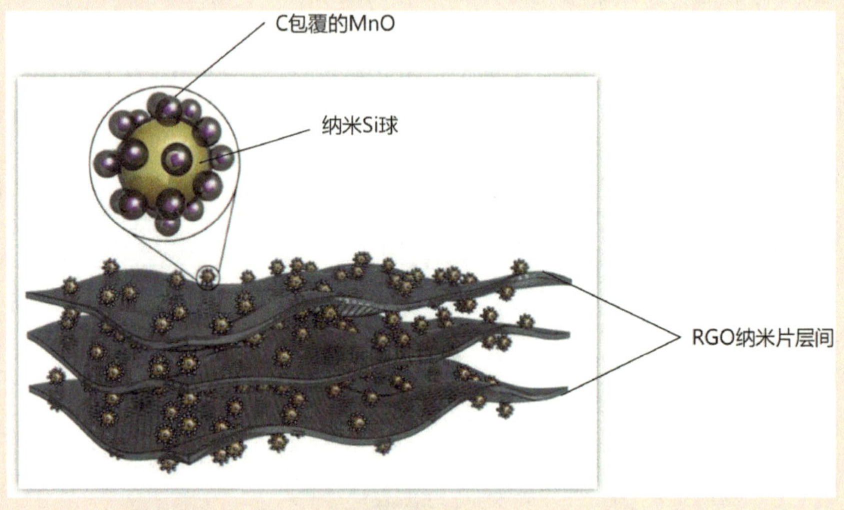


图 2-11

这个基于原理的结构和原始的电镜图比起来已经能让眼睛“读”到更多东西，经过一段时间的推敲和修正之后，我们发现这张图可以进一步挖掘“可读性”细节。图 2-11 这个初步的结构还是太拘泥于文字了，过于紧贴“片层”“分布”“包覆”等字眼，在科学原理的部分“讲述”得不够深入，因此进一步优化改良后，将内容呈现成了如图 2-12 这样。

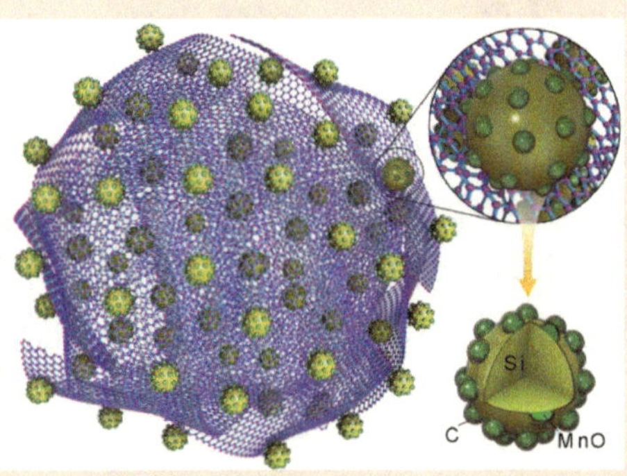


图 2-12

最终的设计方案，将碳层明确表达为氧化石墨烯层，而且将氧化石墨烯包裹的方式明确阐述为团状包裹，纳米颗粒的附着顺着卷曲的氧化石墨烯片层，内层外层都有分布。

通过这个案例看得出来，将最初起源于电镜图的结构进行图像化表达的过程，是一步一步脱离电镜图的约束、脱离文字描述的约束，越来越接近一个独立表述方式的过程。最终形成的图中并没有多出太多的步骤和元素，但是画面传达出了很多文字没有表达出来的细节点，如图 2-13 所示。

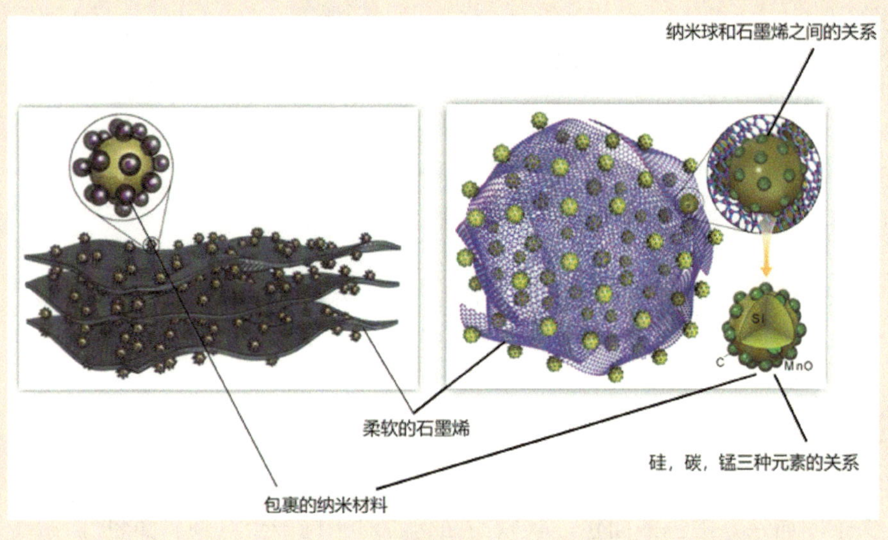


图 2-13

对比前后两个方案还可以发现：氧化石墨烯这个词在文字语言中只是一个明确的术语名词，不会有歧义；但是在图像语言的表述中，柔软的石墨烯可以有完全不同的画法，包裹的纳米材料也可以有不同的展现方式。

## 2.2 图像语言的词汇种类

从上节的案例看得出来，从黑白灰的电镜结构到画出一幅表达自己学术思想的图，既不是对图像的描摹也不是点对点的翻译。从电镜图和文字语言到最终绘制出的图像有诸多方面需要改变：讲故事的逻辑、阐述的语序、关注的重点，等等。《科学的颜值》一书中提到过图像中的名词和形容词，这不是设计语言，不是学术规则，这仅仅只是便于从学术角度更好地拆解图像表述时需要关注的信息，便于科研人员思维方式的转换。

### 图像语言中的“名词”

学术研究大多是探索论证的过程，将科研内容绘制成图像，可以先从一段科学论述中找出重点结构有关的术语词汇，再由重点名词分别寻找延伸的名词结构，明确定位画面上的主角和配角，如图 2-14 所示。

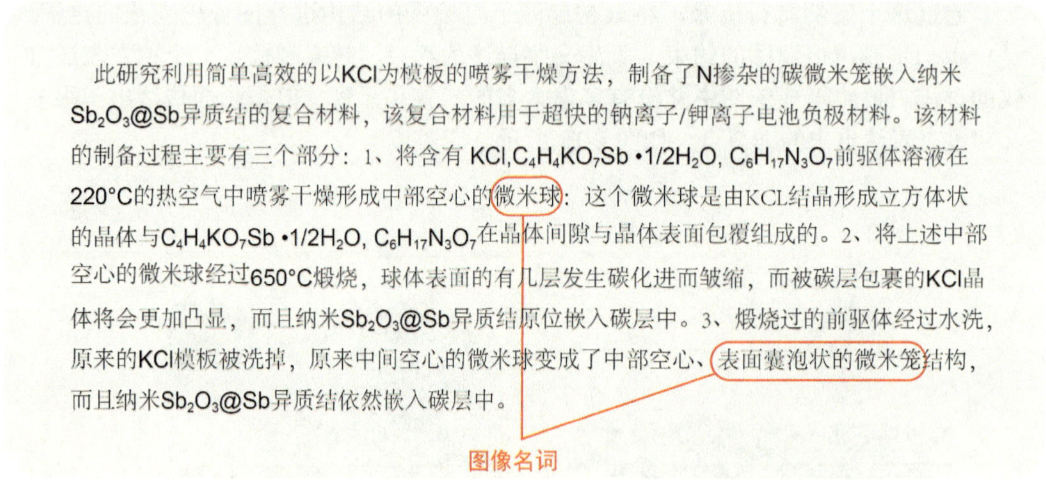

此研究利用简单高效的以KCl为模板的喷雾干燥方法，制备了N掺杂的碳微米笼嵌入纳米$Sb_2O_3$@Sb异质结的复合材料，该复合材料用于超快的钠离子/钾离子电池负极材料。该材料的制备过程主要有三个部分：1、将含有 KCl,$C_4H_4KO_7Sb \cdot 1/2H_2O$, $C_6H_{17}N_3O_7$前驱体溶液在220°C的热空气中喷雾干燥形成中部空心的微米球：这个微米球是由KCL结晶形成立方体状的晶体与$C_4H_4KO_7Sb \cdot 1/2H_2O$, $C_6H_{17}N_3O_7$在晶体间隙与晶体表面包覆组成的。2、将上述中部空心的微米球经过650°C煅烧，球体表面的有几层发生碳化进而皱缩，而被碳层包裹的KCl晶体将会更加凸显，而且纳米$Sb_2O_3$@Sb异质结原位嵌入碳层中。3、煅烧过的前驱体经过水洗，原来的KCl模板被洗掉，原来中间空心的微米球变成了中部空心、表面囊泡状的微米笼结构，而且纳米$Sb_2O_3$@Sb异质结依然嵌入碳层中。

图像名词

图 2-14

### 图像语言中的“形容词”

形容词往往是对名词的增补性描述，让名词在读者脑海中的形象更加具体、明确。例如：长条的面包、黑色的面包、软软的面包，对于同一个名词“面包”，给予了三种不同的形容词之后，在图上画出来是三种不同的形貌。同理，在科研领域，对“纳米颗粒”可以给出：柔性纳米颗粒、核壳结构的纳米颗粒、表面带有靶向的纳米颗粒，这些属性特征让名词的指代性更加准确，如图 2-15 所示。

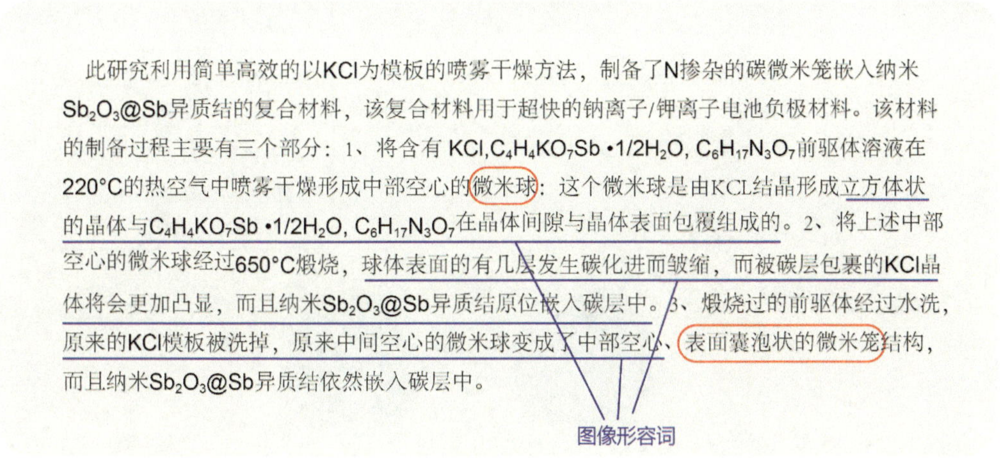

此研究利用简单高效的以KCl为模板的喷雾干燥方法，制备了N掺杂的碳微米笼嵌入纳米$Sb_2O_3$@Sb异质结的复合材料，该复合材料用于超快的钠离子/钾离子电池负极材料。该材料的制备过程主要有三个部分：1、将含有 KCl,$C_4H_4KO_7Sb$ •1/2$H_2O$, $C_6H_{17}N_3O_7$前驱体溶液在220°C的热空气中喷雾干燥形成中部空心的微米球：这个微米球是由KCL结晶形成立方体状的晶体与$C_4H_4KO_7Sb$ •1/2$H_2O$, $C_6H_{17}N_3O_7$在晶体间隙与晶体表面包覆组成的。2、将上述中部空心的微米球经过650°C煅烧，球体表面的有几层发生碳化进而皱缩，而被碳层包裹的KCl晶体将会更加凸显，而且纳米$Sb_2O_3$@Sb异质结原位嵌入碳层中。3、煅烧过的前驱体经过水洗，原来的KCl模板被洗掉，原来中间空心的微米球变成了中部空心、表面囊泡状的微米笼结构，而且纳米$Sb_2O_3$@Sb异质结依然嵌入碳层中。

图像形容词

**图 2–15**

## 图像语言中的“动词”

在自然语言中，动词是很复杂的存在，尤其是动词和名词之间的关系。在学术图像领域，微观世界中的物质，无论是没有生命的材料物质，还是与生命有关的微生物，它们的运动要单纯得多，只有动和不动、能动和不能动。对于能动的物质，在我们要讲述的故事中，如果恰好需要它的运动来体现某种特性，那记得把它的运动考虑进来，如图 2-16 所示。再例如，我们重建了电池中的新秩序，那么电荷这种具有运动属性的元素，在画面中记得将它以及它的运动描绘出来，这样对电池中秩序的“新”有更好的体现。

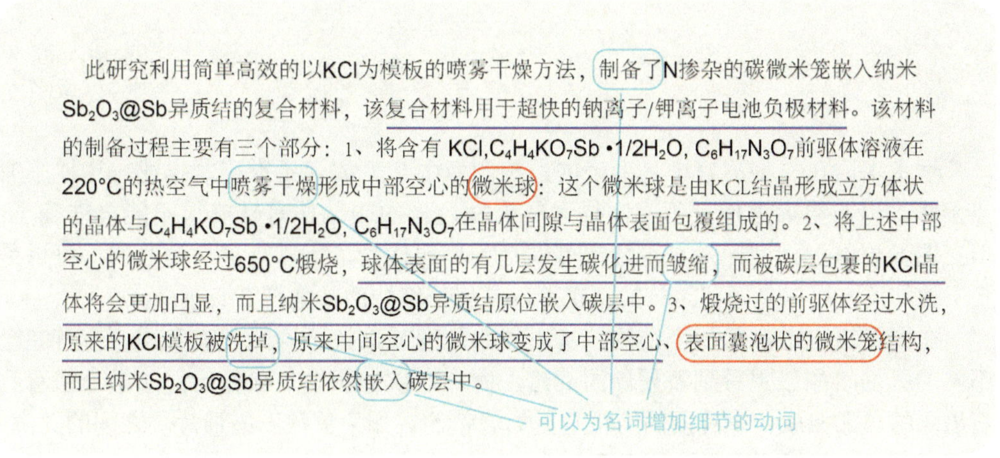

此研究利用简单高效的以KCl为模板的喷雾干燥方法，制备了N掺杂的碳微米笼嵌入纳米$Sb_2O_3$@Sb异质结的复合材料，该复合材料用于超快的钠离子/钾离子电池负极材料。该材料的制备过程主要有三个部分：1、将含有 KCl,$C_4H_4KO_7Sb$ •1/2$H_2O$, $C_6H_{17}N_3O_7$前驱体溶液在220°C的热空气中喷雾干燥形成中部空心的微米球：这个微米球是由KCL结晶形成立方体状的晶体与$C_4H_4KO_7Sb$ •1/2$H_2O$, $C_6H_{17}N_3O_7$在晶体间隙与晶体表面包覆组成的。2、将上述中部空心的微米球经过650°C煅烧，球体表面的有几层发生碳化进而皱缩，而被碳层包裹的KCl晶体将会更加凸显，而且纳米$Sb_2O_3$@Sb异质结原位嵌入碳层中。3、煅烧过的前驱体经过水洗，原来的KCl模板被洗掉，原来中间空心的微米球变成了中部空心、表面囊泡状的微米笼结构，而且纳米$Sb_2O_3$@Sb异质结依然嵌入碳层中。

可以为名词增加细节的动词

**图 2–16**

图像的构建过程将文字语言重新解构、重新安置了位置，下面我们在图像中看看科学论述的文字语言和图像语言之间的对应关系。将图 2-14 ～图 2-16 中的文字转化成图 2-17 的图像表达，相同颜色的文字对应相同的词汇种类。

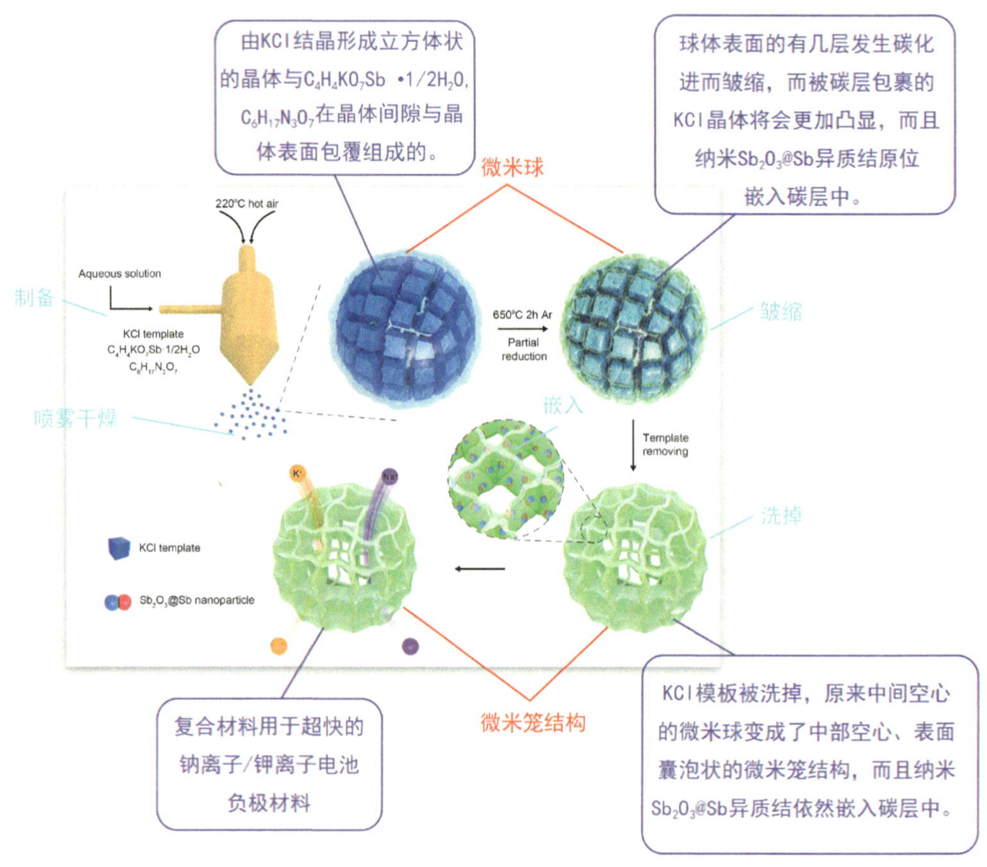


图 2–17

## 术语在图像中为什么变得不准确了

学术术语在文字语言中是准确的，在图像中却变成了不准确的描述，这似乎有点矛盾。以石墨烯为例，用文字描述其为六边形的碳结构是准确得不能再准确了；但在图像语言中，同样是石墨烯，可以是大片起伏的，可以是小片弯曲的，可以是多层叠加的，可以是网状结构的，也可以是扁平结构的，如图 2-18 所示。

在图像语言中，同一个结构，从不同的角度或秉持不同的观察意图，会有完全不同的画面。如果想看到石墨烯的绵延，大片起伏的状态是最好的；如果只想看到石墨烯的单元构成，小片段的结构是更加清楚的；如果关注石墨烯片层之间的孔隙，那么观测角度就需要调整到侧视图。

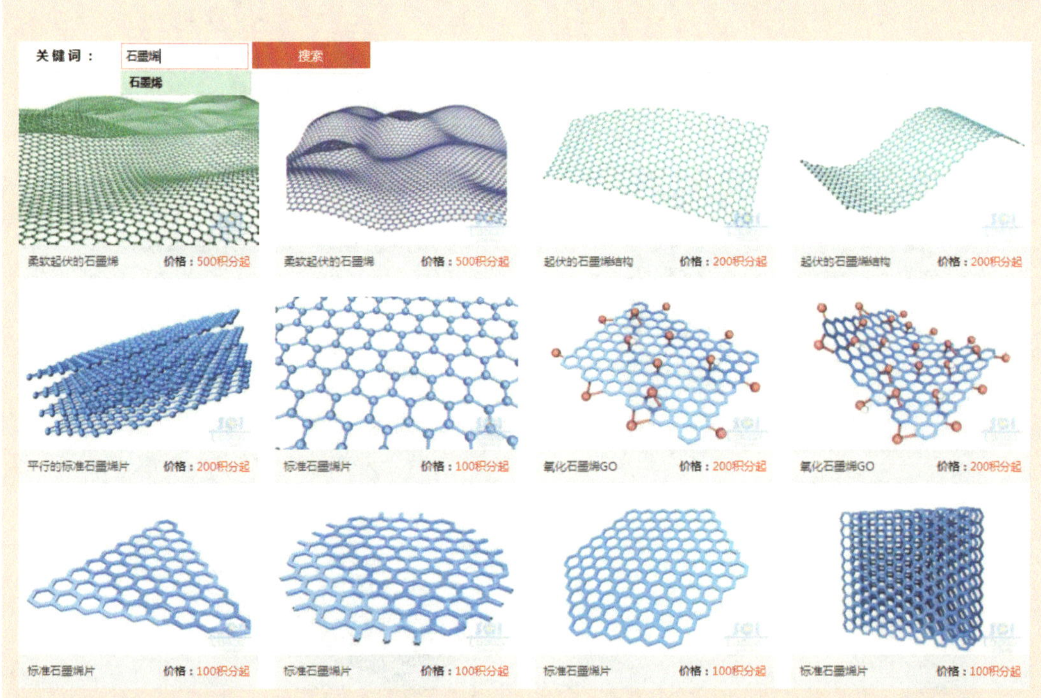


图 2-18

## 学术现象是客观的，关注点和表现点都是主观的

自然界的花花草草是客观存在的，但面对同样的景色，不同的艺术家能画出完全不同的画面，这是不同的理解、不同的感受、不同的表达方式造成的，没有标准答案就是艺术领域最大的标准。

自从有了照相机这一辅助工具之后，真实记录自然界的画面不再是难题；但即便是具有纪实性的相机，在不同的摄影师手中，面对相同的景色，也能拍出不同的画面。

由此可见，不管多么客观存在的现象或者结构，面对不同的关注点、不同的观察角度、不同的表达者都能呈现不一样的结果，这种情况对科研界来说是令人头疼的——科研界往往对每个实验力求可以重复、对每个节点力求标准化。因此，在图像的设计和构建过程中，要适应并正确驾驭主观表达方法，让图像具有变通性。

如图 2-19 所示，原始电镜图是条索状混乱的结构，从接近物理构造的角度去塑造图像名词，画成混乱的、堆积的样子是一种表现方式；脱离真实结构的排布将图像名词的形式画成整齐且垂直于底面的方式，会让附着的细节更加清晰直观，这是从接近理论模型的角度解读出来的另外一种表现方式。这两种表现方式没有正确与错误之分，选择哪种表现方式要看自己的喜好和自己的表达目标。

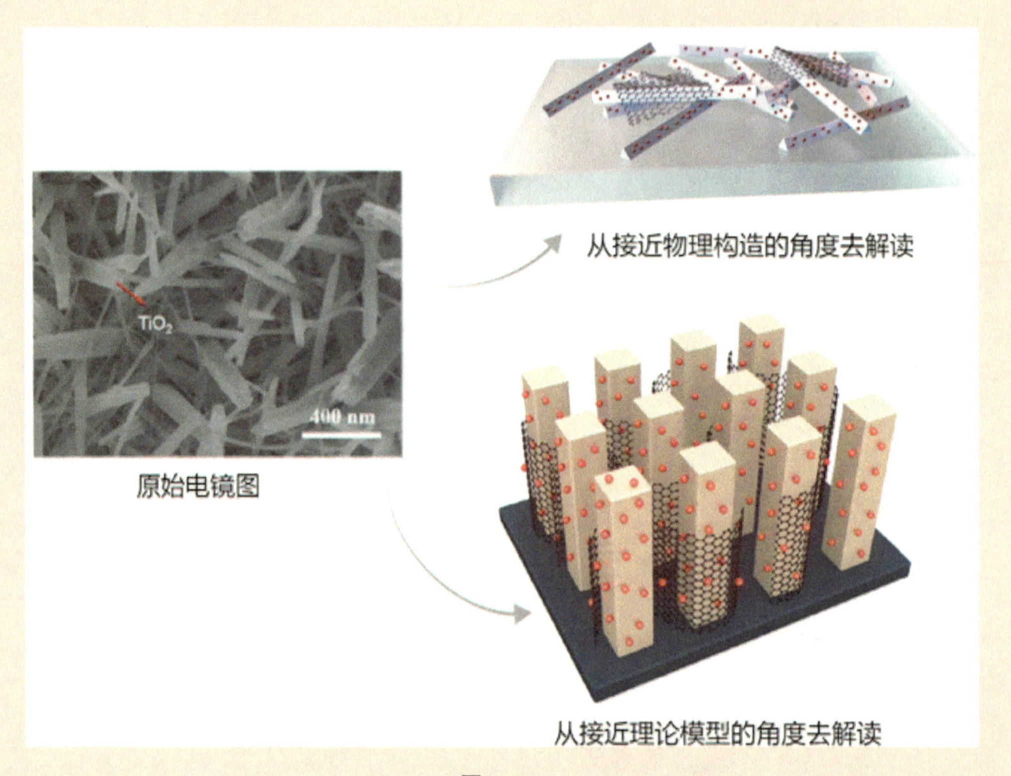


图 2-19

图 2-19 中基于电镜图的两种表达方式都包括以下特征：①在基底板上生长；②细长条的结构；③细长条结构上覆盖石墨烯片；④细长条结构上布满量子点。但是这两种表达看起来画风相当不一样，一眼看上去的侧重点不一样，画面对信息的解读顺序不一样。基于同样的电镜图、同样的术语描述，最终结果的差距很大，这里的差距恰巧说明了，同样的信息在不同人脑海中理解的差异。文字无法消除这种差异，图像是将这种差异消除并使理解整齐划一的途径。

## 2.3 图像语序变化会导致语义变化

从文字到图像名词主要是实现结构形式的转化，在思维导图的基础上（图 2-20（a）），将术语文字直接点对点地翻译成图像（图 2-20（b）），是否就完成了从文字到图像的转化？

在图 2-20（b）这份基本忠于原始思维导图文字内容的“翻译”稿中，三维技术手段尽到了自己应尽的力，画面“质感”看起来也算过得去，但是看完图之后，最令人印象深刻的竟然是兔子，兔子左边的试管中发生了什么变化想不起来，兔子右边用文字呈现的研究结论是什么也不太记得，画面中看似有很多具体的结构，但是整幅图只说明了操作的流程，无法直观读出研究结论。

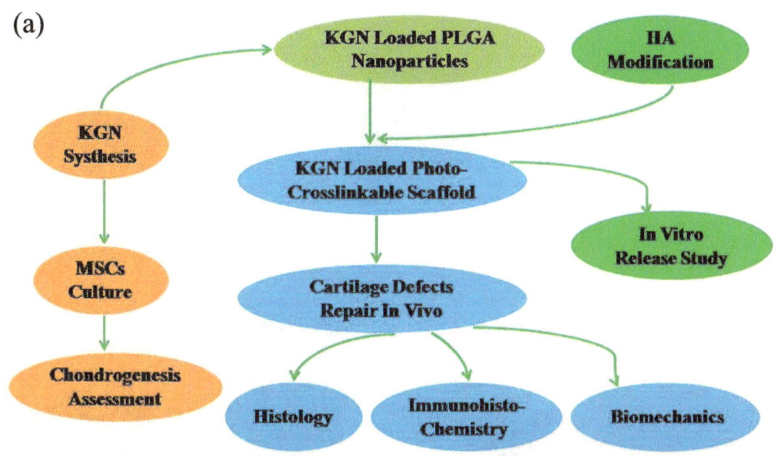


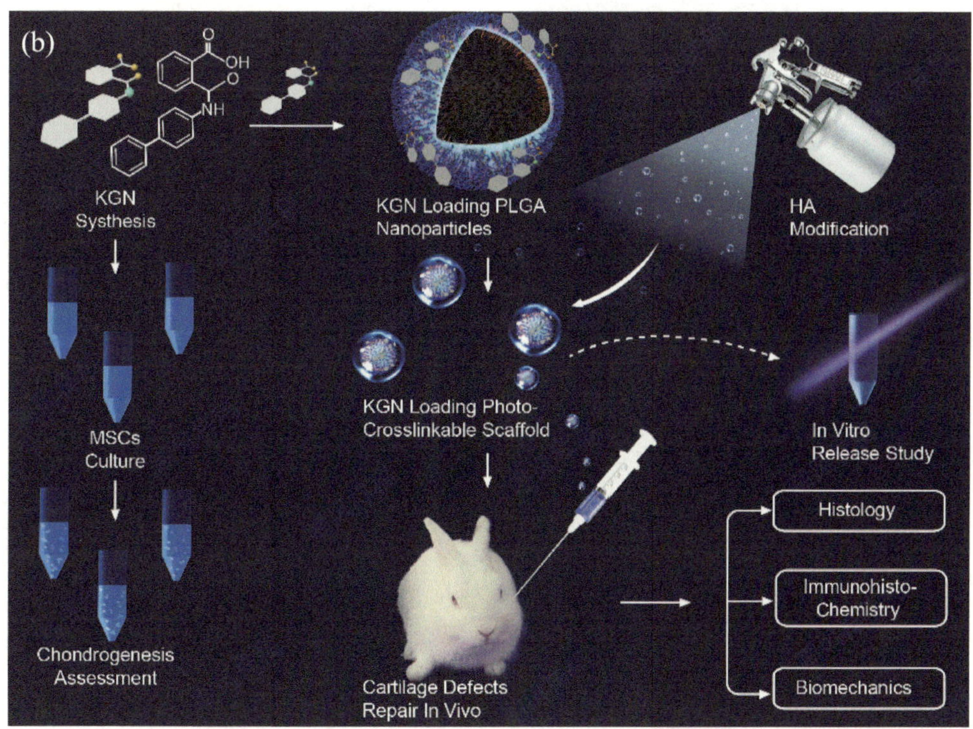


图 2–20

抛开之前的内容，重新审视结论，按照图像表达的习惯调整语序，将构建的特殊药物、药物结构以及药物如何起作用、起到什么作用作为画面表述的重点，可以绘制出如图 2-21 所示画面。

图 2-22 对比了由文字直接翻译成图和挖掘文字含义重新解构出图这两种效果。重新解构之后的图像结构与之前的结构相差较远，但是这个研究做了什么事情、解决了什么问题，陈述得明明白白，段落清楚，结构明确，不看标注文字也能明白意思，读标注文字会增加对细节的了解，图像起到了图像的作用，文字起到了文字的作用。

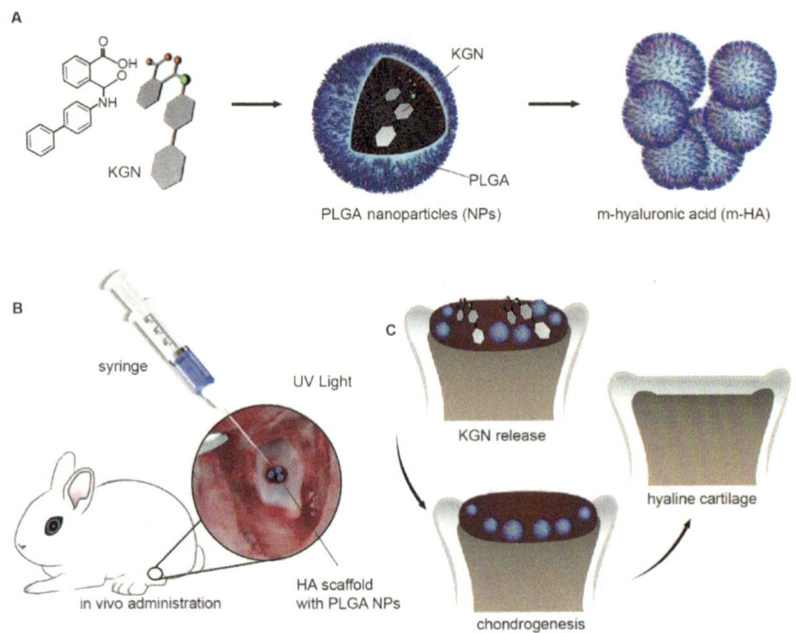
A
OH
NH
KGN
KGN
PLGA
PLGA nanoparticles (NPs)
m-hyaluronic acid (m-HA)
B
syringe
UV Light
in vivo administration
HA scaffold
with PLGA NPs
C
KGN release
chondrogenesis
hyaline cartilage

图 2-21

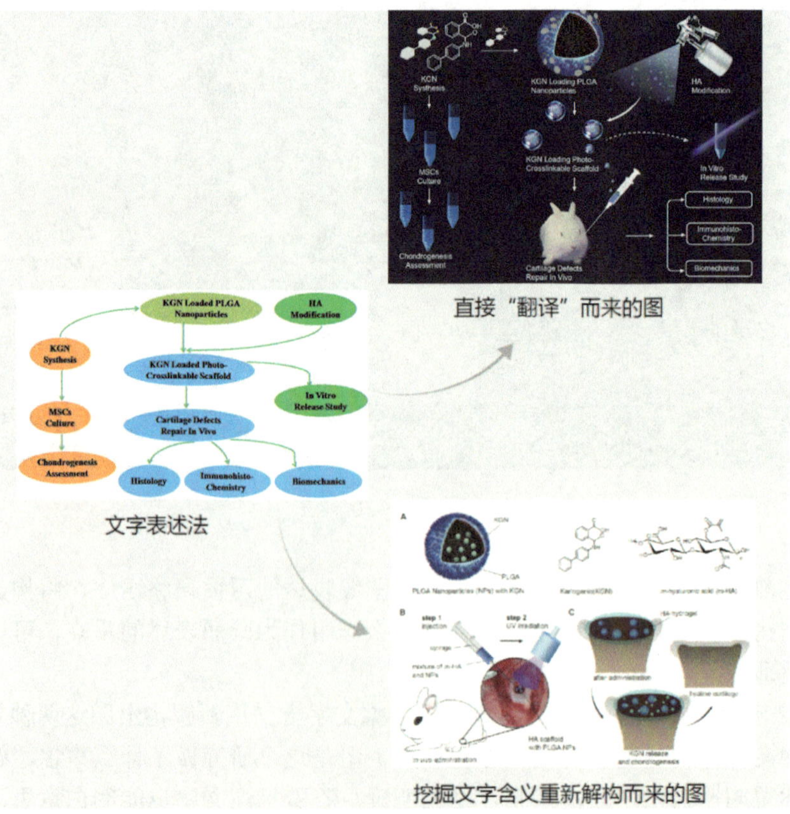
KGN Loaded PLGA Nanoparticles
HA Modification
KGN Synthesis
KGN Loaded Photo-Crosslinkable Scaffold
In Vitro Release Study
MSCs Culture
Cartilage Defects Repair In Vivo
Chondrogenesis Assessment
Histology
Immunohisto-Chemistry
Biomechanics
文字表述法
直接"翻译"而来的图
挖掘文字含义重新解构而来的图

图 2-22

## 2.4 选词的常见问题

### 选词常见问题：画过于实际的认知结构

在学术图像“选词”时，最常见的问题是会依据脑海中的记忆，按照实验习惯用容器来定位结构，例如将石墨烯片和气泡的形态呈现在烧瓶中，如图 2-23（a）所示。

这样的图像虽然符合实际，但是图中质感鲜明的烧瓶会不断抢夺注意力。为了防止注意力的分散，尝试去掉烧瓶，如图 2-23（b）所示。可是去掉烧瓶之后，画面上没有了“质感担当”，画面看起来更没有吸引力了。

让我们从原理结构的角度来重新考虑“选词”的出发点——不需要众多的石墨烯片，只画一个具有特征性的石墨烯片即可，重点是将石墨烯片与气泡之间的相对关系画清楚，尤其是气泡包裹石墨烯之后与之前的对比效果，如图 2-23（c）所示。

然后，再雕琢选定词汇的细节，好让注意力更集中在前后结构的特征变化上，如图 2-23（d）所示。

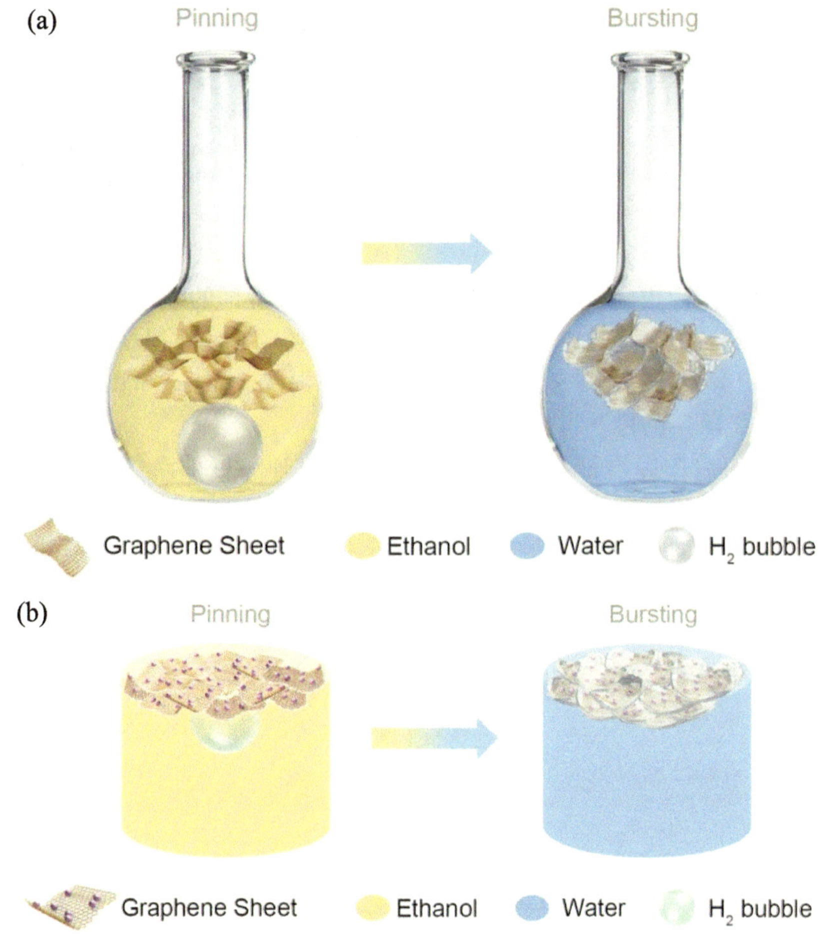

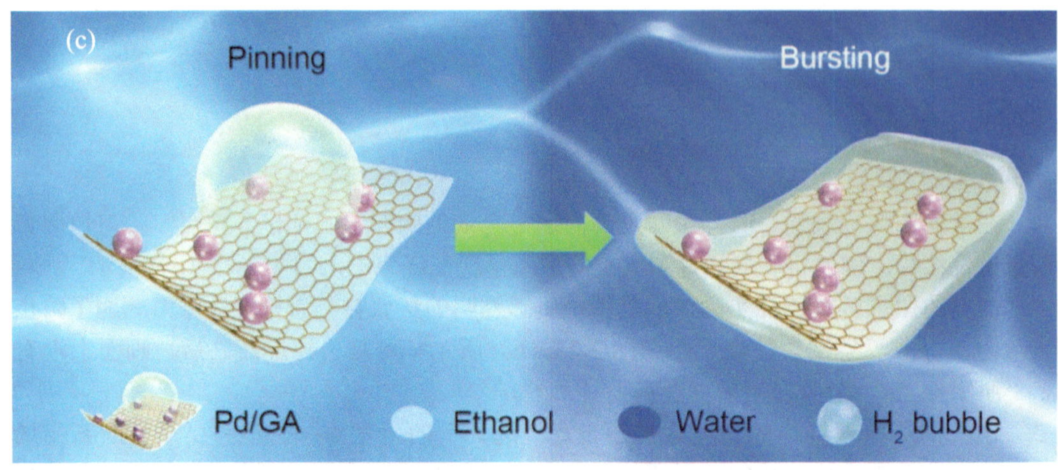


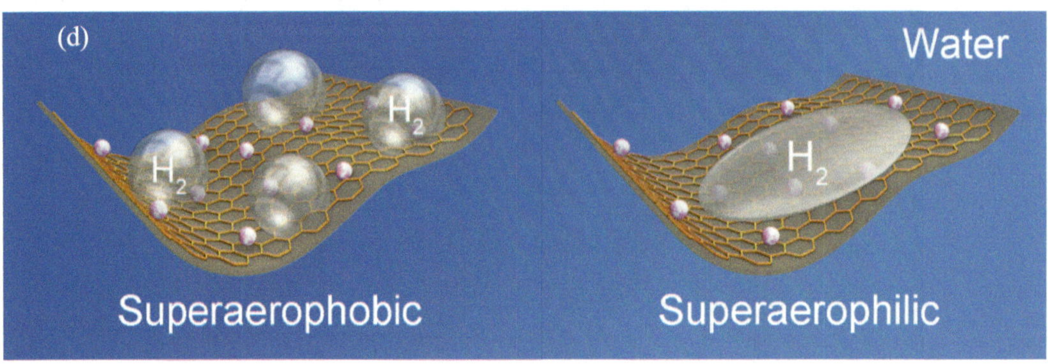


图 2–23

从文字语言到图像语言，将段落文字压缩到图像关键词的顺序摆放不能解决问题。画什么是结构问题，怎么画是逻辑问题。当语句关系通顺时，即便是采用比较朴实的图像“词汇”，也能有很好的阐述效果；如果语序关系混乱，无论多高级的软件绘制出的多华丽的图像“辞藻”也起不到很好的作用。

学术图像要符合图像语言习惯，用图像的表达规律更好地诠释科学研究的信息节点。科学研究千变万化，很难有一条绘图准则可以适用于所有科研内容，但是对图像整体规律性的研究会有助于解决学术图像设计中基础共性的问题，在这个基础问题上再根据个性化需求进行变通会更加容易。为了贴近科学研究的思维习惯，便于科研人员切换思路，本书在后面的章节中会基于图像特征进行分类，在分类中分解各类图像所阐述的基础立意，以及在基础立意之上可以扩展延伸的变通方式。

# 第 3 章
# 学术图像句式之流程陈述句

为了更好地适应图像语言习惯，按照图像的顺承关系将常见的学术图像划分为几种基础句型结构，本章主要带大家学习理解流程陈述句的构建方式，看看在图像语言表述中怎么构建一个完整的流程陈述句，以及当流程内容缩减、表达聚焦时和流程内容较多、信息需要扩展延伸时的变通方式。

## 3.1　最基础的陈述句——流程图

流程图可以理解为：按照实验顺序从第一步到最后一步顺序完成，再用图像的方式画出每一步骤的变化，直至最终获得的结论。流程图从头到尾顺序阐述结构合成的过程或者描述结构应用过程中逐步释放发挥作用的过程。

流程图是最接近实验工作、接近科研的流程式思维的图像，是最常见的学术图像表达方式。

### 流程图的标准模式

以化学反应实验为例，其是这样按顺序进行的：反应物→反应过程→反应产物。标准的流程图绘制也是按照这个顺序来考虑。当然，其中每个环节需要构思一下：反应物要画成什么样子，反应过程中会变成什么样子，最后得到的产物是什么样子。如图 3-1（a）所示。

根据这个思路得到的流程图似乎合情合理，每个环节都表述清楚了，对于微观结构也做了结构剖析。但是这样的图看起来比较普通：黑色粉末没有什么悬念，碳管也没有什么特别震撼的点。整幅图给出的信息合在一起显得很直白，看到这幅图的人会下意识觉得这篇论文的观点应该比较平庸。

对该图的论文深入挖掘发现，在这个研究中，作者采用的喷射式生成碳管的方式是有一定特殊性的：喷射获得的碳管结构是混乱蓬松的，碳管表面也是具有特殊官能团结构的。打破之前的实验习惯，重新梳理一下图像表现方式，将反应过程中重要环节的细节表现出来，不再局限于真实实验的环节点，而是将结构产生变化的环节补充到画面中，如图 3-1（b）所示。

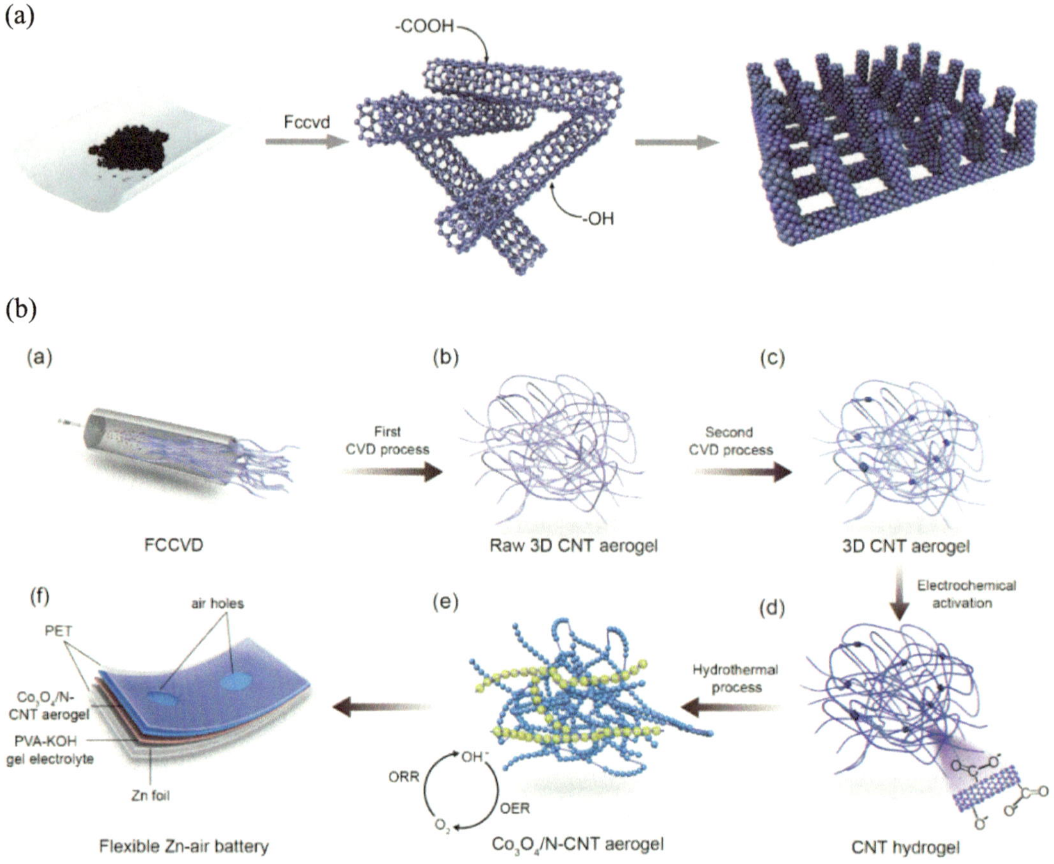

图 3–1

对比图 3-1（a）和（b），仅从视觉感受来说，图 3-1（b）中增加了制作细节和应用环节，阐述节奏让画面看起来细腻丰富，视线在画面上游走的同时能获得更多的信息，又能首尾相顾形成连贯的流畅感，足够的信息与交互让图 3-1（b）的美观度看起来比图 3-1（a）要提升不少。

将图 3-1（b）提炼一下可以得到如图 3-2 右边的流程陈述句的句型结构。

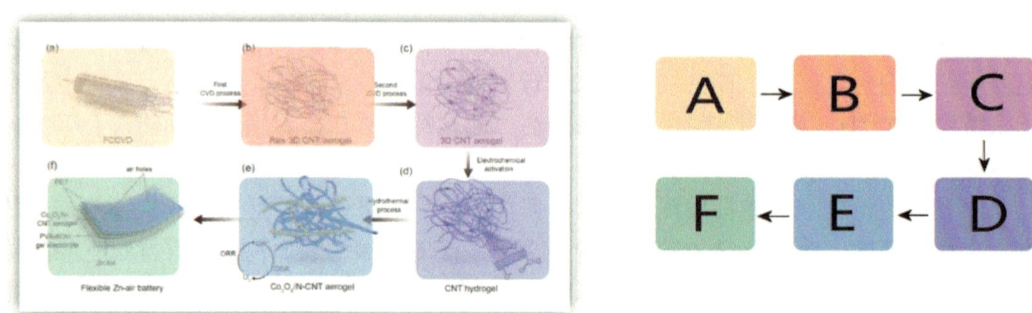


图 3–2

流程图是按照线性顺序阐述信息的图像表达方式，流程图中通过每个环节的结构变化和整体的逻辑关系，来呈现论文中实验设计的创新思路。

## 流程图的演绎模式

流程图的元素根据要表述的内容而定，可多可少，其特征是从起点到终点由箭头串联起来的线性结构。

### 两元素流程图

当流程图中只有两个元素，由反应物直接到产物时，所呈现的句型结构如图 3-3 所示。

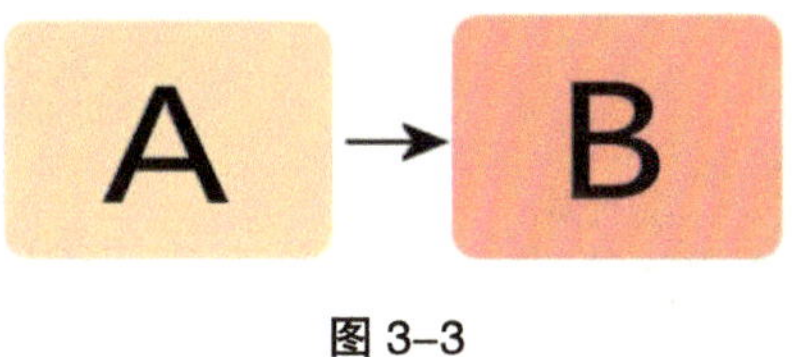


图 3–3

两元素的流程图，可能是不经过中间反应物，也有可能是中间反应过程不重要而选择缩减，以便更好地突出结论。

### 三元素流程图

包含三个元素的流程图，在流程图中最为常见，如图 3-4 所示。

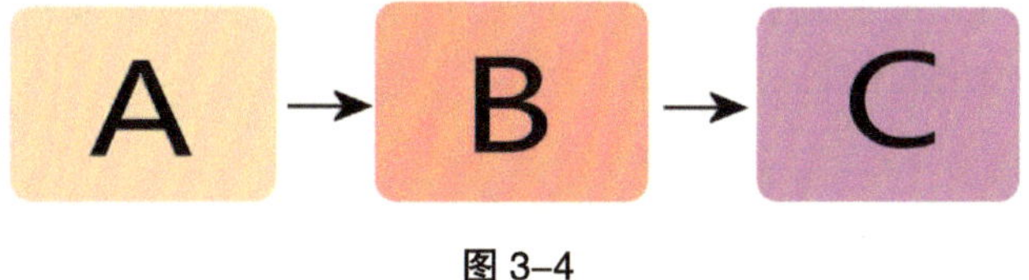


图 3–4

### 多元素流程图

当流程图元素增加到四个及四个以上，单行的横向直排会让画面空间局促，这时，可以根据版面尺寸，选择将流程图顺势向下流转成多行，如图 3-5 所示。

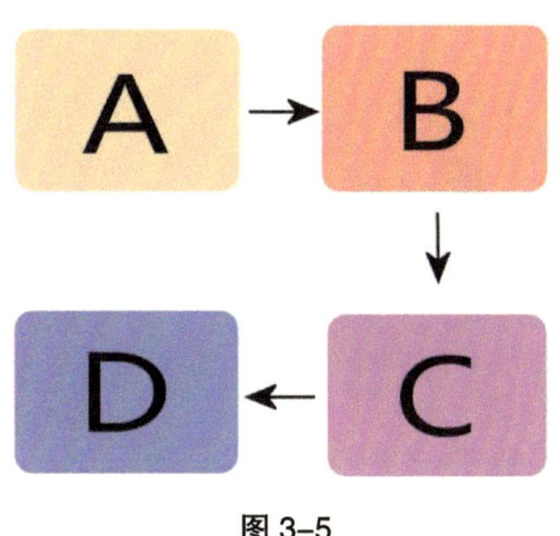


图 3–5

将图像元素代入图中可得如图 3-6 所示效果。

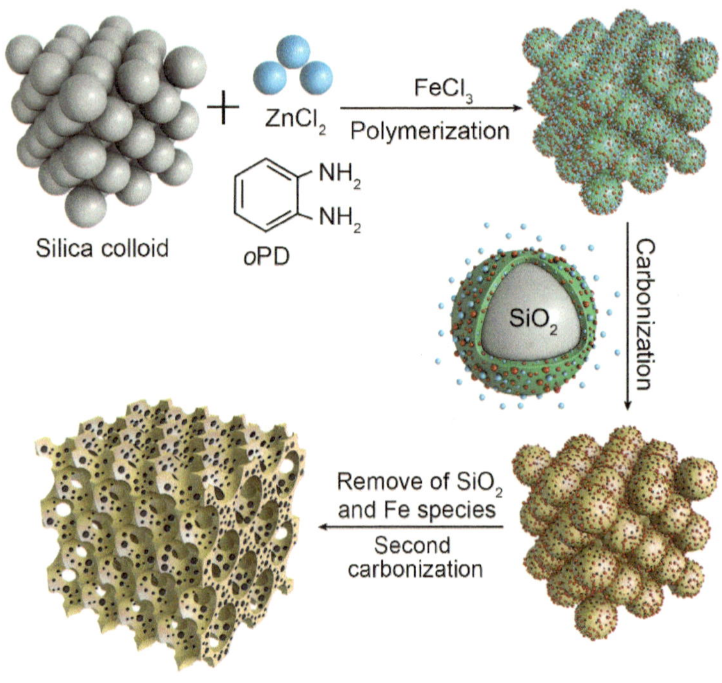


图 3–6

流程图的元素可以增加到五个、六个、七个、八个……一直延伸下去。元素多少仅仅取决于画面中要给出的信息，如图 3-7 所示。

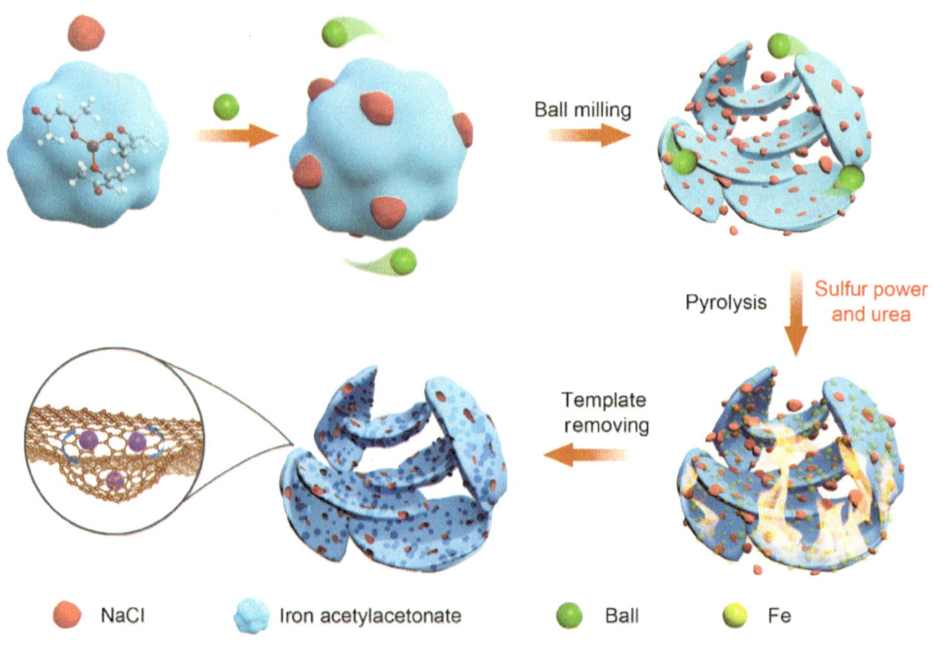


图 3–7

## 3.2 最简单的陈述句——单体结构

流程图可以随着元素增多而延长，也可以因为元素减少而缩减，当缩减了所有其他元素只剩下单独一个结构时，这个结构必然是最终的结果产物，如图 3-8 所示。

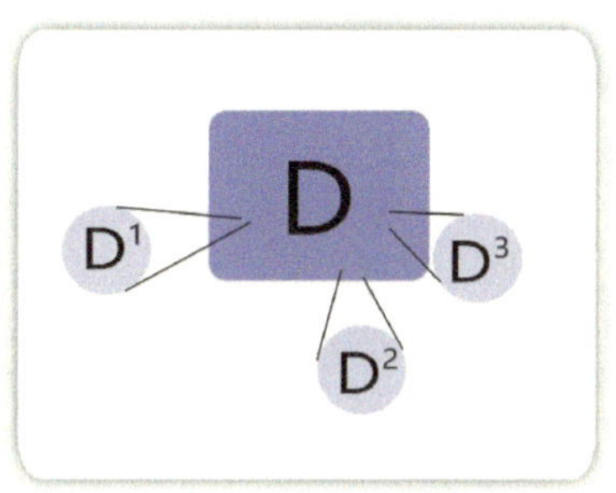


图 3-8

单体结构将所有注意力集中在画面的核心结构上，核心结构的细节、呈现角度、呈现方式往往能给读者足够的信息进而理解研究的重点。为了更好地给出信息，单体结构往往会与补充信息同时出现。

将实际元素代入图中，如图 3-9 所示。

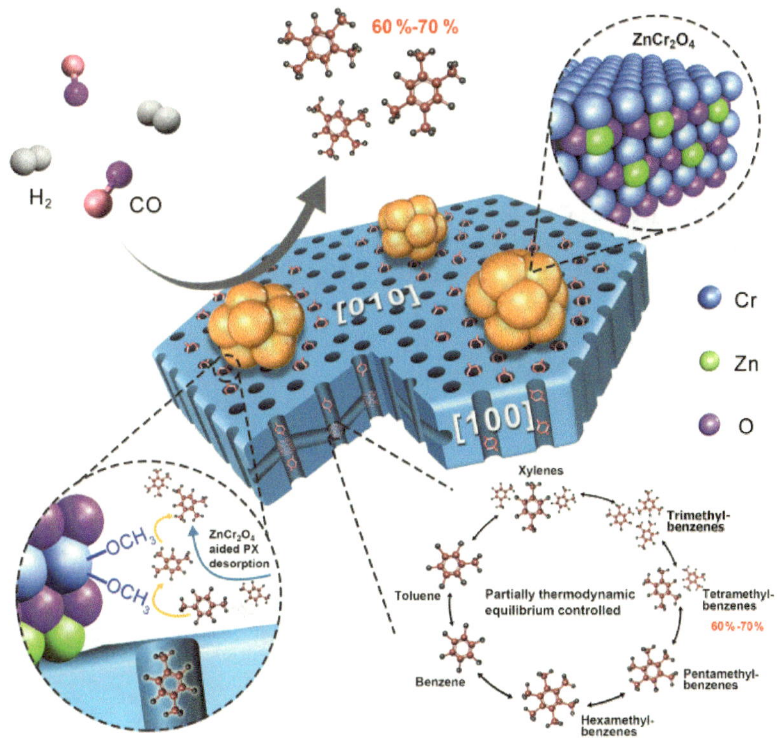


图 3-9

单体结构的特点是视觉核心点明确，视线在画面上游走不会脱离主线。画面中间的多孔结构将注意力锁定在中心，眼睛优先捕获了多孔结构以及上面修饰的团簇结构，之后再沿着分支结构分别向周围游走，去了解周围的补充信息，如图 3-10 所示。

**补充信息一：团簇表面工作原理。**

**补充信息二：内部的原子晶体堆积方式。**

**补充信息三：修饰的结构和孔道之间的结合方式以及启动运转之后的工作模式，解释了为什么在孔道端口设计这样的团簇结构。**

**补充信息四：孔道内的工作模式。**

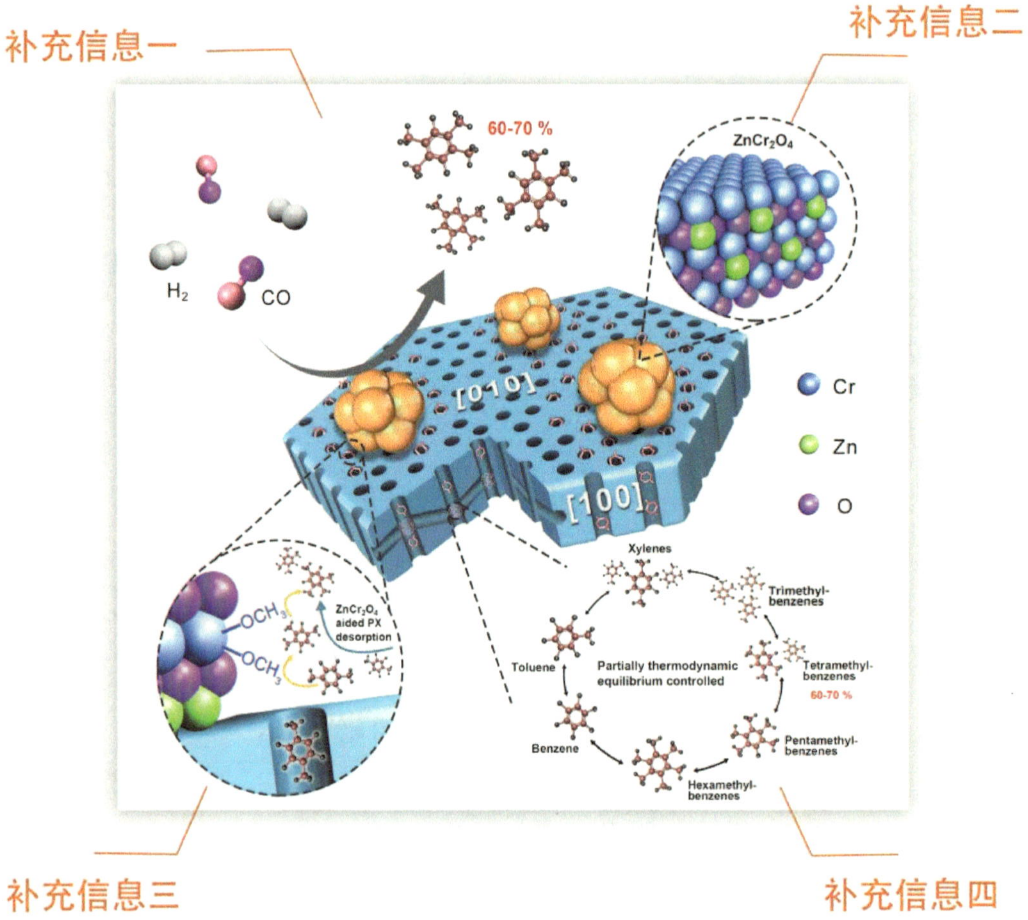

**图 3–10**

围绕单体结构的补充信息，一方面给出了丰富的细节，让读者获得足够的信息；另一方面补充了画面构图，让画面上的空间均衡而不枯燥，视觉获得信息的同时产生了运动性的愉悦感。

单体结构没有上下游的递进关系，没有前因后果的因果关系；围绕核心结构的补充信息可多可少，都是为了更好地诠释当前结构的属性、形貌特征，或者诠释该结构的功能作用。单体结构陈述句在化学合成、材料合成、纳米药物合成等领域应用较多，在封面图中出现得更多，是学术图像最简单的语法结构。

## 补充信息的重要配件

### 放大图

利用放大图框，让读者产生一种通过放大镜进一步观看画面细节的心理感受，进而将放大图框里的内容与外面的结构建立信息连接关系，是常见的补充信息方式之一。

基本款放大图框，框线和引线一般以 1pt 粗细为最佳。大于 1pt 会显得笨重而影响画面美观度，且与主体争夺注意力；小于 1pt 太细，也会看起来不舒服。

放大图框常规习惯用圆形或者矩形，再根据画面情况和个人喜好选择用实线或者虚线，如图 3-11 所示。虚线弱化了框线的线条感，会让注意力更加集中在图像内容上面；但是有些图像可能比较细碎，虚线会增加画面凌乱感，此时用实线收一收，显得画面整齐飒爽。

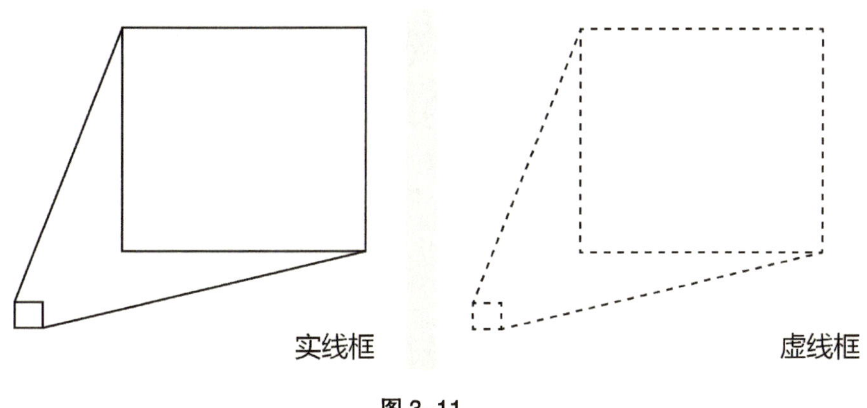


图 3-11

在图像设计中，为追求视觉变化，可将放大图框在基础结构上稍作变形，如图 3-12 所示。

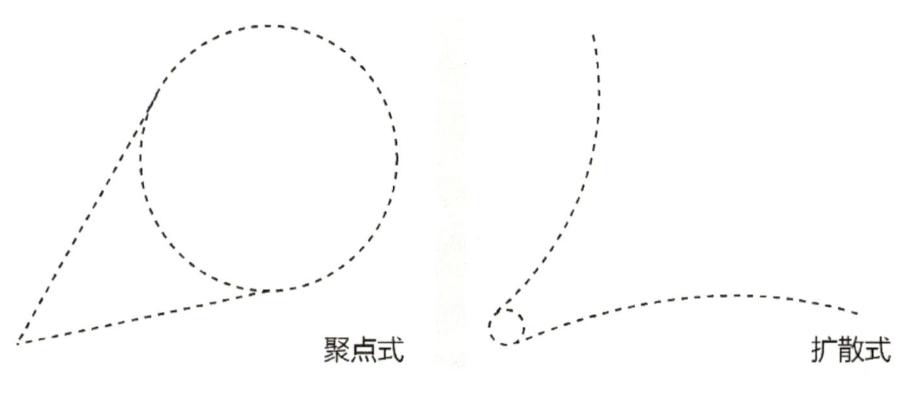


图 3-12

### 剖面

剖开看内部结构，也是图像表达的常见技巧之一，剖开一部分结构既可以看到内部腔室的情况，也有助于看清楚结构壳壁的厚度、壳壁的层级构成方式。

学术图像领域常用的剖面结构有八分之一剖面、四分之一剖面和二分之一剖面，如图 3-13 所示。怎么切、切多少，一方面以结构特征为出发点来判定，主要考虑当前的结构与众不同之处在哪、怎么切能让读者一目了然看清楚其特质；另一方面可以以个人喜好和创意创新为出发点。

图 3-13

为了更好地展现结构特征，解剖也并不限于切一个小口，解剖的方式可以根据材料特征进行变通，有时可用掀开片层替代切口，如图 3-14 所示。

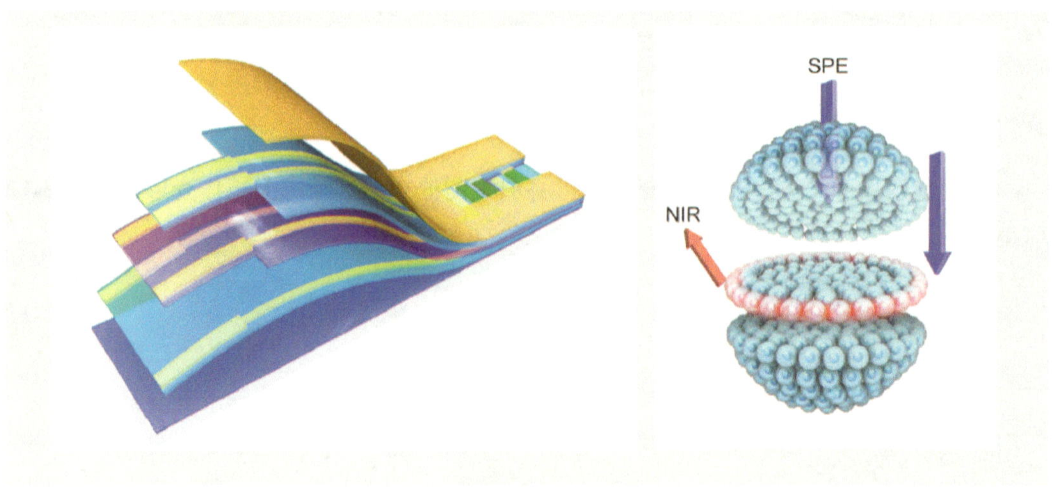


图 3-14

对有些结构，可采用半透明处理替代半切面，进而看清楚结构内部更多的细节或者结构内部正在进行的反应状态，如图 3-15 所示。

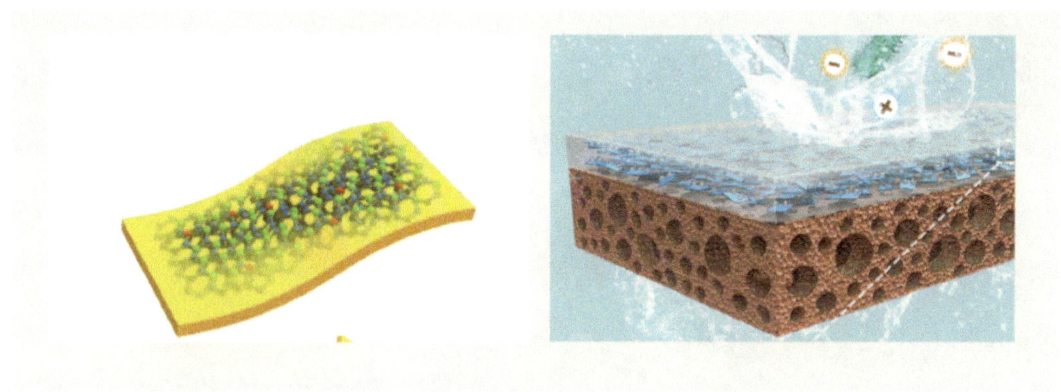

图 3-15

**背景环境**

尽管传统的学术图像习惯用纯白背景，但是借助背景环境可以增加图像的视觉效果，同时背景图也可以成为阐述结构应用外部环境、结构应用条件等重要信息的辅助手段，如图 3-16 所示。当材料应用在液体环境、低温环境、高温环境等特殊条件时，背景的阐述比文字更容易给读者留下深刻印象。

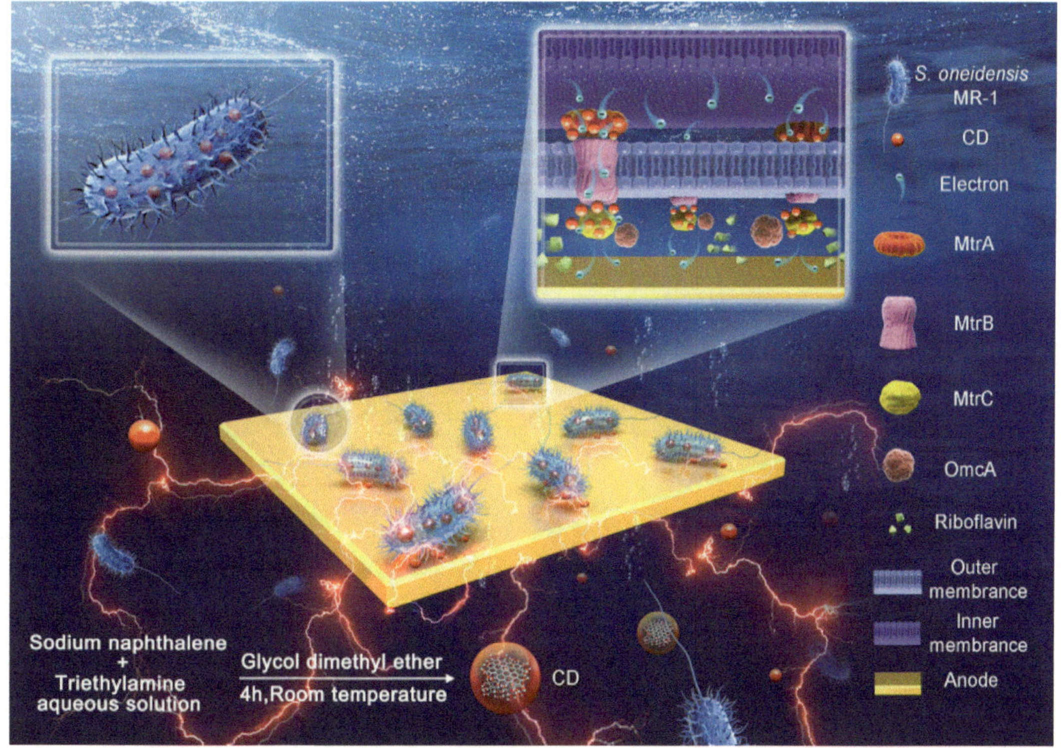


图 3-16

## 3.3 陈述句的创意与变通

单体结构是流程图的缩减，单体结构的信息补充方式对流程图同样生效，如图 3-17 所示。

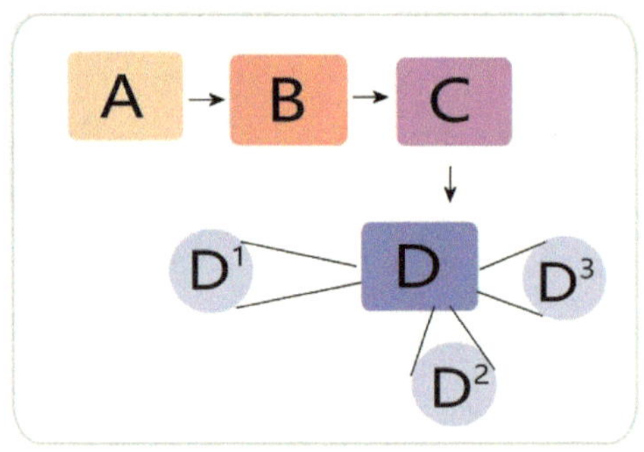


图 3-17

流程陈述句是图像名词的线性串联，在这个基础框架上，当科研信息在每个环节有不同词汇点，或者对同样结构有不同阐述角度时，会产生各种多元化的画面变化性。

在两元素的流程图中，可以为其中任何一个元素增加补充信息，甚至为每个元素都增加补充信息。补充信息作为附件用以配合诠释细节，同时平衡构图，让画面更加丰富美观，如图 3-18 所示。

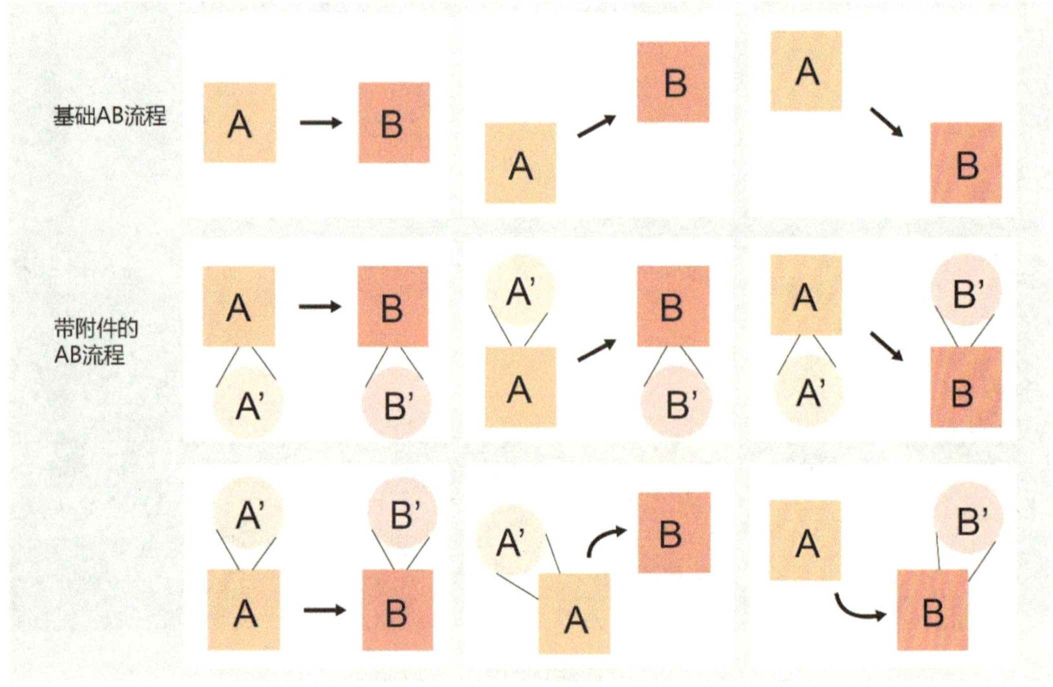


图 3-18

将实际元素代入，可得如图 3-19 所示带附件的 AB 流程图。

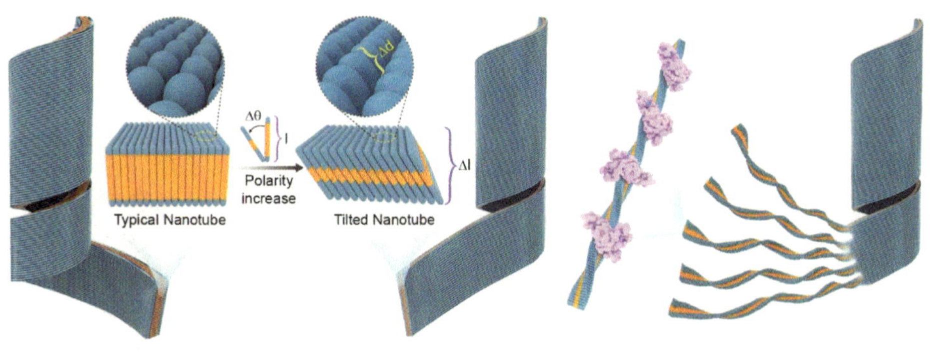


图 3–19

三元素的流程图不仅可以通过改变元素之间位置关系来改变构图，也可以通过附加信息让构图画面丰富，如图 3-20 所示。

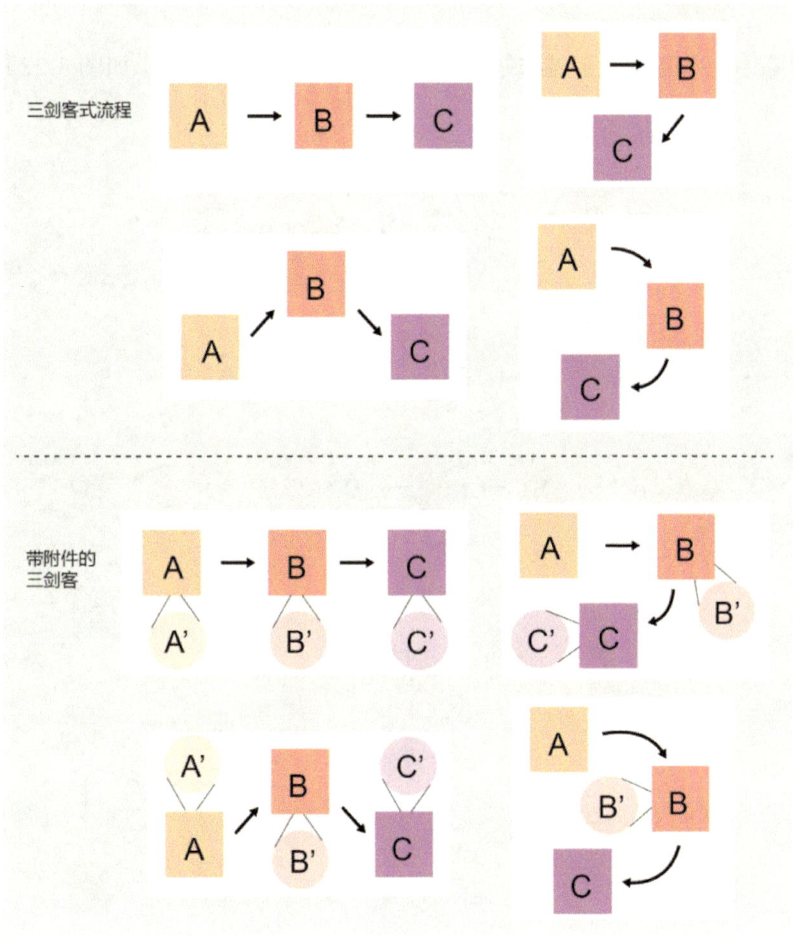


图 3–20

将实际元素代入，可得如图 3-21 所示带附件的 ABC 流程图。

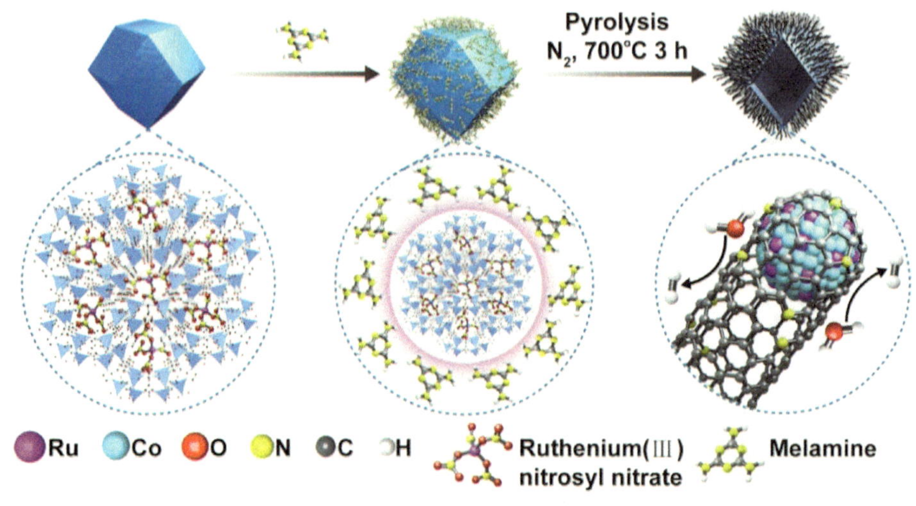


图 3–21

在流程陈述句中随着元素越来越多，构图变化也会越来越多，如图 3-22 所示。

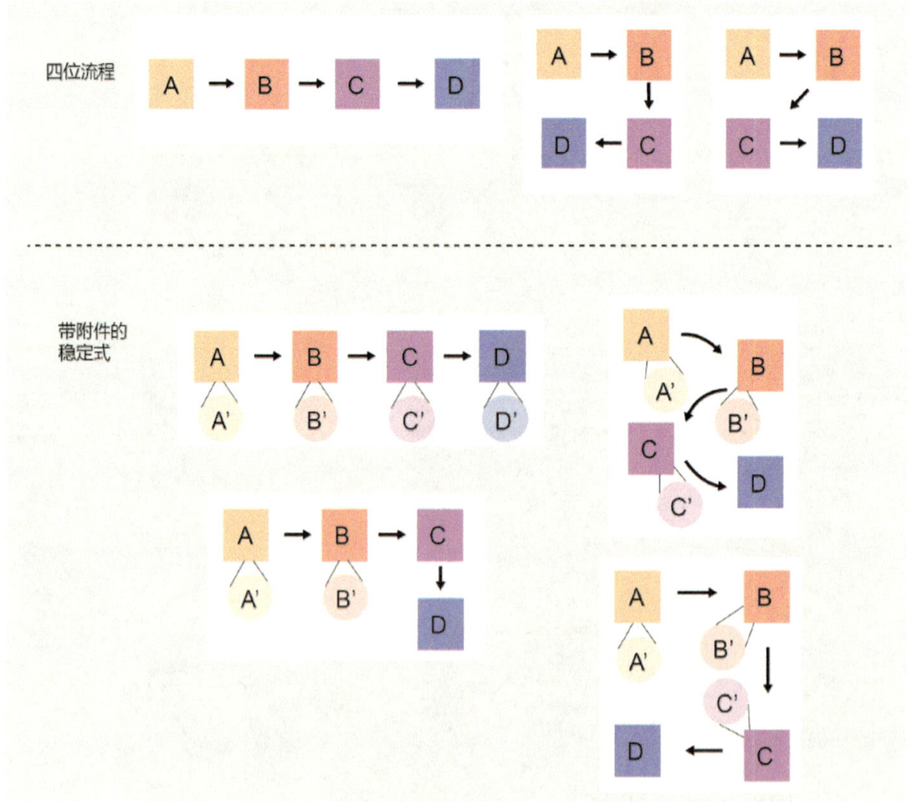


图 3–22

在实际情况中，附加信息可能不限于一级，多层级的放大信息在构图中会让构图产生全新的视觉效果，如图 3-23 所示。

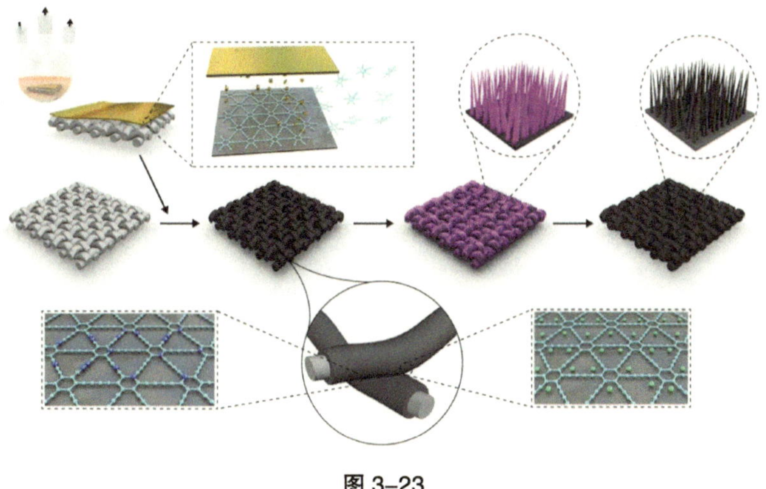

图 3-23

附加信息不一定是以单独的结构信息来呈现，附加信息也可以是有头有尾的流程，与原本的主干流程形成嵌套式的句型，如图 3-24 所示。

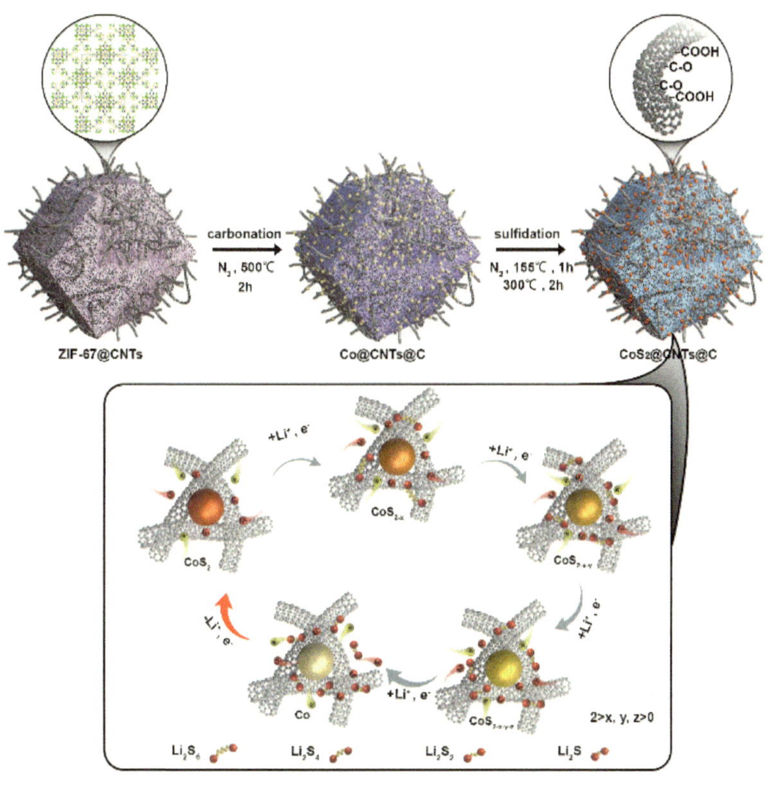


图 3-24

在保持层层递进的流程信息清晰的情况下，主干信息也可以根据图中结构特征进行设计创作，形成与结构巧妙融合的流程陈述句，如图 3-25 所示。

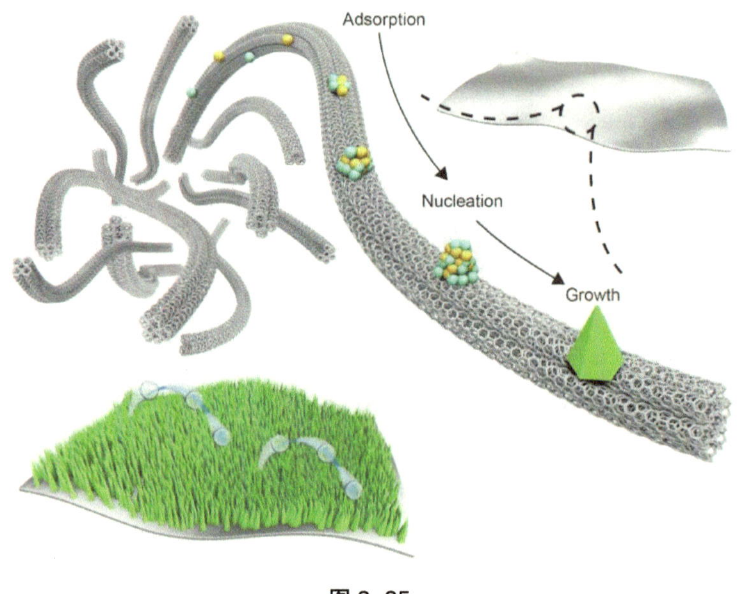


图 3-25

## 3.4 陈述句的常见问题

### 陈述句常见问题一：分支结构与主干结构关系混乱

在流程陈述句中，在每个位点上制作什么样的结构，选择什么样的角度能更好地说明在该位点的状态，进而推进整体逻辑的层进关系非常重要。在实际操作中，经常遇到的问题是将某一个状态的附加信息混淆到主干信息中，如图 3-26 所示。这会使读者对图像中的整体关系产生困惑，也会让作者梳理思路的时候总觉得图有那么一些不对劲。

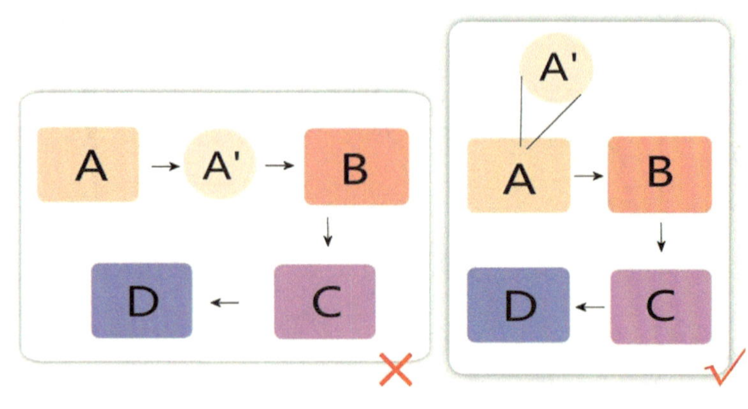


图 3-26

将放大的补充信息从主干语法中摘除，放在附加位置，可让图像语序清晰，画面的可读性增加，美观度也随之增加。

## 陈述句常见问题二：视角层级混乱

流程陈述句看似是箭头和元素之间的简单串联，而实际上却有很多复杂的情况需要考虑，下面以图 3-27 为例进行说明。

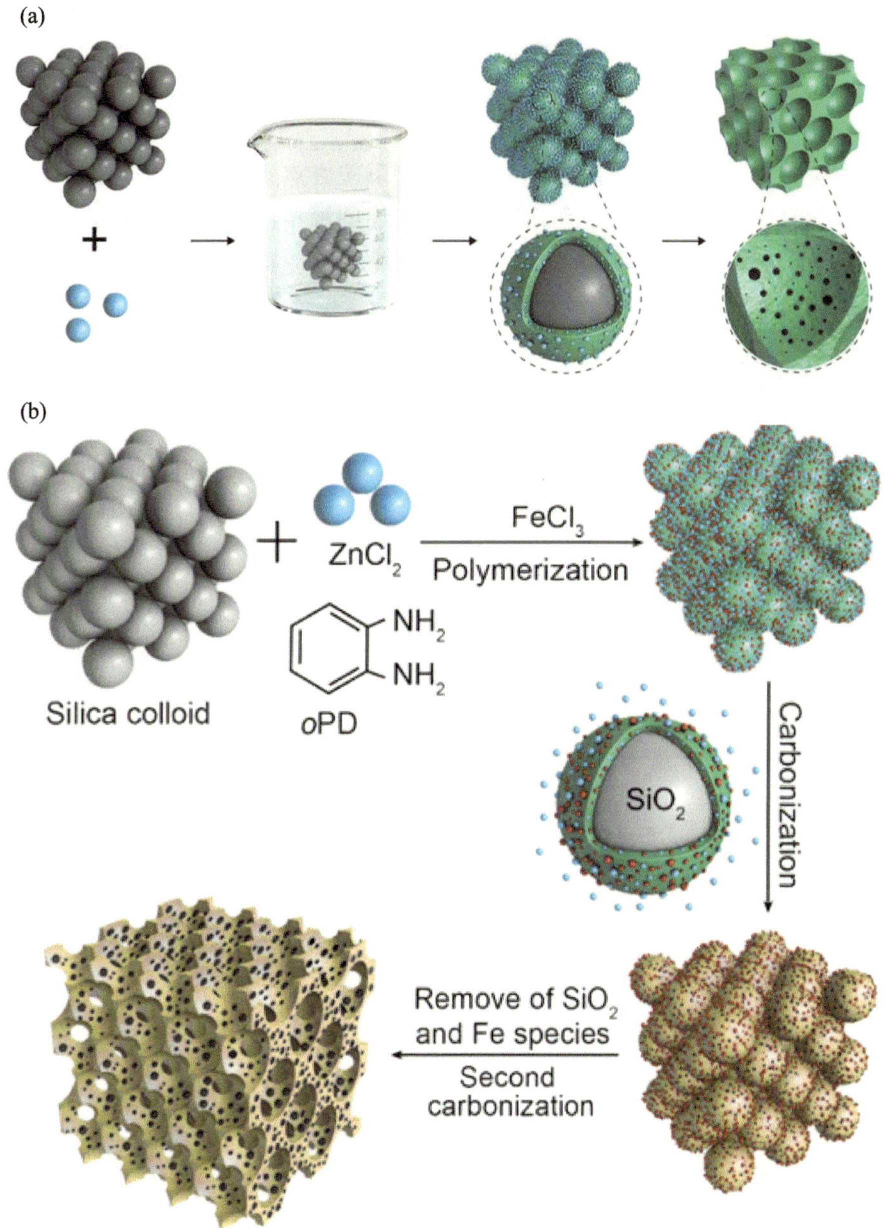


图 3–27

在图 3-27（a）中，第一个环节讲述两种物质放在一起，第二个环节表述的是“加入烧杯”，这从阅读顺序上看没有错，基本是按照实验中的先后顺序完成了整幅图的表述。但是，宏观视角的烧杯在一群微观视角的结构中，总是有一点格格不入，很容易抢占吸引力。如果去掉烧杯，单纯讲述微观视角所发生的变化会不会更好一点？出于这个考虑，将图像改为图 3-27（b）。去掉烧杯，将烧杯环节要讲述的动作改用文字标注，或者通过微观形态呈现出来，画面的整体协调性更好，给眼睛的感受更好。

**注：眼睛看图的舒适度是图像心理暗示，是潜意识的解读，在每个图像的设计过程和修正过程中，都是在逐步完善图像的画面属性，让图像“看起来舒服”，进而让读者产生审美的愉悦。**

在科学实验中，每个反应都是从反应起点到反应终点逐步进行的，在论文中讲述科学研究论点的时候，可以按照自己的观点选择阐述的视角，用学术图像来总结提炼文章重点的时候，更需要按照关注点来组织信息的呈现方式。

# 第 4 章
# 学术图像句式之排比句

## 4.1 主讲差异化的排比句——工整的流程对比

除了按部就班的顺序反应过程，科学研究过程中还会有更复杂的情况，同样一个结构可能有两种合成路径，图像要为读者分析的重点不是最终形成的产物，而是这两种路径的差异。也有可能是同一个结构会有两种功能属性，在不同的使用环境中会产生不同的结果。排比句正是用来对比这些差异的句型，希望给读者呈现出来的是这些差异，而不是结构本身的特征。

### 排比句的基础句型模式

如图 4-1 所示，排比句的画面中反映出来的有两条流程主线，这两条主线的路径是

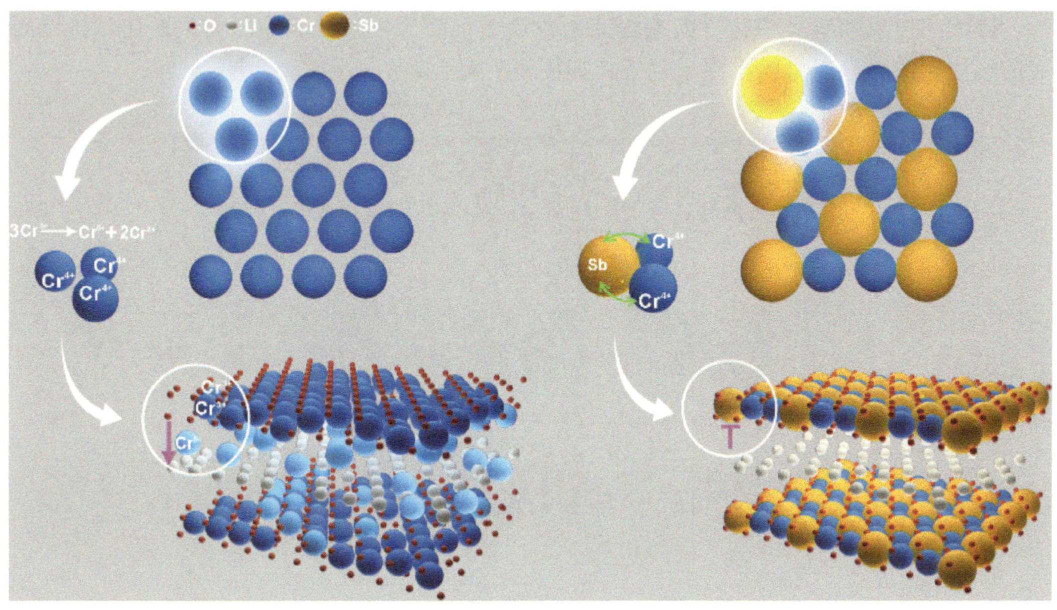


图 4–1

一样的，反应起点用了不同的原子，最终构成了结构相似而功能有细微差异的结果产物，说明在 Cr 中混入 Sb 的功能效果。画面中两套流程各自完整独立，在工整的对仗中形成平衡稳定的构图。

用上一章陈述句的归纳方法，将排比句归纳为如图 4-2 所示，可以清晰地看到两套流程中的对照关系。

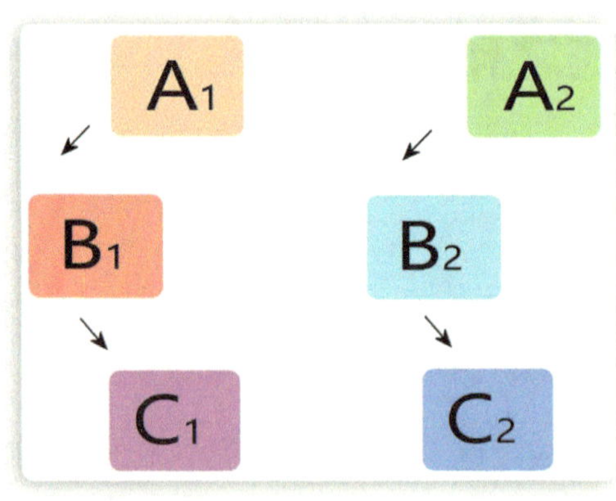


图 4–2

排比句中依然存在流程的层进式关系，用箭头传达结构的变化状态反映流程的走向，排比句讲述的目标不再是最终合成的产物，而是对多条实验路径进行对照，可能是对比产物，也有可能是对比实验流程，或者是对比流程中的某些环节中的细节。

## 排比句的延伸句型模式

排比句可以随着其中包含的流程元素数量变化而产生或长或短的句型变化，排比对照的流程句的数量也可以不限于两条，如图 4-3 所示。

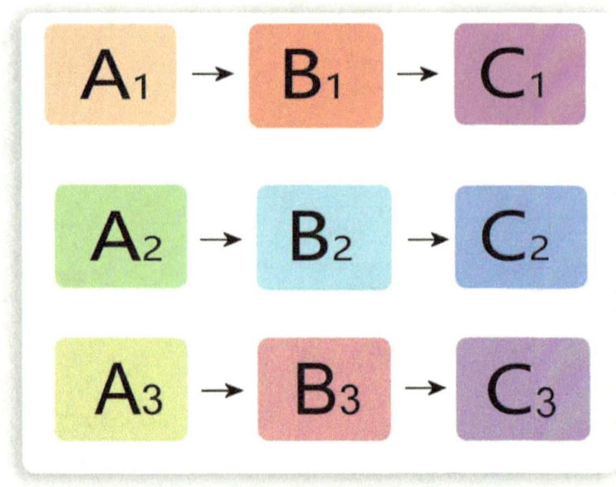


图 4–3

将实际的图像元素代入，可以得到如图 4-4 所示效果。

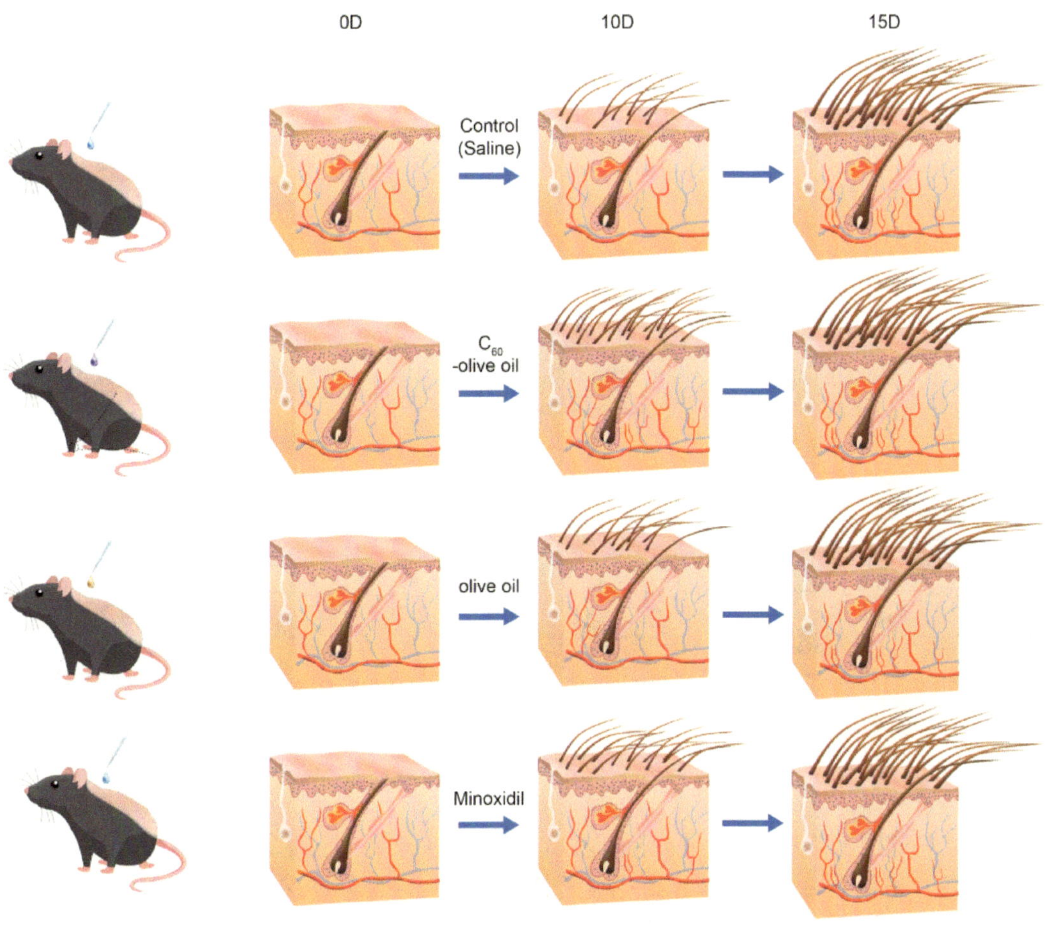


图 4–4

排比句除了讲述反应过程，也可以讲述结构、处理类似单体结构的句型方式、用排比的形式分析结构的属性，尤其是带有一定量化属性的结构。

以图 4-5 为例，基础的多孔结构为托底，表面上形成氧化石墨烯的复合结构，在使用时能产生不同的过滤途径方式。将多孔基底结构左右拉伸，表面堆积合成氧化石墨烯结构之后，再放手会形成褶皱形态。如果再增加前后的拉伸，则会形成两个维度的更复杂的褶皱。

采用流程陈述句只能描述出双层复合膜的合成方式，用排比句将三种状态下的合成特性、合成之后应用时的结构变化都呈现出来，读者可从图中理解到，褶皱的形成方式和褶皱结构微观上的工作原理。

## 排比句式的作用

排比句式在学术图像中主要用来突出特征的差异化或者程度的变化等。

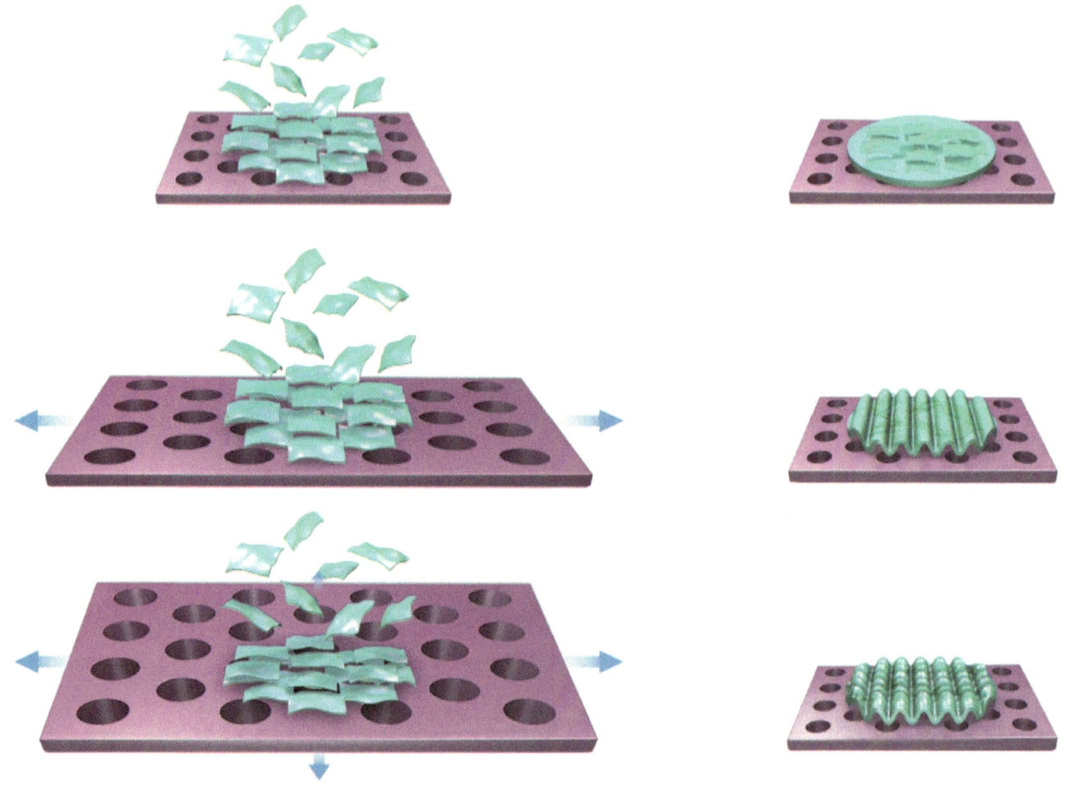

图 4–5

**实验过程对比**

排比句式用来陈述多组不同的实验，对比实验中采用的技术路径的区别。每一条实验路径是一条独立的流程陈述句，用来构建排比句的流程陈述句在每个环节的元素点都是呼应的，才能凸显实验过程中的细微差别。

**实验结果差异化对比**

排比句式可以用来陈述产物的结构差异，如果要给读者清晰的对比印象，产物结构需要选择同样的角度、同样的细节呈现方式。

**（属性）量化程度对比**

排比句式在量化程度的对比中可以说是优于一切的图像句式，在同样位置、同样角度、同样环境下，生成或消耗数量的变化、结构的大小程度变化或长度变化等，都可以通过排比句式很好地体现出来。

## 4.2 关注差异点的局部排比句——强调式的对比

排比句式中，如果几条实验路径中有重叠的部分，可以将同样元素进行合并，保留不同元素来形成对比，以节约画面构图空间，又避免陈述内容冗余。如图 4-6 所示，所有反应源于同一个起点，只需要画一个反应物，将其他有差异环节一一画出，逐级展开。

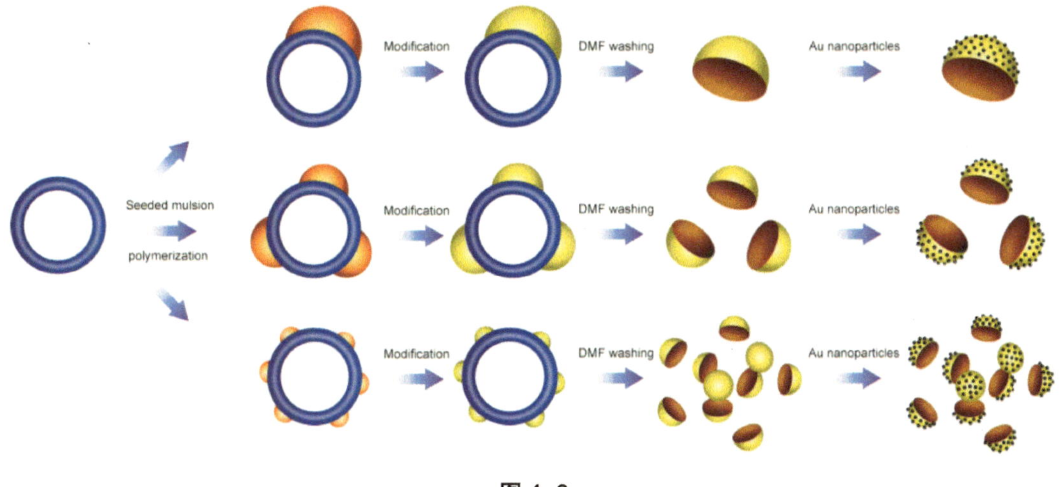


图 4–6

排比句式中将流程中完全一样的元素合并之后保留不同的部分，让排比句的句式变化更加丰富，除了流程长度变化、排比数量变化之外，还产生了大量构图各异的局部排比句型，如图 4-7 所示。

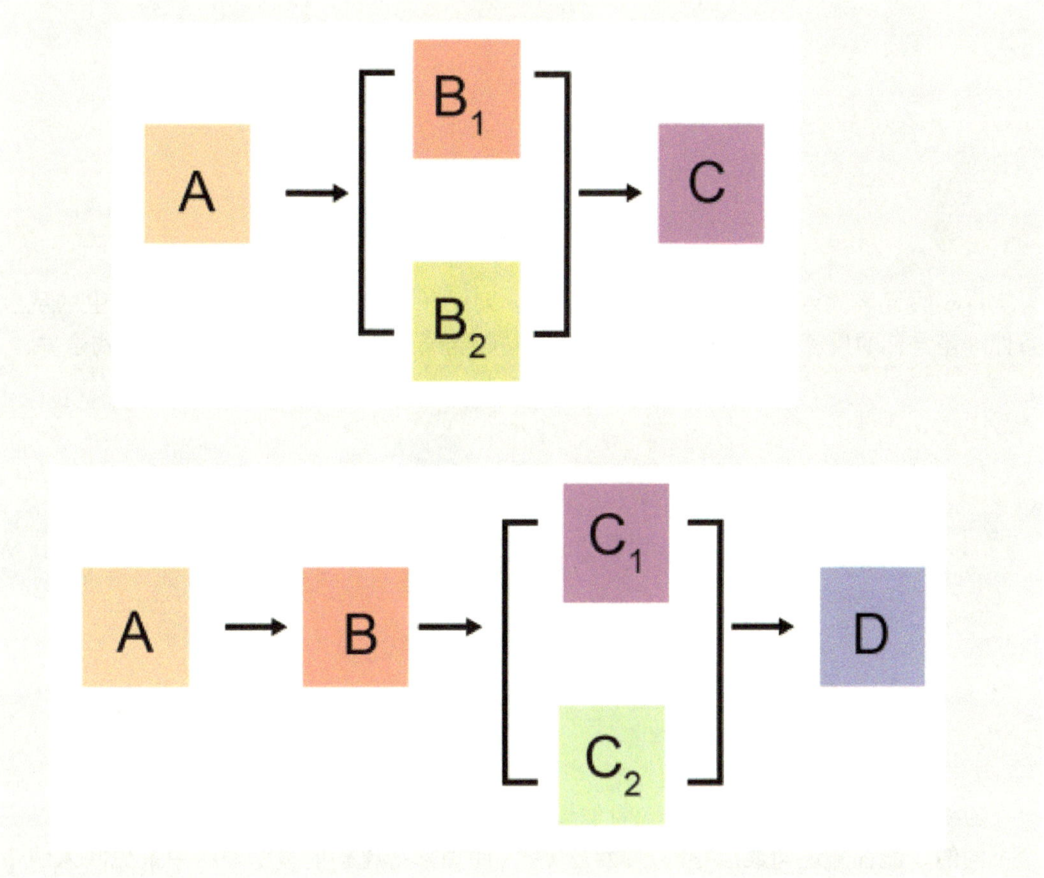

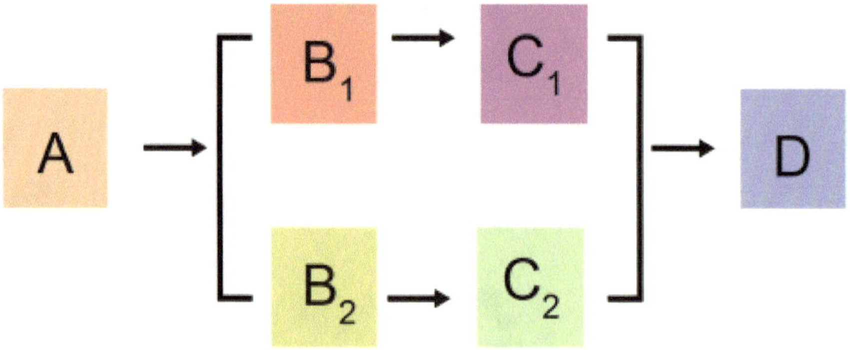

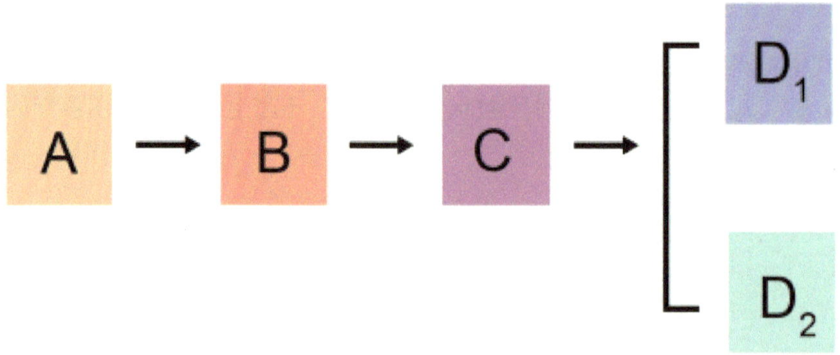

图 4–7

将实际元素代入句式中可以获得图 4-8，只展开有区别的部分，将差异产生的反应条件、差异化的反应过程画清楚，最后殊途同归到同一个反应产物时，再将产物合并。

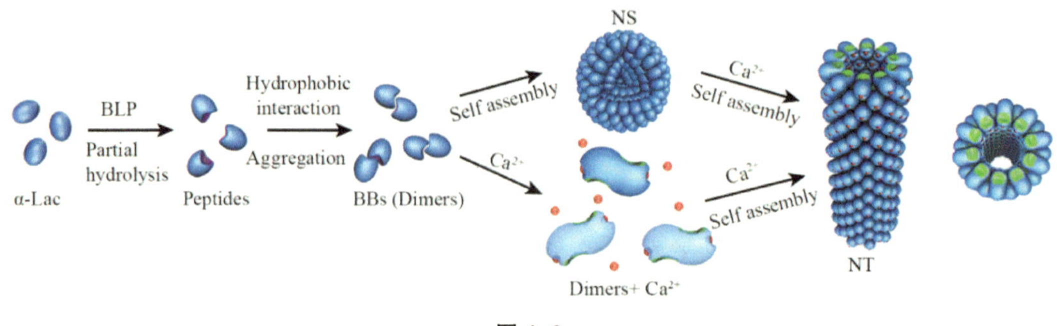


图 4–8

随着元素的合并，局部排比句看似逐渐与流程陈述句接近，实际上读图顺序却是完全不同的。流程陈述句最后导向是最终产物，而局部排比句的读图顺序中最先映入眼帘的一定是产生差异的环节，之后随着视线在图中的游走看到结果产物，再去回溯其他反应环节、解读全图信息。

**选择使用局部排比句来阐述信息，差异化环节一定是吸引读者的最重要的环节。**

## 4.3 排比句的创意与变通

排比句元素众多，画面构图变化可以比流程图丰富许多。排比句与流程陈述句一样，可以在每个环节用补充信息为当前图像元素增加细节，比如可以在每个环节上接入放大图。随着放大图的接入，构图也会产生变化，如图 4-9 所示。

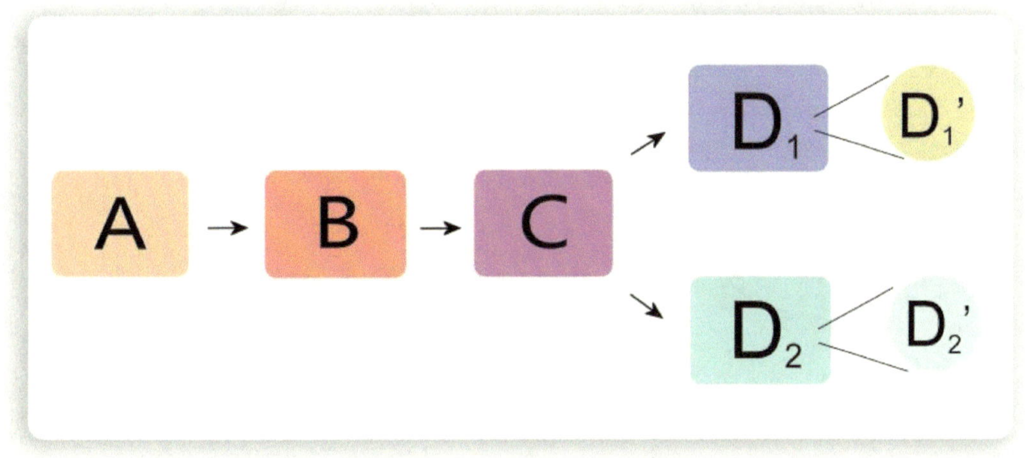


图 4–9

将实际元素代入图 4-9 中，可呈现如图 4-10 所示效果。

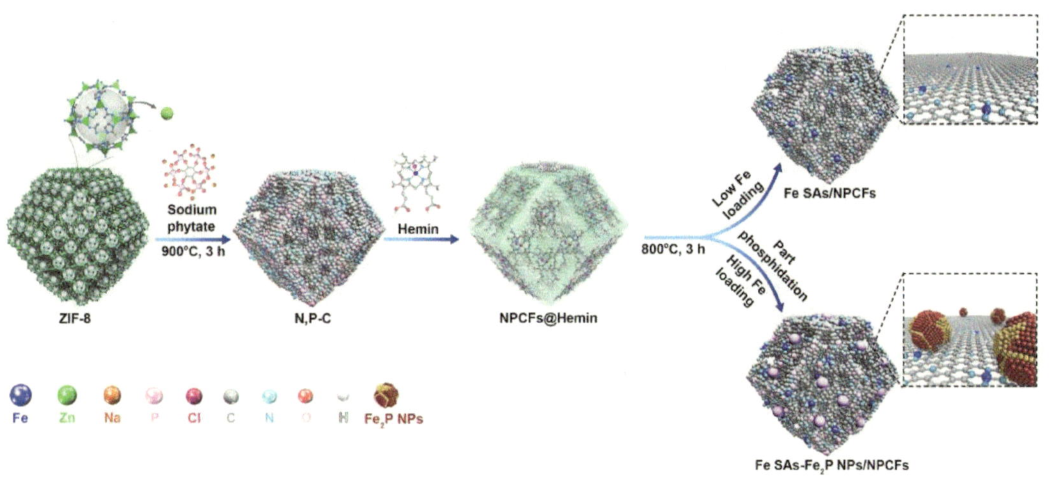


图 4–10

排比句可以将两条实验路径各自独立完成，再形成整图对照，如图 4-11 所示。

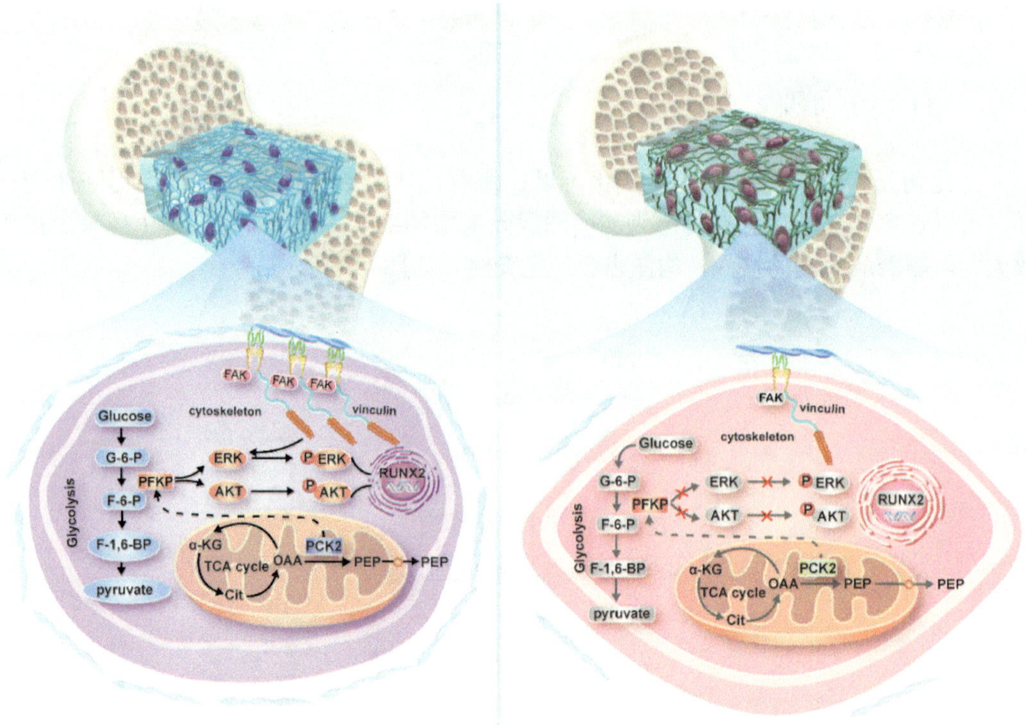


图 4–11

排比句可以借助空间将两条途径通过前后位置关系暗示轻重主次，如图 4-12 所示。

排比句可以不拘泥于横平竖直的平稳构图关系，借助色彩、空间、视线游走的方向，构建不稳定构图，让画面视觉冲击力更强，如图 4-13 所示。

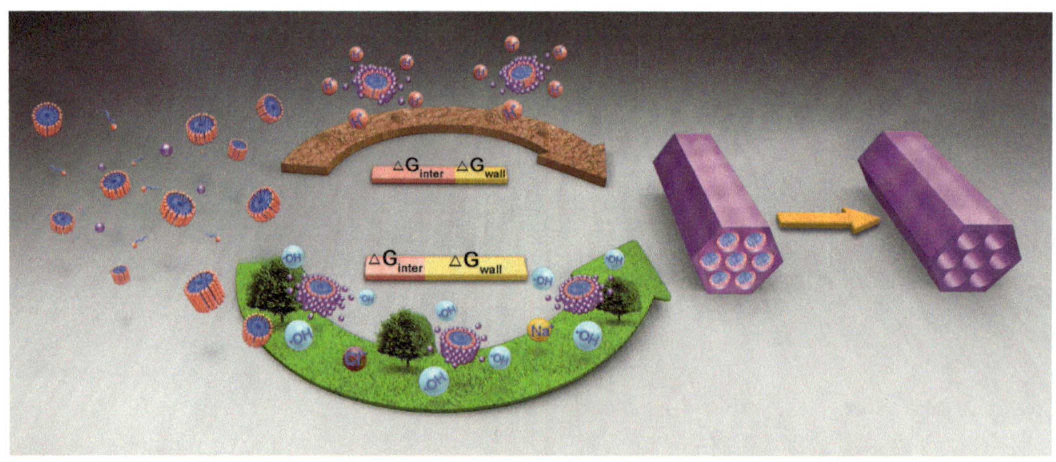


图 4–12

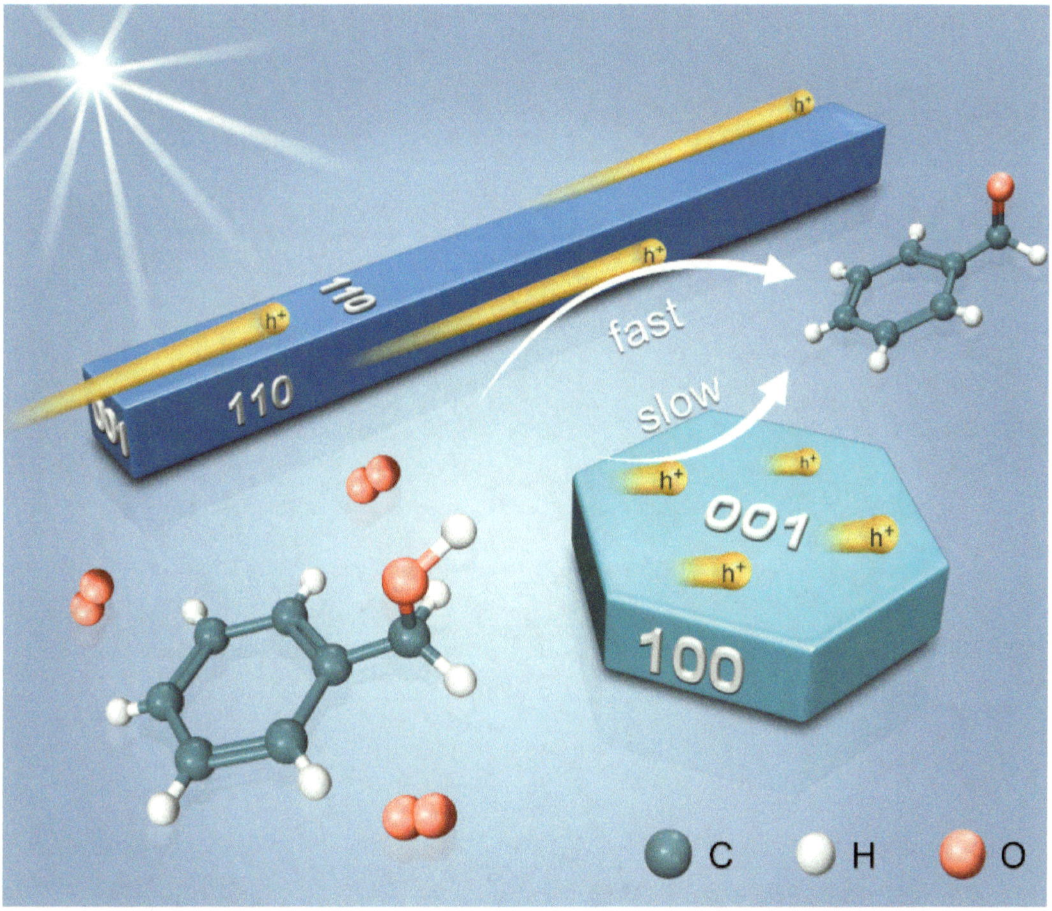

图 4–13

局部排比句也可以作为附加信息存在于放大图中，形成嵌套式的构图模式，如图 4-14 所示。

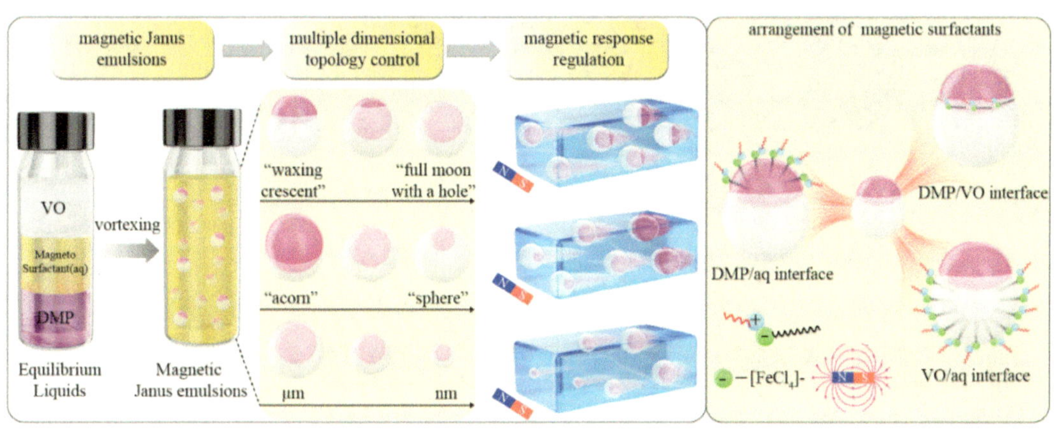


图 4–14

排比句可以改变背景颜色来区分、强化对照关系，如图 4-15 所示。

图 4–15

## 4.4 排比句的常见问题

### 排比句常见问题一：单元素对照和整句对照之间需要权衡

在排比句中，除了按照流程图选择每个位点的特定结构，还需要考虑当前结构的对照关系，以及从对比角度是否能够形成呼应。在实际操作中，需要适当权衡对照元素的比重和图像整体对照之间的关系。如图 4-16 所示，视线在每个句式中游走之后独立闭环，左右两个句式形成工整的对照关系。

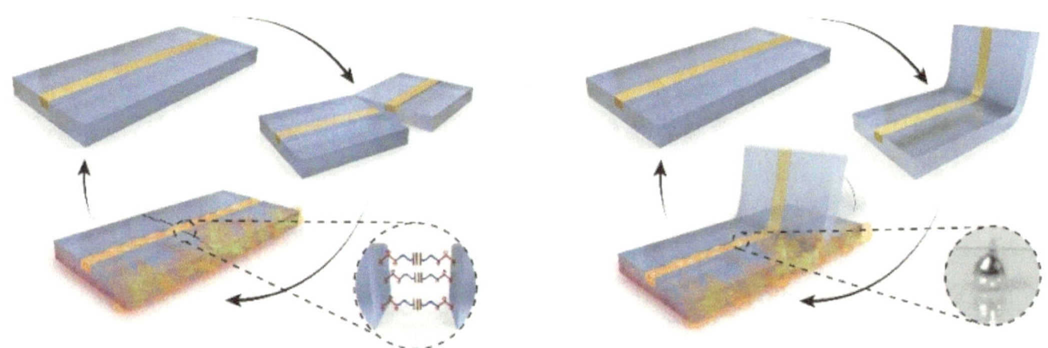

图 4-16

相对于闭环对照而言，作者有时更希望呈现每个环节的特征对比，这时可放弃原本的闭环循环，将排比句拆分，强化每个元素的位置对应关系，如图 4-17 所示。视线在两组对应关系中来回流转的路径变短，在视觉上形成的对照的印象更加强烈。当然，这也牺牲舍弃了原本闭环循环的句式。

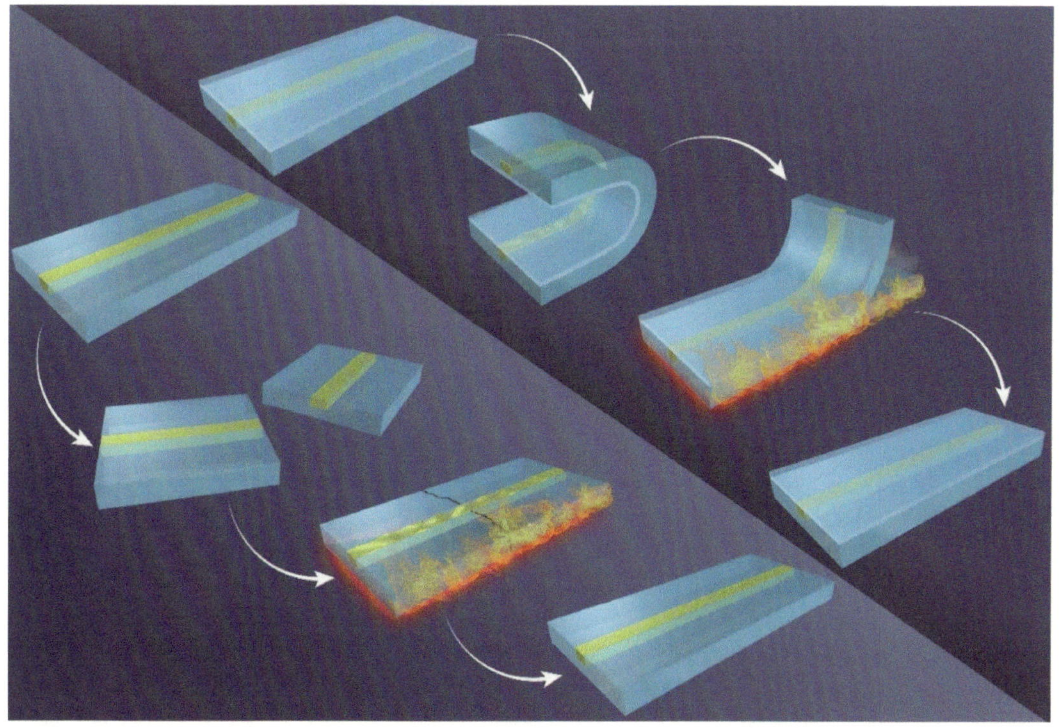

图 4-17

### 排比句常见问题二：不要强行排比

很多研究工作都具有比之前的工作优越的属性，或者有参比实验存在，如果按照实验顺序或者按照论文语言来强行绘制排比，也会有弊端。

图 4-18（a）按照实验逻辑讲述材料的合成过程，通过排比句对比了两种加入材料的方法，最后应用于油水分离的过滤中。

在对比环节可清晰地看到两种材料投入方法的区别，但当视线落到最终结果时却并没有找到与对比部分呼应的不同结论，对画面不由得有点失落感。还不如干脆裁掉对比环节，复原一个清爽的陈述句，如图 4-18（b）所示。

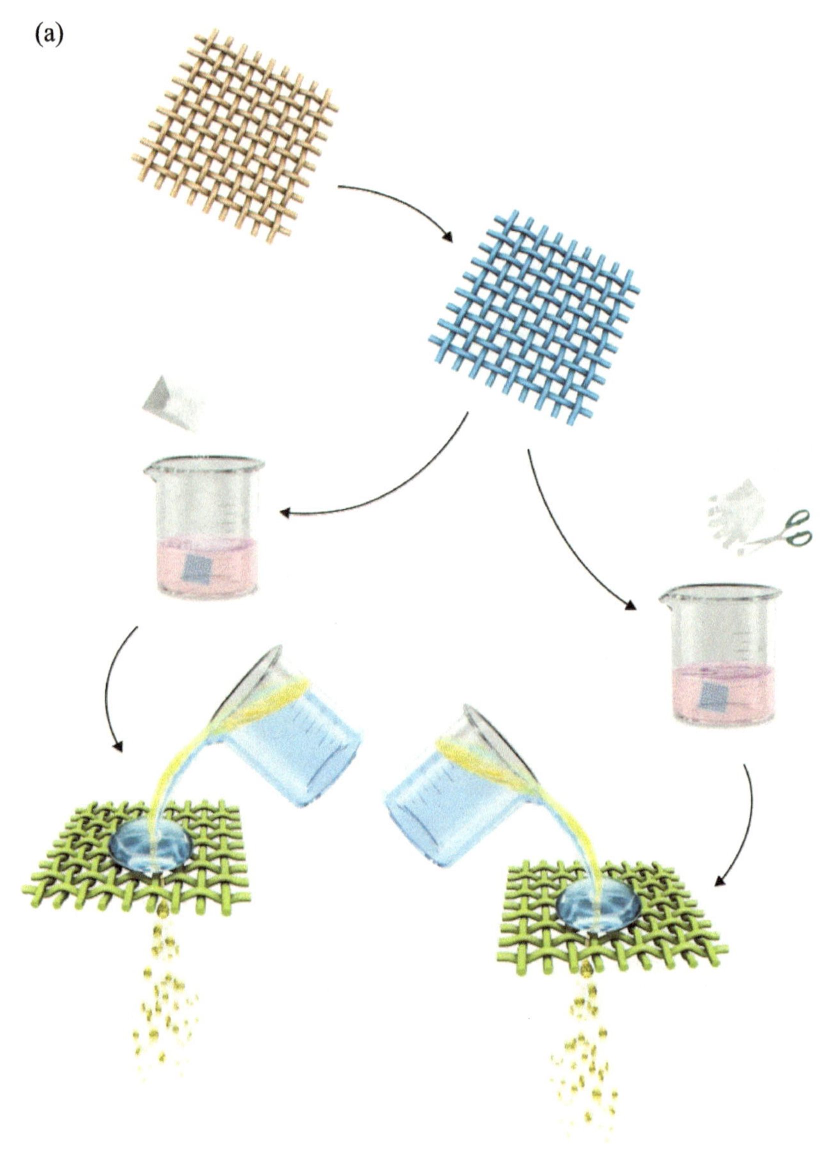

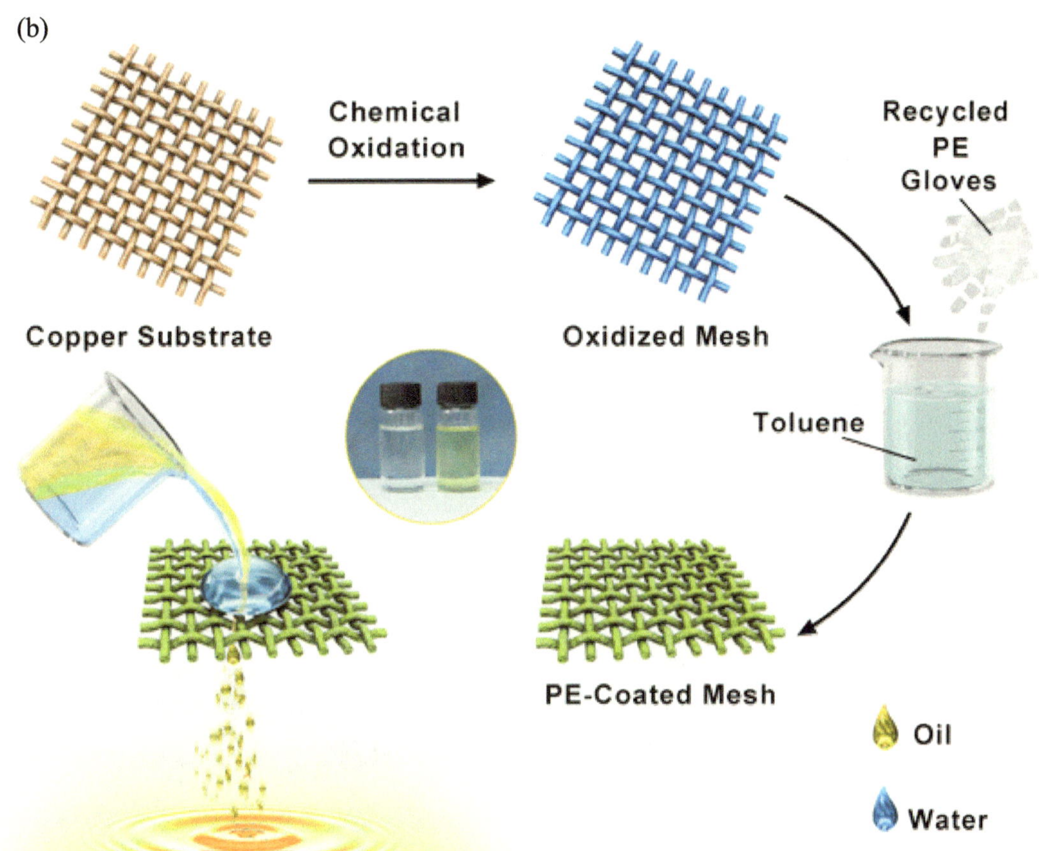
(b)
Chemical
Oxidation
Recycled
PE
Gloves
Copper Substrate
Oxidized Mesh
Toluene
PE-Coated Mesh
Oil
Water

图 4–18

# 第 5 章 学术图像句式之段落式复合句

## 5.1 段落式复合句——多层次的流程图

在流程陈述句的扩展中，对反应物、中间过程以及产物可能会用附加信息来补充更多细节。在产物环节，除了用附加信息来展现产物结构细节和属性细节之外，还可以增加篇幅，用更多的画面来仔细刻画产物的应用，描述产物应用的篇幅占整图信息一半甚至一半以上时，可以看作另外一个独立的段落，如图 5-1 所示。

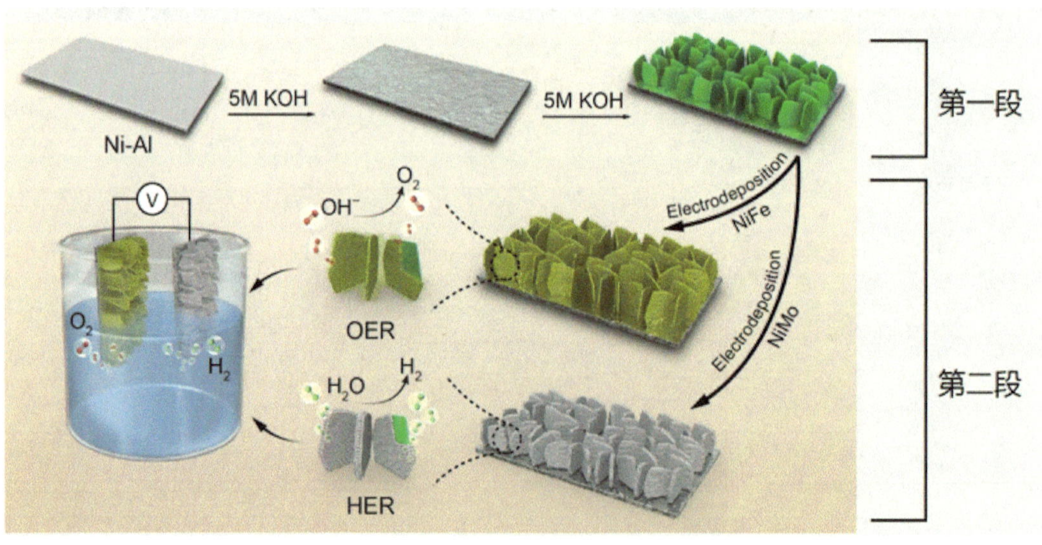


图 5-1

如图 5-2 所示，这类段落式复合句可以看作两个具有独立表达目标的段落的组合：第一个段落的目标是讲述合成过程，在第一个段落侧重表述每个元素层进的逻辑关系，每个元素选择的特征都以陈述合成过程为主；第二个段落的目标则是表明产物的应用方式、产物的应用效果或者产物应用的原理。

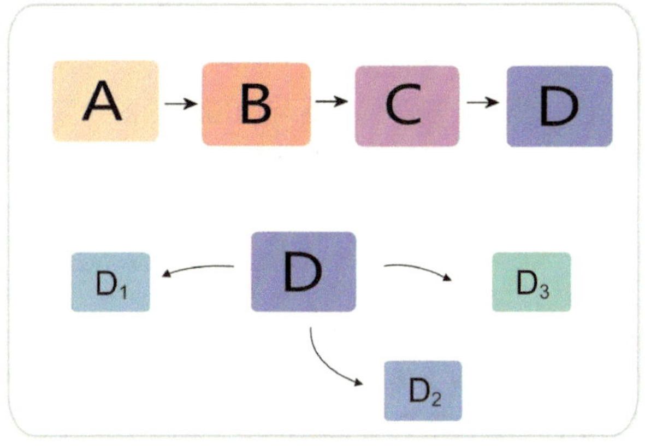


图 5–2

将实际元素代入上述句式，如图 5-3 所示。第一段合成环节只绘制了纳米结构的生长过程，将合成之后的微观形貌，以及应用过程中微观形貌的变化都放在第二段应用环节中展开讲述。第一个段落清爽干净，第二个段落结合应用呈现出当前材料的功能有多元化优势。

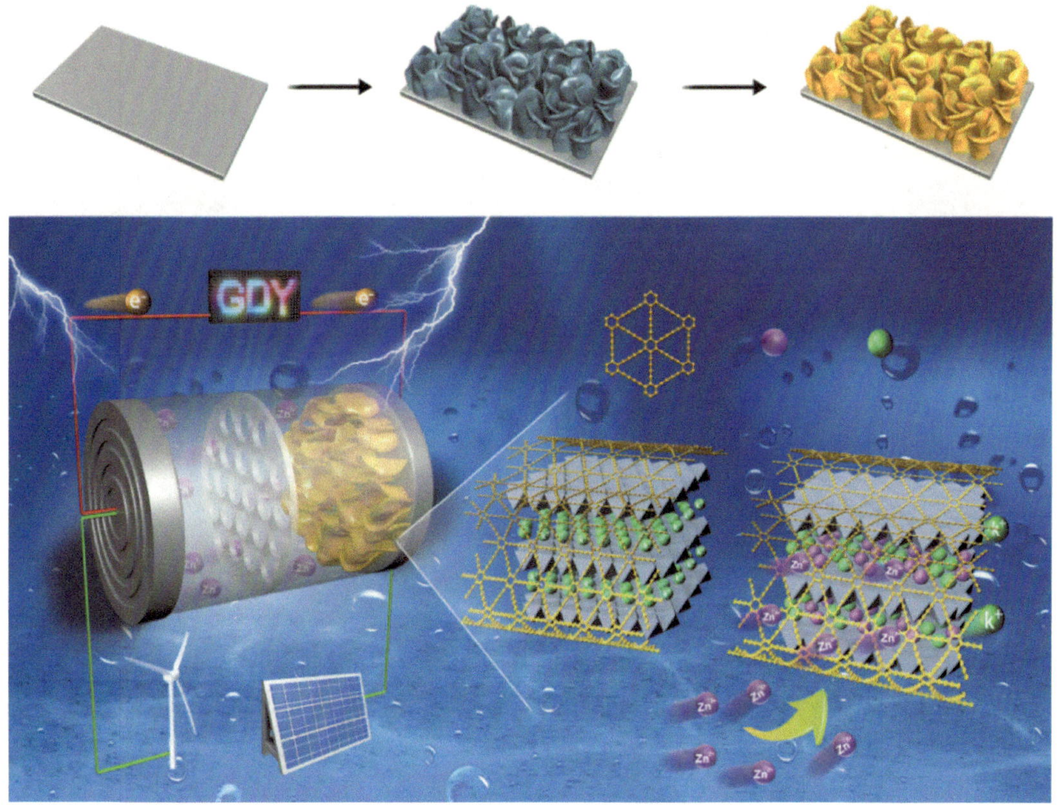


图 5–3

段落式复合句的两段信息相互独立又彼此呼应，每一段都有需要注意的表达侧重点。第一段和第二段之间，不一定有直接的箭头连接关系，内容上却要体现上下呼应的关联性。在材料合成与应用领域，段落式复合句的出现较多，第二个段落经常可以结合丰富的背景环境，更加生动地讲述材料的应用效率。

## 5.2 沉浸式的应用——用氛围讲述应用的第二段句式

眼睛更喜欢散点式阅读，顺序清晰的陈述句让视线游走时没有悬念，而散点式的段落中有丰富的视线游走余地，可以探索寻找信息关联度，更有故事性、趣味性的画面在潜意识中为读者提供了读图过程的审美愉悦感。

### 段落化处理目标的划分方式

段落式复合句不一定都是上下分段，也可以是左右分段。图 5-4 按左右分段方式，分别阐述合成过程和材料在环境中应用的方法，用现象渲染了应用气氛，让吸收热的属性感同身受，画面中的小鱼暗示了环境的亲和度，左右分段比上下分段更能节省画面，还能让画面中水汽升腾的感觉不受压制。

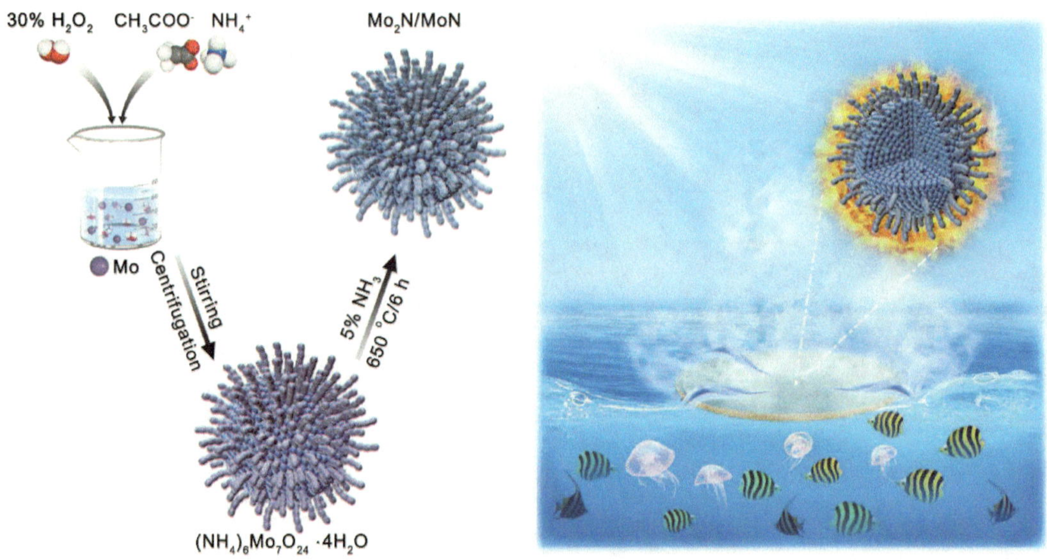


图 5–4

段落式复合句通过段落划分，将复杂的科研逻辑分组分别陈述，可以避免言之不尽和信息交错的混乱，从视觉角度来讲，两段式的陈述方式增加了画面的变化性，为作者打破常规设计增加余地。如图 5-5 所示，在段落式复合句中，用第一段讲合成，分析合成相关的细节；第二段有足够的篇幅详细分析应用原理，可以结合结构内外特征详细剖析，不会占用读者对合成部分的注意力。

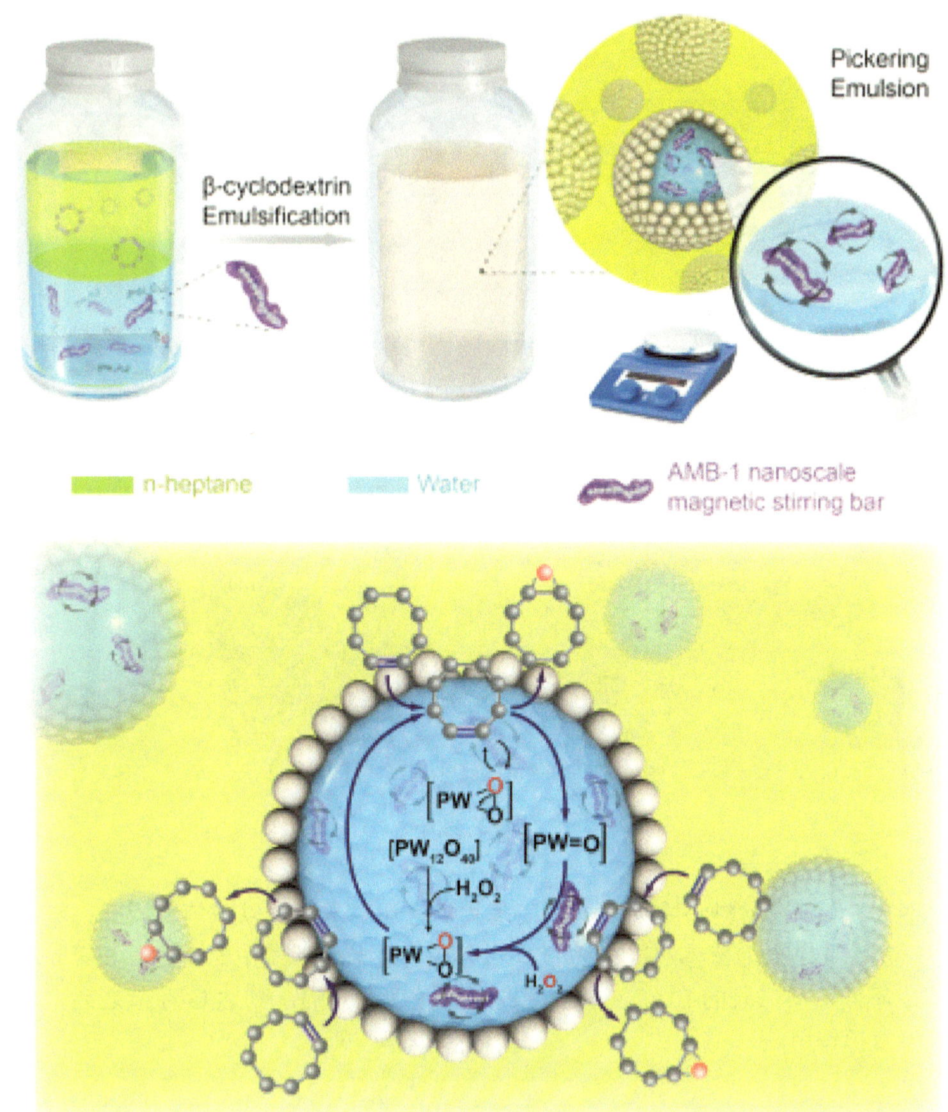


图 5-5

## 5.3 交叉领域的应用——材料与生物结合的第二段句式

段落式复合句在纳米材料、生物医药等新型交叉学科领域应用更多一点。纳米材料一般都需要讲清楚两个方面，第一个方面要讲清楚纳米材料的设计方法，设计方法决定了材料的创新点；第二个方面要讲清楚材料的应用方法，应用方法决定了设计的价值。所以，大多数纳米材料领域的研究都符合段落式复合句的特征。

如图 5-6 所示，第一个段落讲述纳米药物的设计和药物的装载方式，第二个段落讲述纳米药物在治疗中起的作用。

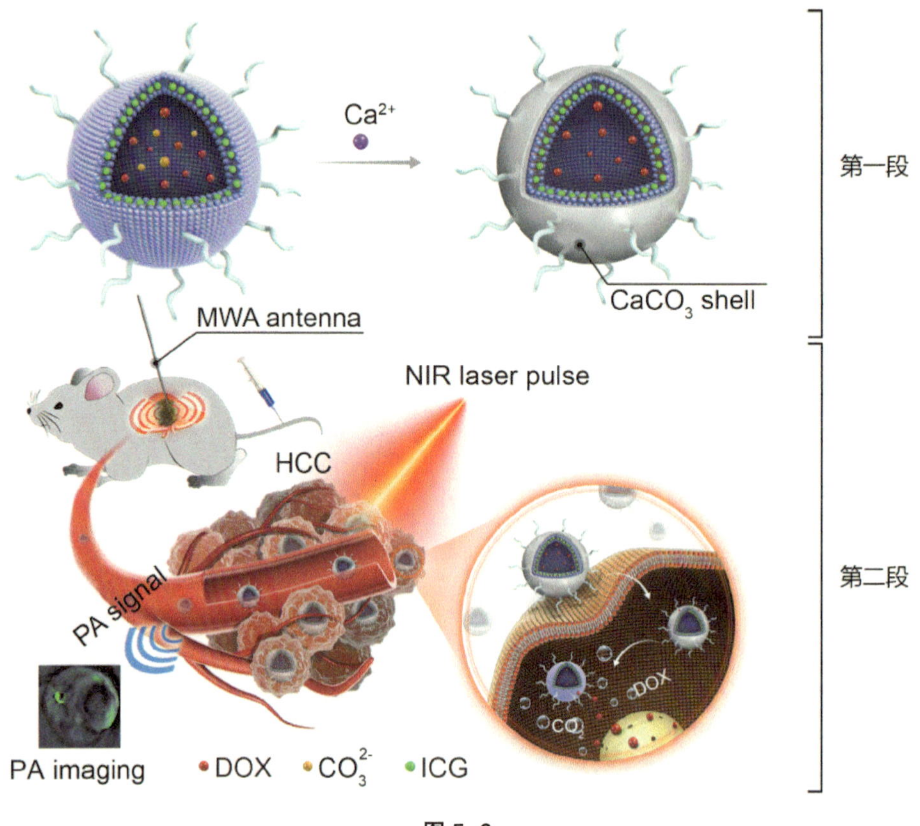


图 5-6

如图 5-7 所示，材料与生物结合的段落式复合句基本符合以下句型模式：第一段不再赘述；第二段主要为读者解决产物 D 在进入应用环节之后发生的变化，与第一段的层进式构成不同，第二段的 E、F、G 是逐步进入微观视角的，到达 G 环节之后，产物 D 才会开始发挥作用。

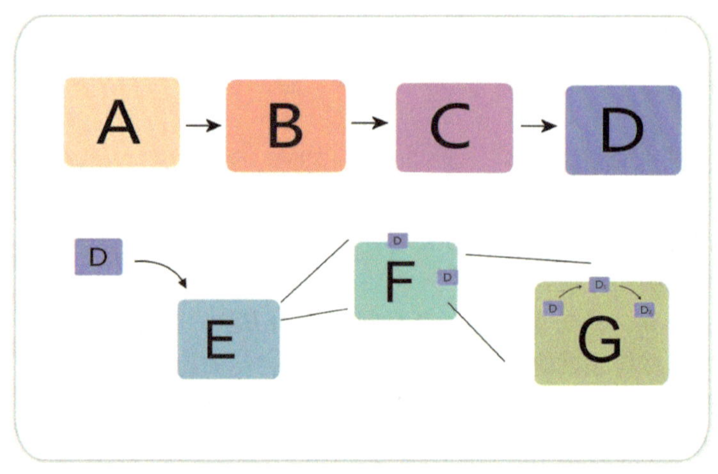


图 5-7

将真实元素代入，如图 5-8 所示。

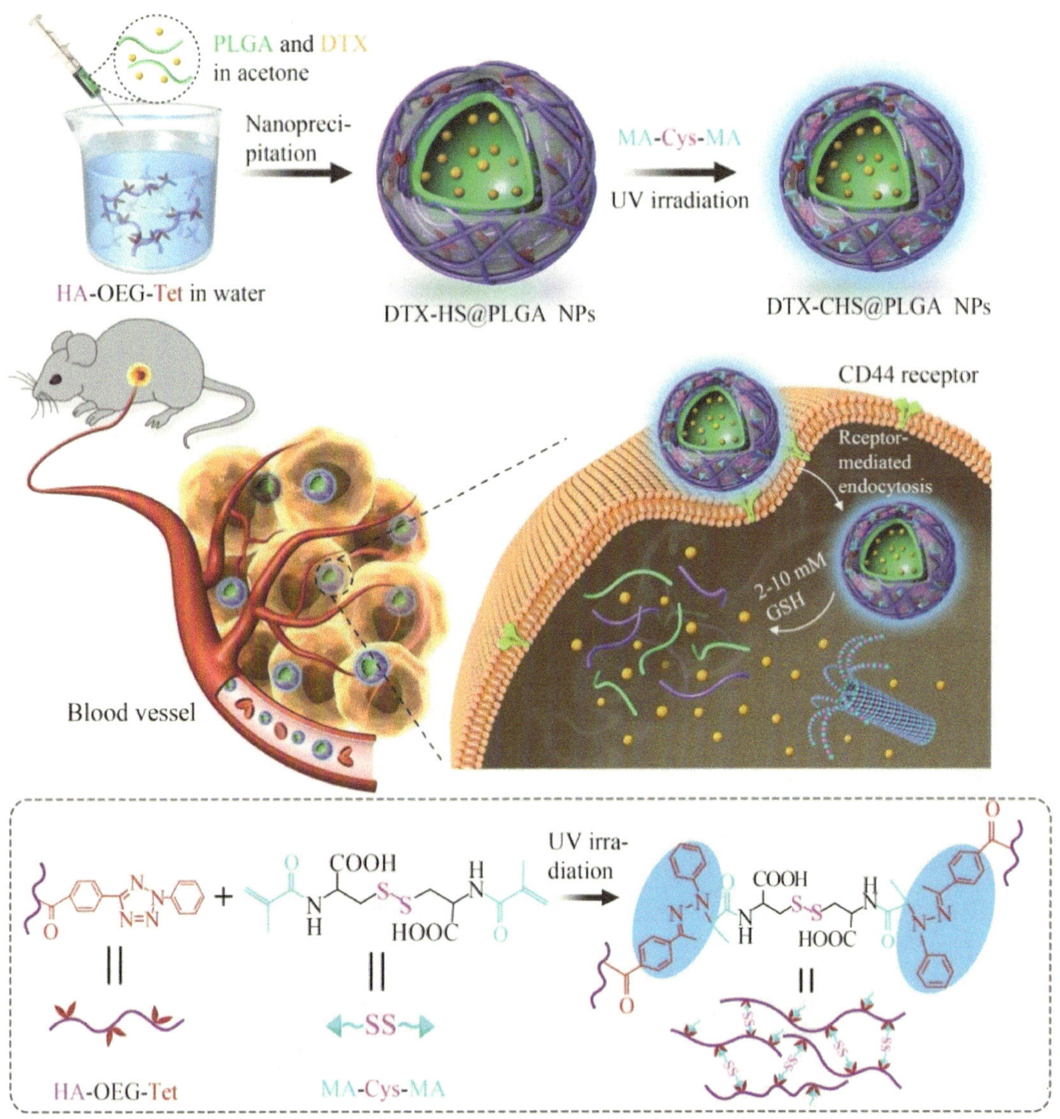


图 5-8

材料与生物结合的段落式复合句第二段中 E、F、G 并不是流程陈述句常规的具有变化性的结构，而是有规律可循的特定的环节模块。

### E 环节

E 环节常常为读者阐明实验对象。一般是各种实验动物，如小鼠、黑鼠、灰鼠、白鼠、裸鼠、兔子、犬类等，也有以人体作为实验对象的。在交代实验对象的同时，可以说明药物的使用方法、针对的病灶位置等，如图 5-9 所示。

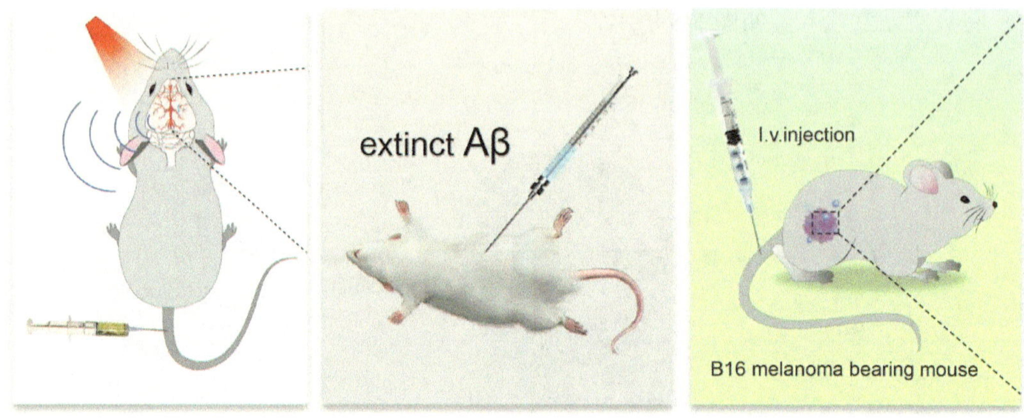


图 5-9

药物进入实验对象的常见方式有：注射器给药、吸管给药等；常见的给药位置有：尾静脉注射、原位注射等。如果采用了非同寻常的进入方式，那么进入方式这个细节需要阐述清楚。

### F 环节

F 环节常常为读者阐明药物在体内的运转方式，或者药物在特定肿瘤组织的定位方式。例如，通过血管运转至肿瘤病灶部位，或者在特定位置靶向的方式，如图 5-10 所示。该环节常见的表达有肿瘤、肿瘤环境、身体脏器等。

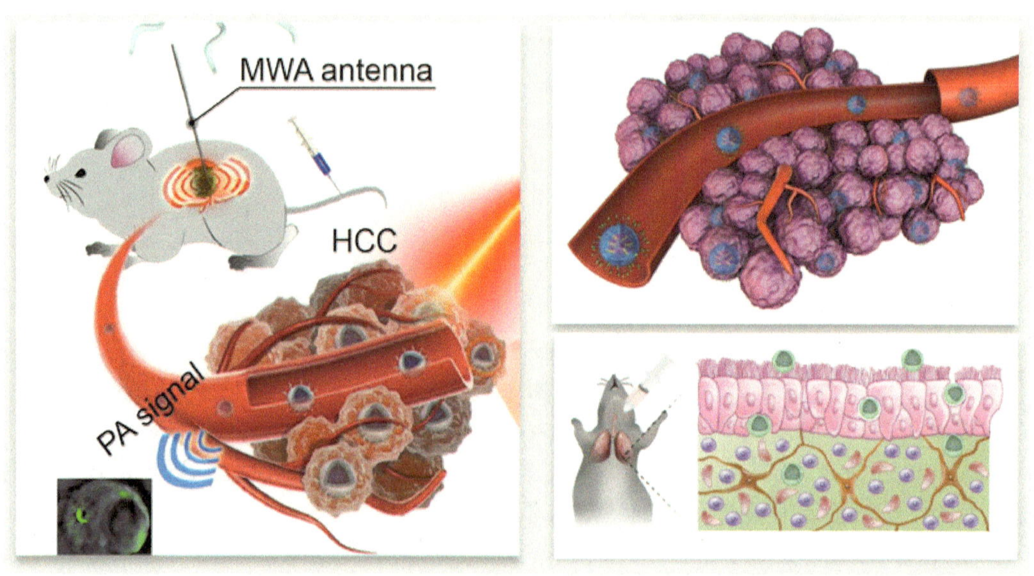


图 5-10

这一环节在图中的作用是承上启下，延续前面药物进入体内，交代纳米药物进入方式的同时，引出下一步在细胞中的作用，有时需要为读者区分特定的药物生效环境。

### G 环节

G 环节主要讲述药物在细胞中的作用机理。在该环节中需要详细说明药物进入细胞的方式、进入之后产生的效果。在细胞环节中的作用效果与第一段落中纳米药物合成首尾呼应，在细胞中解离起作用的顺序可以印证说明第一个段落中合成设计的思路。药物的作用机理大多数发生在细胞内，如图 5-11 所示，也可以发生在动物体内其他微环境组织中。

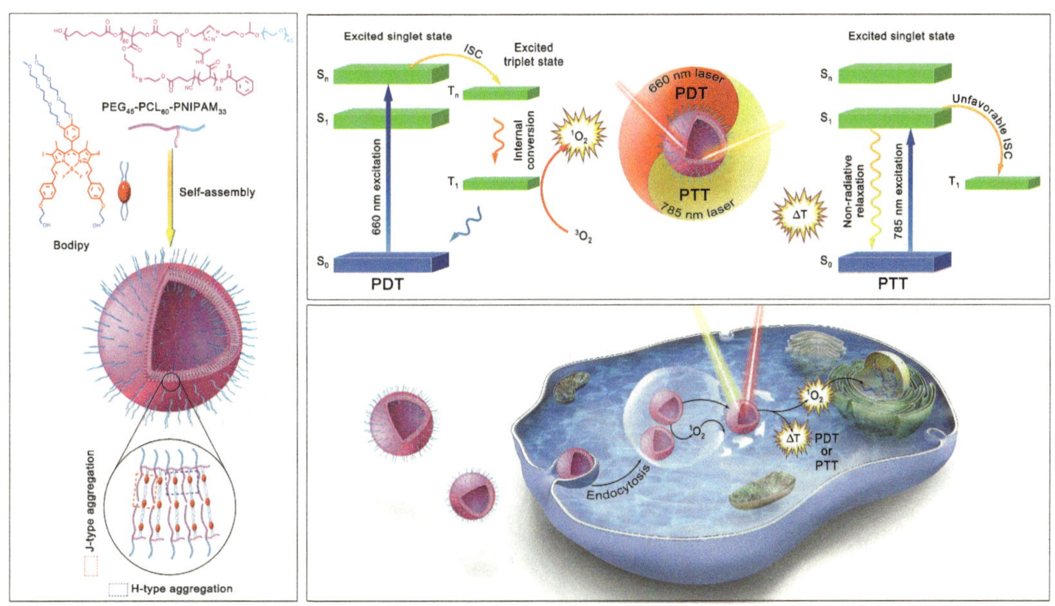


图 5-11

材料与生物结合段落复合句中 E、F、G 的顺承关系基本上是逐级推进的恒定关系，但是在图像表述时，可以根据表述需求，跳过不需要的环节。如图 5-12 所示，当前纳米药物在体内的运转不重要，可以跳过 F 环节的肿瘤组织不画，从 E 环节的实验小鼠直接到 G 环节细胞内的原理部分。

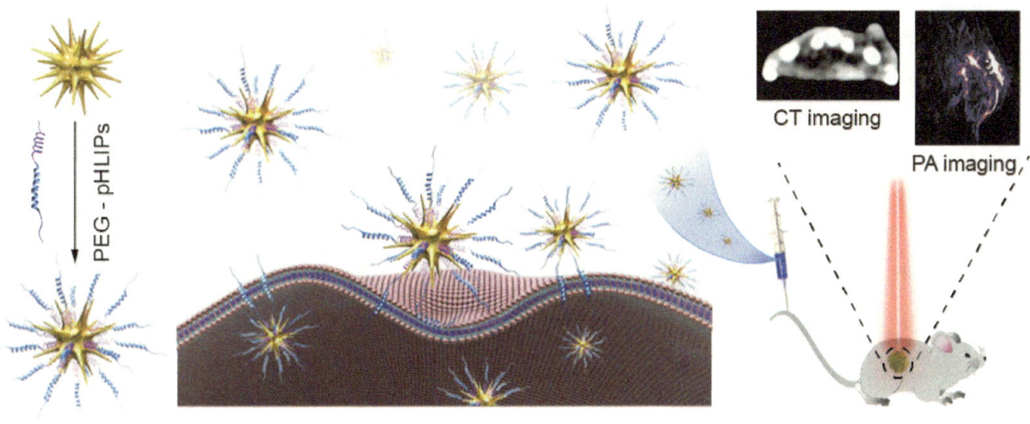


图 5-12

## 5.4 段落式复合句的创意设计与变通

段落式复合句为了讲好应用会结合背景让画面更加有情景感、有感染力，除了为第二段应用环节增加背景之外，第一段也可以增加背景。注意不要让两段的内容产生含混即可，如图 5-13 所示。

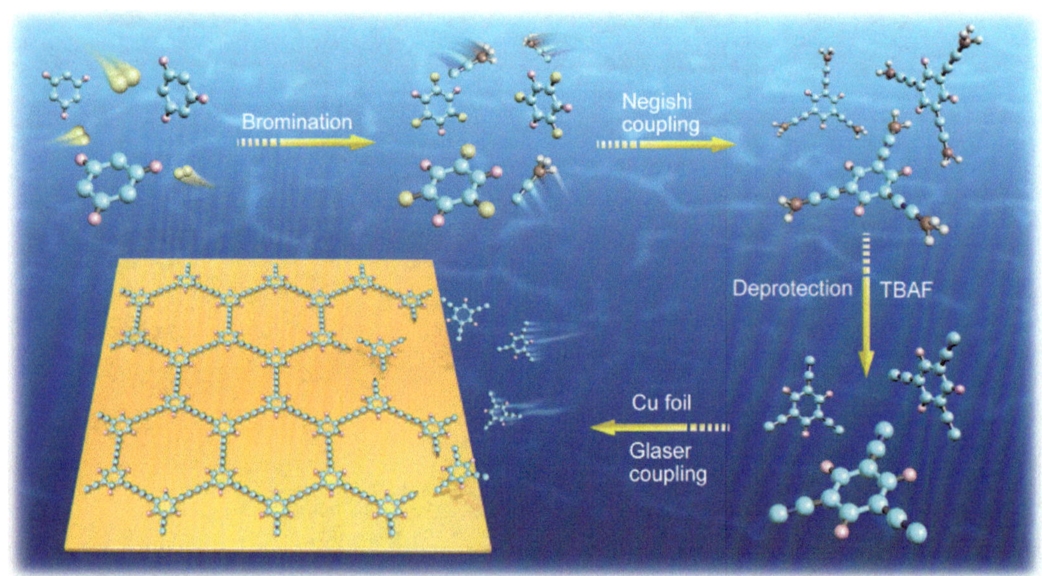


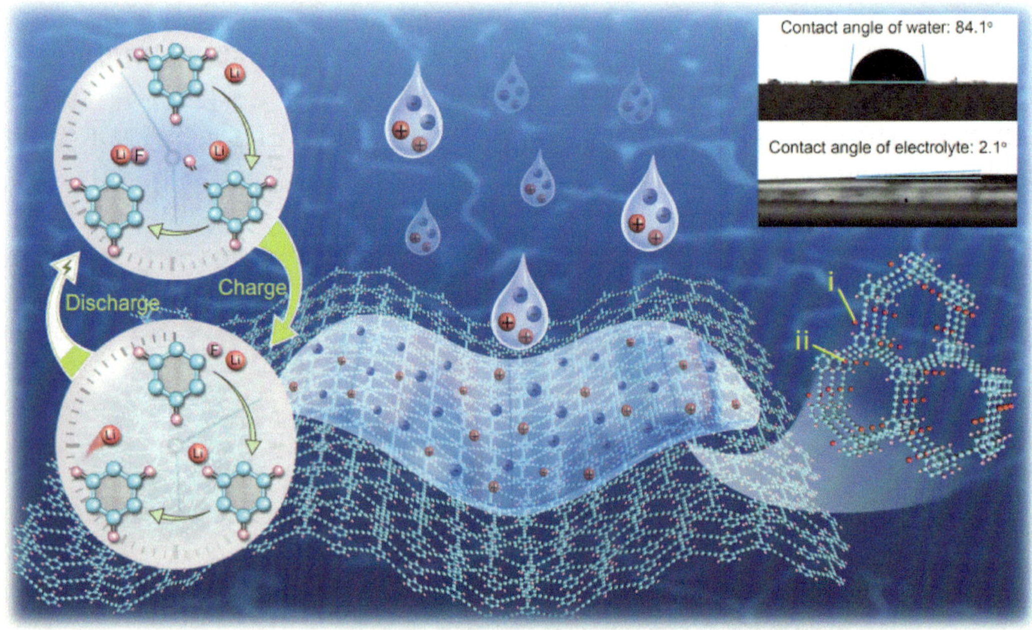


图 5-13

段落式复合句可以在应用部分结合排比句，形成局部对照，如图 5-14 所示。

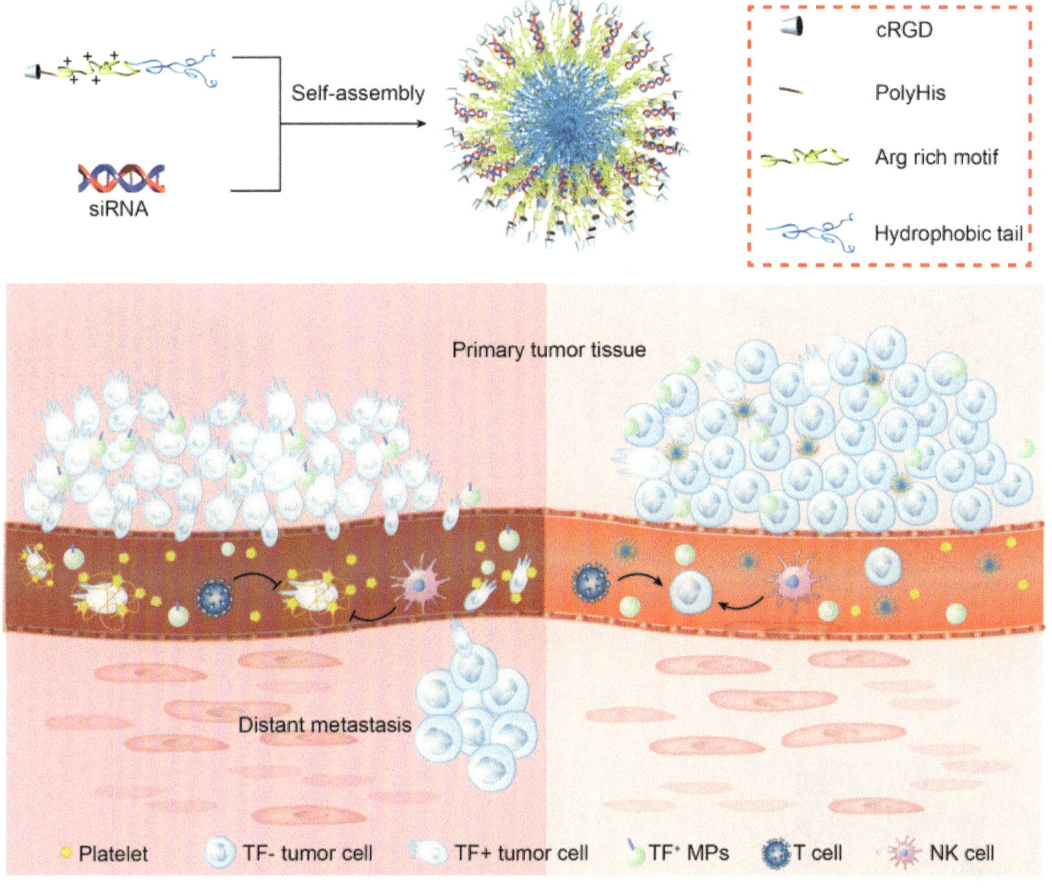


图 5–14

段落式复合句中元素众多，其中说明文字和标注文字也是画面构图的一部分，巧妙地利用文字，也可以构建别致、有节奏感的画面，如图 5-15 所示。

段落式复合句也可以压缩掉纳米材料合成的部分，通过在应用环节讲述应用方式来反映纳米材料的优势之处，如图 5-16 所示。

段落式复合句也有不遵守 E、F、G 环节的情况。当纳米材料作用的方式不是在单独一个细胞内作用，而是在细胞之间引起连锁反应，或者有细胞群落之间效应的时候，应用环节则考虑将连锁关系讲清楚而非定位到某个细胞内部，如图 5-17 所示。

段落式复合句用来讲述纳米材料的多元化应用时，在应用部分要注意再分段。近年来，越来越多的材料将诊断与治疗结合，不仅要讲述纳米材料中负载的药物用于治疗时的作用效果，还需要为读者梳理清楚药物在诊断时的功能与作用。如图 5-18 所示，在药物合成段落要阐述且区分合成药物与诊断药物的共通属性、差异化部分；在第二段应用段落中又要区分阐述诊断的效果和治疗的效果。看似材料与生物结合的两段式图像，内容则要讲清楚四个段落模块的关系。

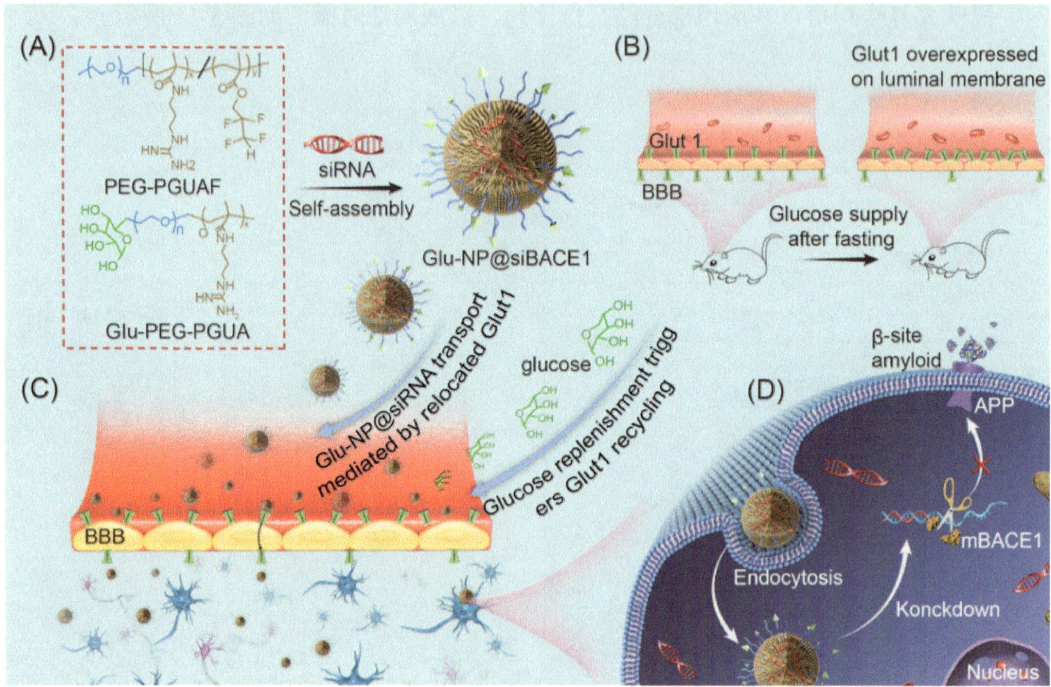
(A)
PEG-PGUAF
Glu-PEG-PGUA
siRNA
Self-assembly
Glu-NP@siBACE1
(B)
Glut1 overexpressed
on luminal membrane
Glut 1
BBB
Glucose supply
after fasting
glucose
Glu-NP@siRNA transport
mediated by relocated Glut1
Glucose replenishment trigg
ers Glut1 recycling
(C)
BBB
(D)
β-site
amyloid
APP
mBACE1
Endocytosis
Konckdown
Nucleus

图 5–15

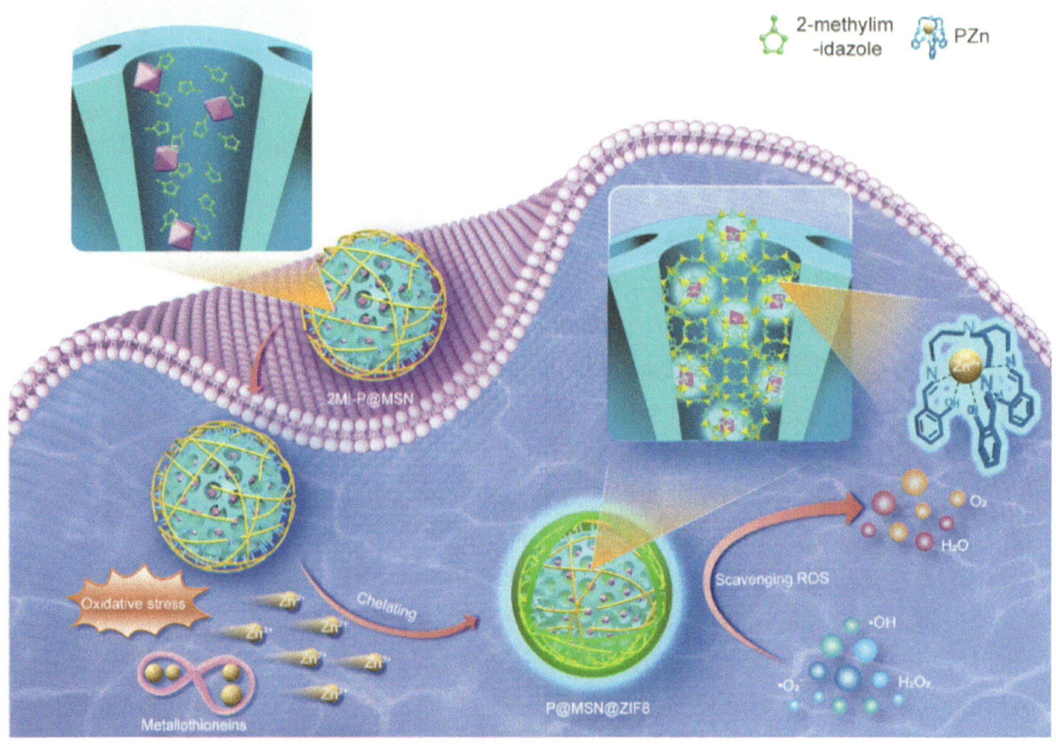
2-methylim
-idazole
PZn
2MI-P@MSN
Oxidative stress
Chelating
Metallothioneins
P@MSN@ZIF8
Scavenging ROS

图 5–16

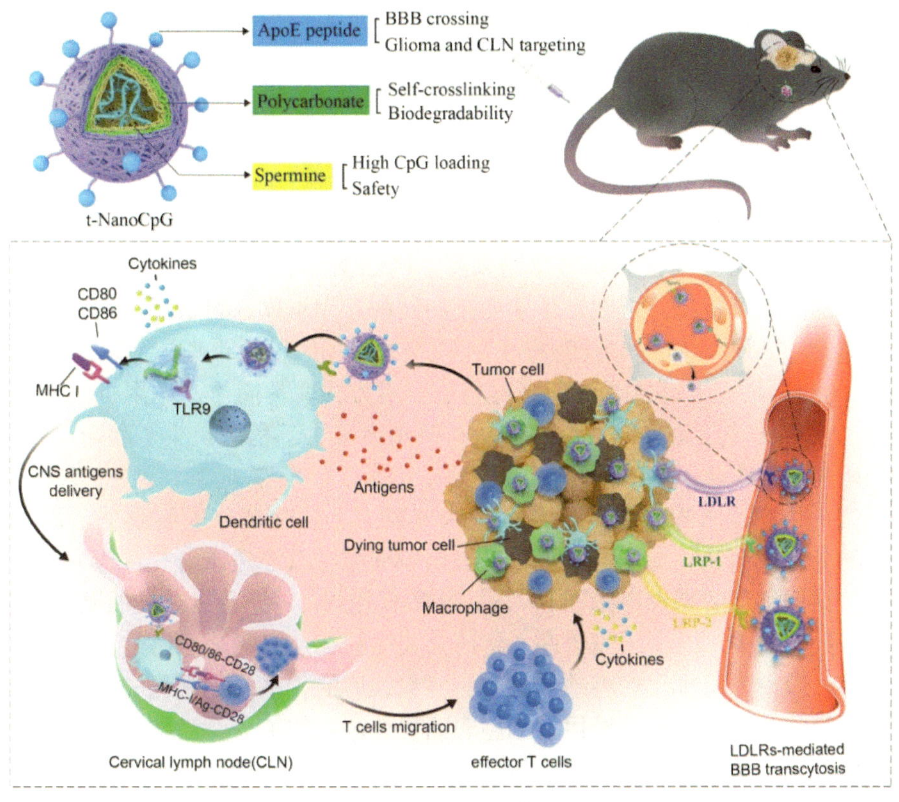
ApoE peptide
BBB crossing
Glioma and CLN targeting
Polycarbonate
Self-crosslinking
Biodegradability
Spermine
High CpG loading
Safety
t-NanoCpG
Cytokines
CD80
CD86
MHC I
TLR9
CNS antigens delivery
Dendritic cell
Antigens
Tumor cell
Dying tumor cell
Macrophage
LDLR
LRP-1
LRP-2
Cytokines
CD80/86-CD28
MHC-I/Ag-CD28
T cells migration
Cervical lymph node(CLN)
effector T cells
LDLRs-mediated
BBB transcytosis

图 5-17

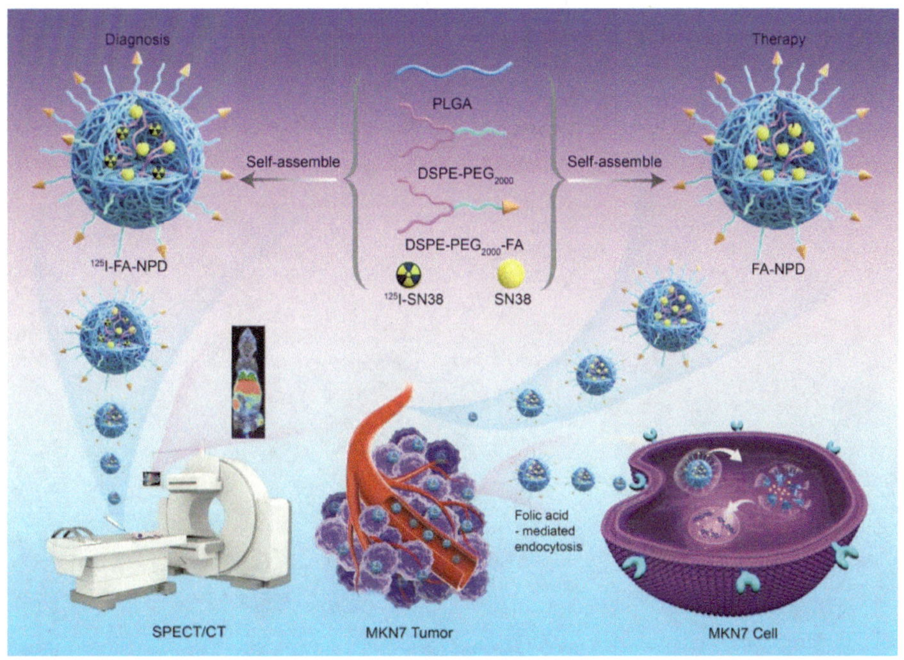
Diagnosis
Therapy
PLGA
Self-assemble
Self-assemble
DSPE-PEG2000
DSPE-PEG2000-FA
125I-FA-NPD
FA-NPD
125I-SN38
SN38
Folic acid
- mediated
endocytosis
SPECT/CT
MKN7 Tumor
MKN7 Cell

图 5-18

## 5.5 复合句的常见问题

### 复合句常见问题一：纳米材料如何画出创新的思路感

段落式复合句合成部分按照纳米材料设计顺序描述，看似是常规的合成流程，在实际操作中，这个段落如果按照实验思路来画，则如图 5-19（a）所示，在金纳米球表面上加上修饰的高分子链段，再装上特定的靶向结构，为小鼠注射之后，纳米材料可以用于成像和治疗。另外，在治疗的部分分辨了靶头的作用，以及靶头在细胞内的变化。

图 5-19（a）画面中可以看到纳米材料的合成方式非常简单，作用机制也没有太复杂的部分，内容比较工整。但是这幅图从科研角度来讲，稍微缺少了科研“亮点”，体现不出来研究的工作量。

对研究的内容深入挖掘发现，在金纳米球表面上装载高分子链段是常规的技术手段，而金纳米球表面装载葡萄糖之后可以被巨噬细胞吞噬才是该研究希望为读者呈现的亮点。这些结构细节的亮点在图 5-19（a）中看不出来，只能看出寻常的顺序叠加过程。因此，在后续修改中，改变阐述语序，将研究关注的亮点问题阐述清楚，如图 5-19（b）所示，在第一段中，用排比句将纳米材料和巨噬细胞的关系拎出来优先表述，在画面上最先映入眼帘的是复合结构通过巨噬细胞表面受体进入的部分，当纳米材料进入巨噬细胞之后，用补充放大图的形式描述了溶酶体对它的属性改变作用。与此对应说明，如果没有葡萄糖的修饰，只是单纯金纳米球和高分子链段，是无法被细胞识别的。

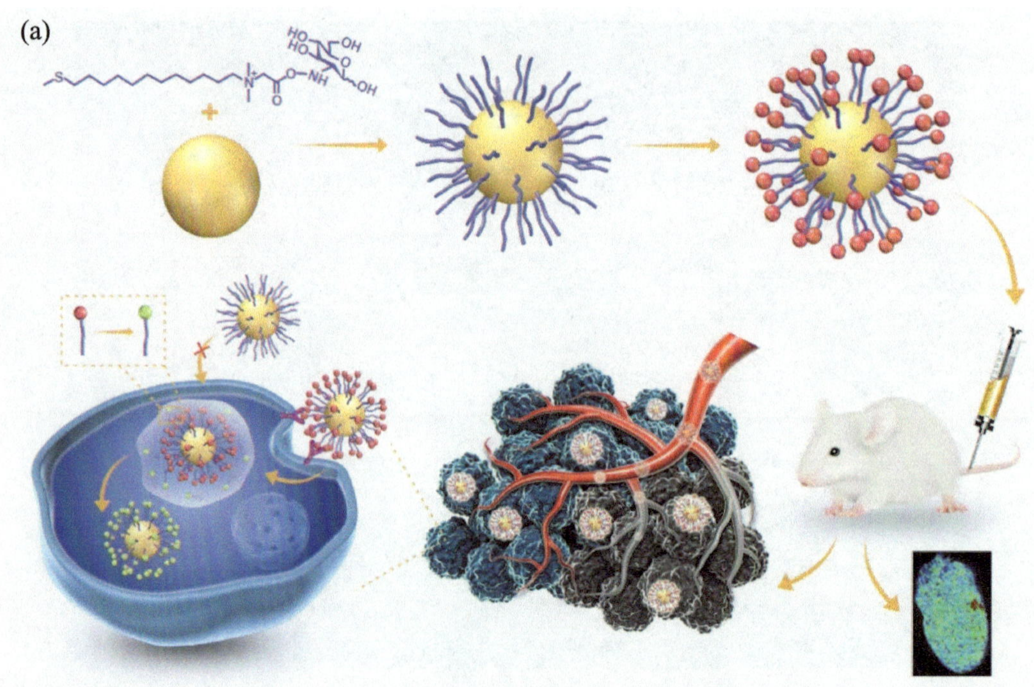

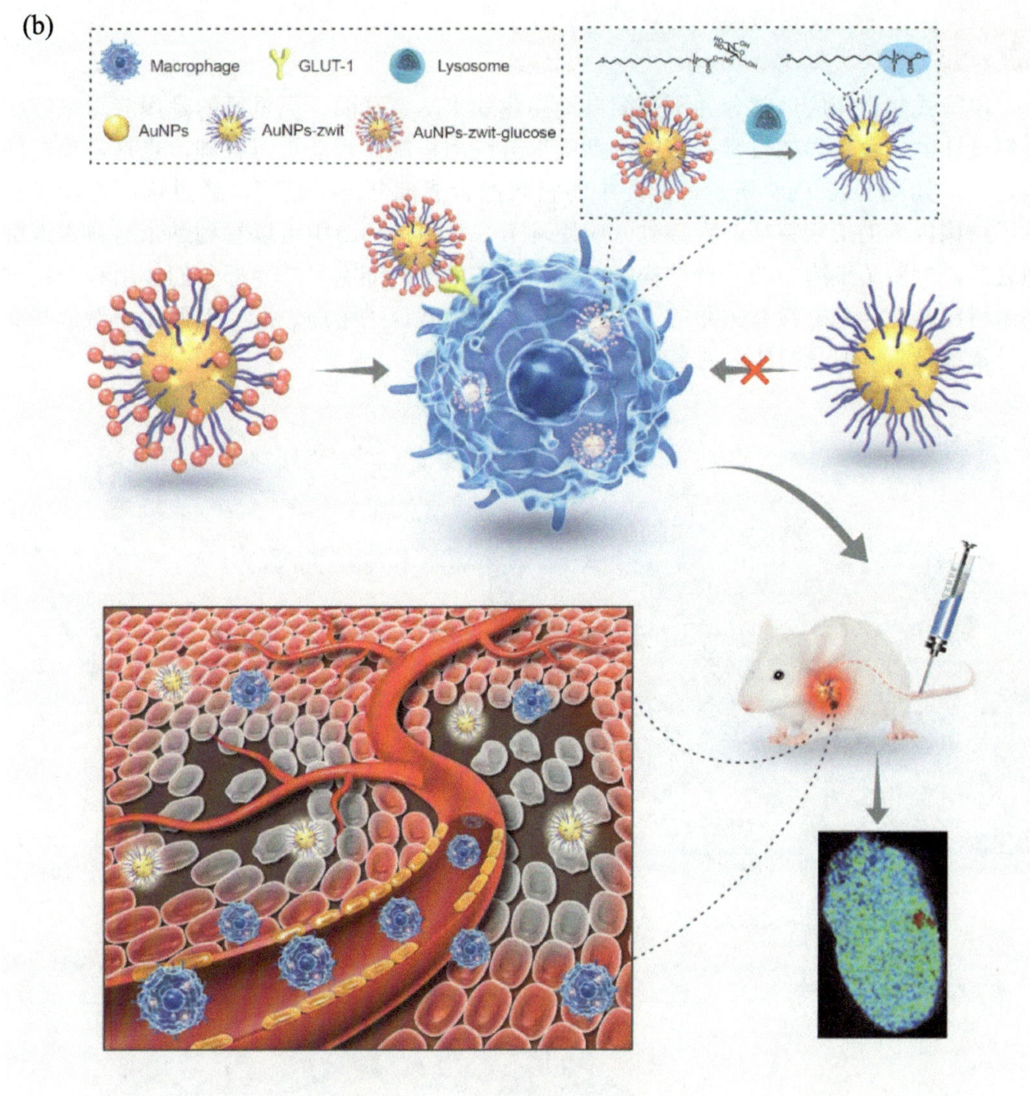


图 5-19

在第二段药物功能阐述部分，按常规的顺序描述给药的方法、成像的效果，以及在体内起作用时巨噬细胞的功能、纳米材料的功能。图中占比最重的表述点在药物设计原理，应用部分画出的现象是用来呼应原理的。即使是初次看到文章、初次看到图的读者也会感受到药物设计的逻辑感，可以看出研究工作的价值立意，不会觉得是很简单的常规实验。

**段落式复合句有时会因为内容多而忘了重点，生怕画得不够全面而将实验中的细节全部都呈现在纸面上，最终过多的无效细节掩盖了研究最有价值的思路部分，造成画面看起来不够有“分量感”。**

## 复合句常见问题二：画不明白的生物部分

段落式复合句应用部分并不是简单地用色彩来丰富画面，更重要的是用应用来呼应材料设计的创意性。在日常操作中，细胞部分应用机制是否能画得合理，也是常见的问题之一。如图 5-20（a）所示，画面中将材料的合成部分压缩精简，通过剖面为读者展示了结构内外的形貌特征，直接进入应用环节。在应用环节中可以看到纳米材料进入细胞之后，抑制了细胞中的一种结构，其作用就结束了；细胞另外一部分的作用和变化与纳米材料是完全独立没有关系的。这样读图的感受就像进了门之后戛然而止，看似画面上元素很精美，但是却什么内容都没看到。

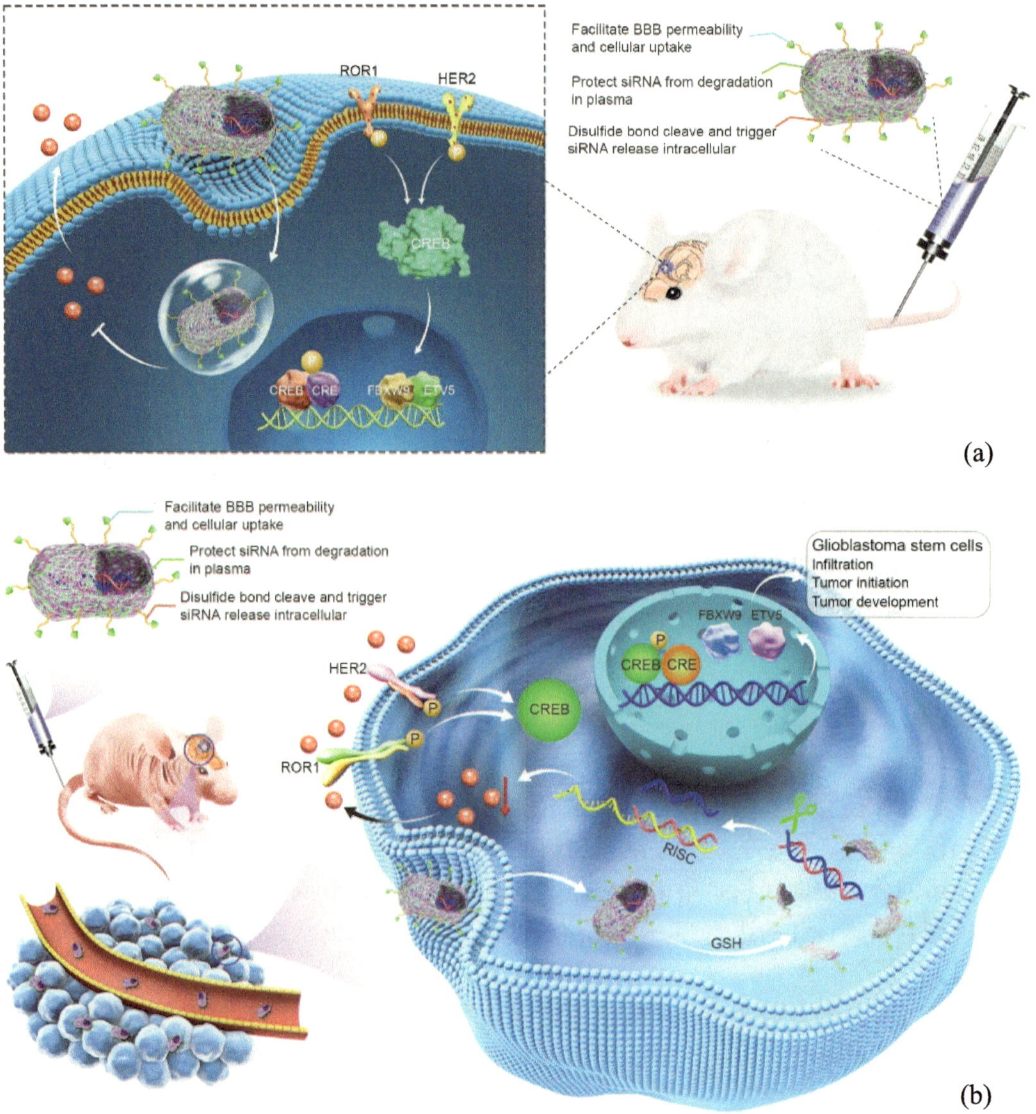

(a)

(b)

图 5–20

重新调整画面上药物功能方面的表述方式，增补纳米材料在血管中运输以及穿过血脑屏障的环节，将进入细胞之后的细节画得更详细，在 GSH 的作用下，纳米材料的外壳降解释放出预先装载的 siRNA，siRNA 再进一步引起下游的连锁反应，最终得到结果，如图 5-20（b）所示。

**图像是用画面中的视线引导机制让眼睛参与观察、让大脑参与推理而获得结论的。眼睛喜欢复杂有细节的结构，大脑喜欢一环套一环的推理，用段落式复合句来讲述复杂的故事，需要拿出设计实验的精细耐心，设计读者读图的节奏感。**

# 第 6 章
# 学术图像句式之综述散点句

综述文章是一类特殊的文章，它是针对某一专题方向、某一研究领域的历史背景、技术路线、之前其他人的研究成果等方面以作者自己的观点写成的概括性、评论性、资料性的学术论文。综述文章投稿时也需要一幅图来梳理文章表达的观点，从画面构成来说，综述图是一类具有特定构成规律的图像。本章主要研究综述类型图像的特征和创作技巧。

## 6.1 逐一列举的综述散点句——彼此独立的元素

对明确的结构对象进行综述是综述图经常遇到的表述方式。如图 6-1 所示，将碳结构常见的几种构型方式一一画出来，有些结构是之前早早发现的，有些结构是近几年科研热衷研究的，哪种结构性能好，哪种结构性能不好，并不是画面要讲述的问题，这些结构具体是如何合成的也不是画面中要讲述的。在此，只是按照作者的总结方式进行排列，将每个碳材料的构象特征画出来，在这张图中每个结构同等重要，都需要陈列出来让读者看得清清楚楚。

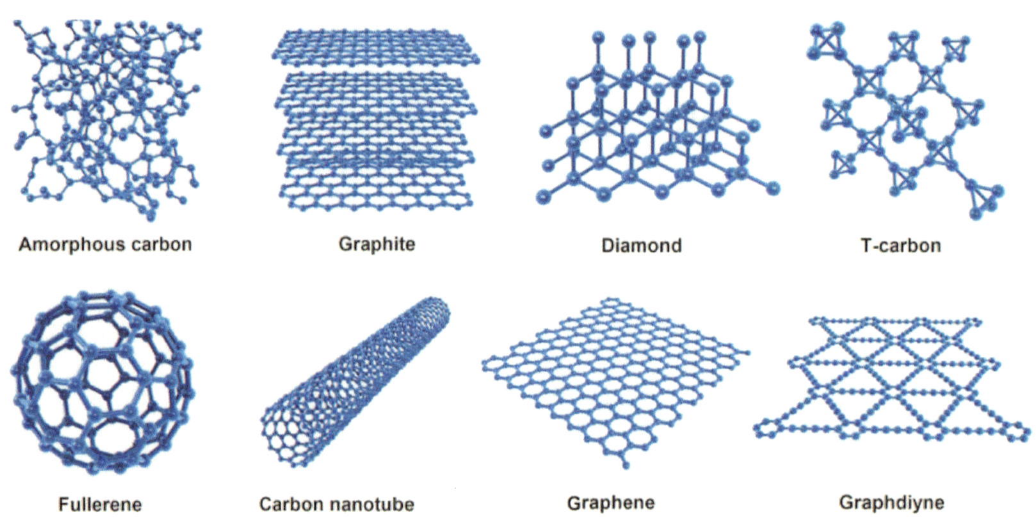


图 6–1

将综述图总结归纳起来看，可以发现整个画面的注意力是散点的，只能按照文字习惯从左到右阅读，与前面几章我们不断构建的逻辑句式不同，综述图中没有需要让读者优先注意到的重点结构，没有箭头指向性，没有游走的视线分布，如图 6-2 所示。

图 6–2

综述图画面上虽然没有明显的强烈视线控制的关系，但是画面内在的引导关系还是存在的，例如，当作者针对元素大类进行分组时，在画面上可以表达出分组的对照关系。如图 6-3 所示，画面中都是与液态金属相关的结构，当作者需要在画面中讲述刚性结构与柔性结构差异时，形成了刚性结构与柔性结构两大阵营的分组。在每个阵营中，元素之间依然彼此独立，但是两大阵营之间隐形的关系可以让画面呈现出近景和远景的层次关系以及视线延伸的秩序感。

Single phase
aggregate
low compliance
impossible merging and separation
Rigid
LM
Hybrid structure
disperse
high compliance
reversible merging and separation

图 6–3

在视觉习惯中，读图时总是习惯寻找抽丝剥茧的推进感，而综述散点句因为内容的特性只能一个一个单独罗列，与常规的视觉习惯相悖。这种情况下，在画面上找不到的逻辑感，可以在论文的观点中寻找，了解作者在论文的理念中是如何看待结构本身的，例如，论文中对结构的关注是推陈出新的升级优化，则可以按照新旧秩序排列；论文中对结构的关注是工艺变革，则可以按照工艺复杂程度来排列。

## 6.2 向心式的综述散点句——色彩的分割作用

根据论文主题方向，在构成图像时将综述图中的一众元素围绕主题进行组织，是常见的综述散点句处理方式。围绕主题的环形排布可以从构图上摆脱平行分散的视觉状态，如图 6-4 所示。利用环形天然存在的视线流转特征，让元素之间产生视觉的流动性，进而突破平行排列的稳定枯燥感。

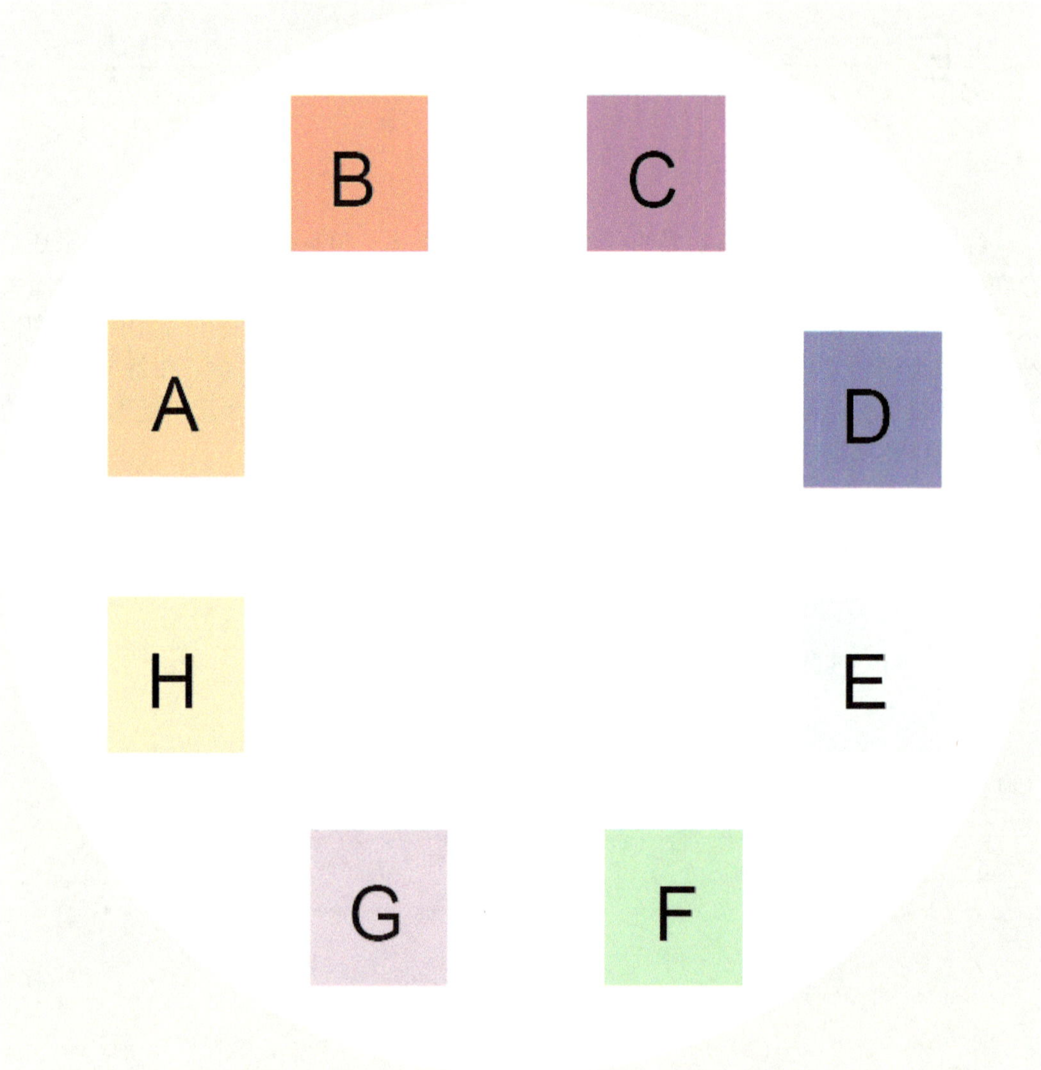

B C

A D

H E

G F

图 6–4

将实际元素代入，可以得到如图 6-5 所示图像。

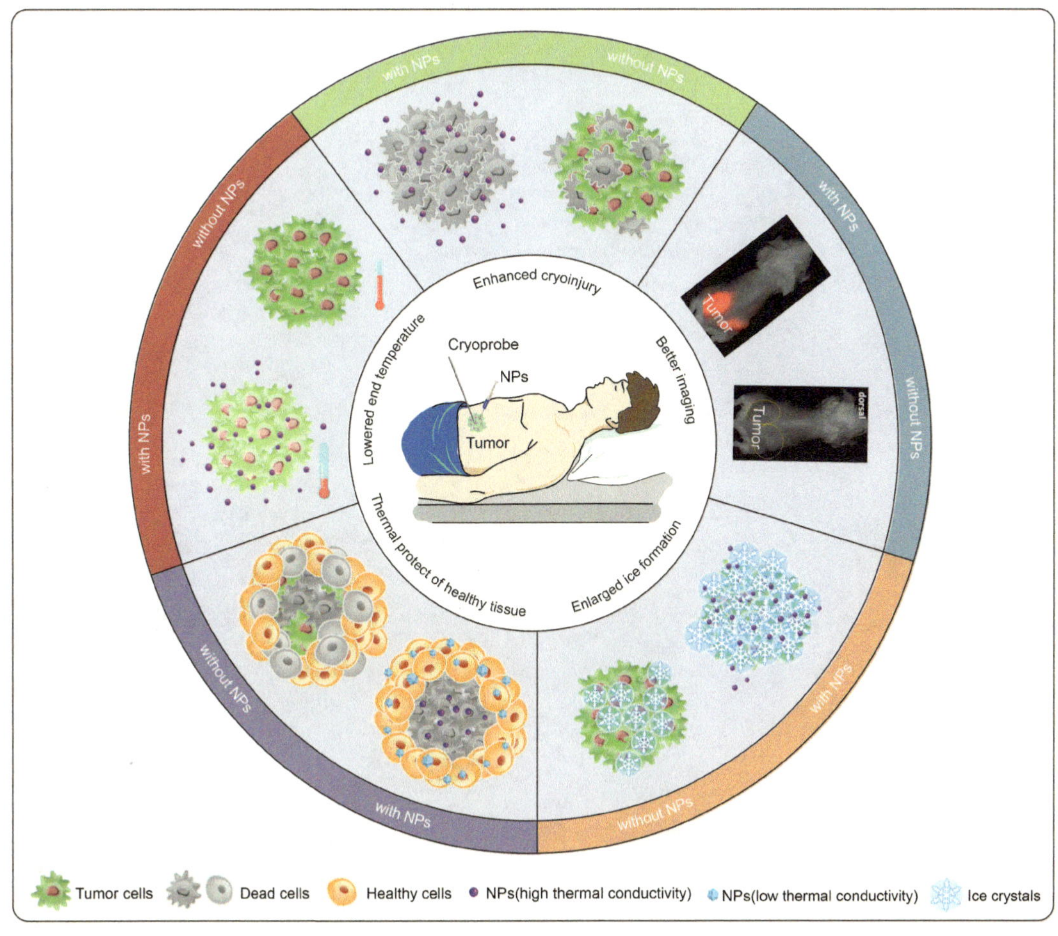


图 6–5

向心式的综述散点句，在圆形中心区可以用文字或者点题的结构阐明主题方向，围绕该主题进行综述的几个相关知识点顺着圆形环绕安排，读者看到图时，视线会顺着圆形结构进行循环流转，在中心点集中呼应主题。

如果围绕中心主题的几个相关知识点之间还有进一步的分组关系，则可以引入结构线，或者采用不同色块背景，一方面将分组明确切分，另一方面利用色彩的变化性丰富画面，产生对视觉的刺激感，如图 6-6 所示。

圆形结构是综述图很常见的依托载体，以圆形为基础的向心结构可以逐层扩展，产生不同的变化来应对不同内容需求：

**可以由基础圆形生出可嵌套的多层圆环，容纳更多的层级和结构。**

**可以利用色块与色块之间配比的变化，产生多变的视觉效果。**

**圆形的向心结构可以引申变化，突破外轮廓的圆，变成方形，甚至其他异形结构。**

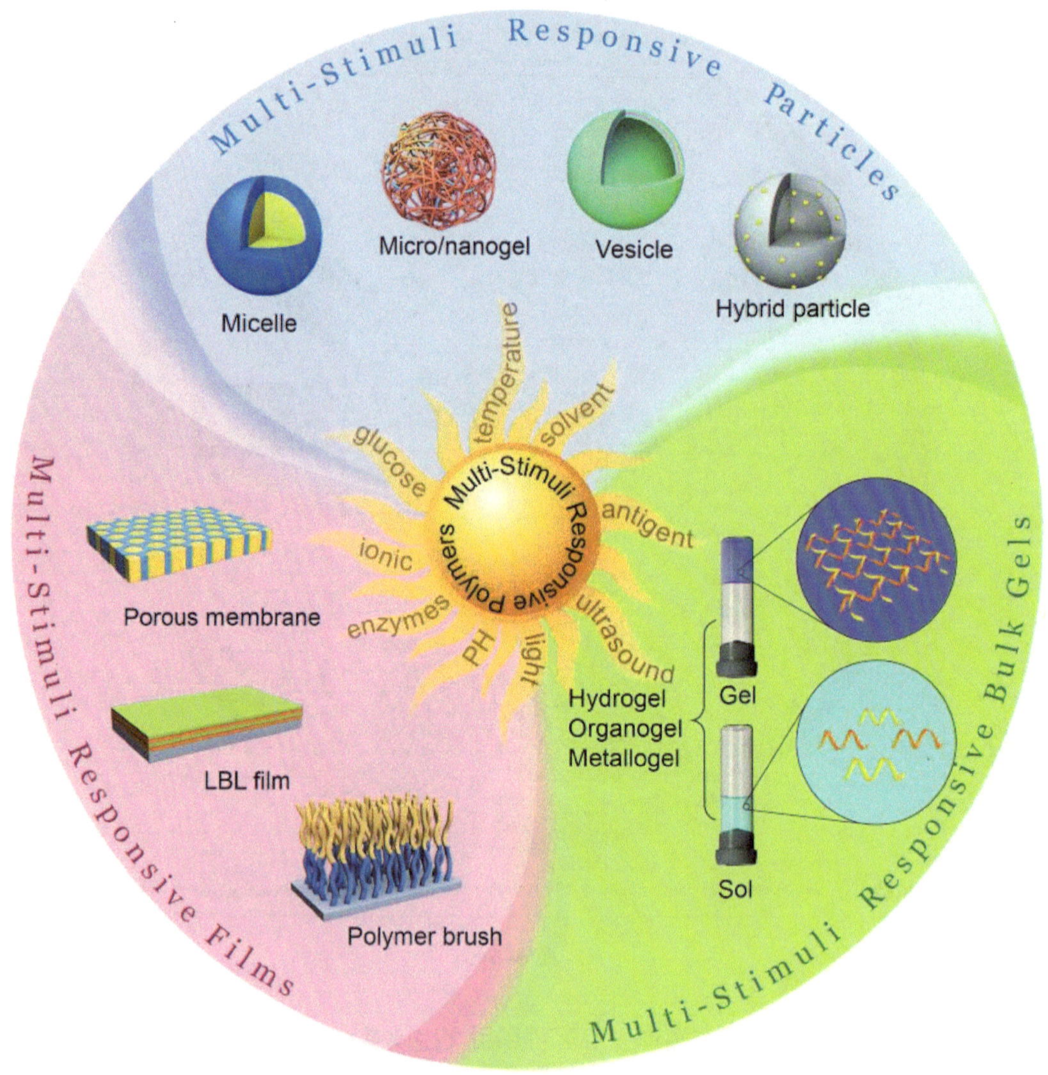


图 6-6

向心式综述散点句在图像构成上更依赖结构造型与整体配色呼应，画面的整体感更加重要，相对于前面章节中所学习的句型处理方式，向心式综述散点句在制作时需要优先完成全图结构，根据全局来把握每个环节上结构的细节程度，画面的整体感比单独元素的细节感更加重要。如图 6-7 所示，如果在制作结构时未从整体出发，而是花费大量时间制作足够细致的电极材料等单独元素，会发现这些单独元素放在整体画面上太过细碎或者基本上看不清楚。

图 6–7

## 6.3 让综述图更加有组织的创意方法

圆和方似乎是处理综述图的基础手段了，综述图只能是难逃俗套没有创意的画面了吗？也不尽然，尽管大前提是圆和方，但当细节发生变化时也可以产生多种变化。

**圆形可以容纳更多的结构，形成结构疏密变化。**如图 6-8 所示，用圆形将六边形、环形容纳在一起，画面整齐又不失变化性。

图 6-8

**用圆形作为核心，扩展外围形态。**如图 6-9 所示，内部围绕主题向心式地呈现核心圆结构，在圆形外围引申出花瓣型结构，用来对引申的内容进行分组，花瓣式的分段比环形的色彩分段更多了几分创意。

**圆形可以不限于平面画布，可用圆形构建空间窗口。**如图 6-10 所示，中心区域的圆形可以打破平面色块的限制，将其作为一个通往空间的窗口，借助窗口效应将空间与平面连接起来，构建出不同时空的反差效果。

**圆形可以不限于画面背景，可配合其他元素做成立体效果。**如图 6-11 所示，在三维技术加持下，围绕主题的圆形也可以整体以立体结构的方式呈现出来。

用圆和方的处理方式设计制作综述图只是大多数情况，并不是绝对，借助引用其他特殊形态来处理综述结构之间的关系，构建暗示性的视觉引导，可以让画面产生趣味性，还可以让画面有别具一格的吸引力，如图 6-12 所示。

Materials Recovery
Filtration Separation
Absorption Separation
Continuous Separation

图 6–9

图 6–10

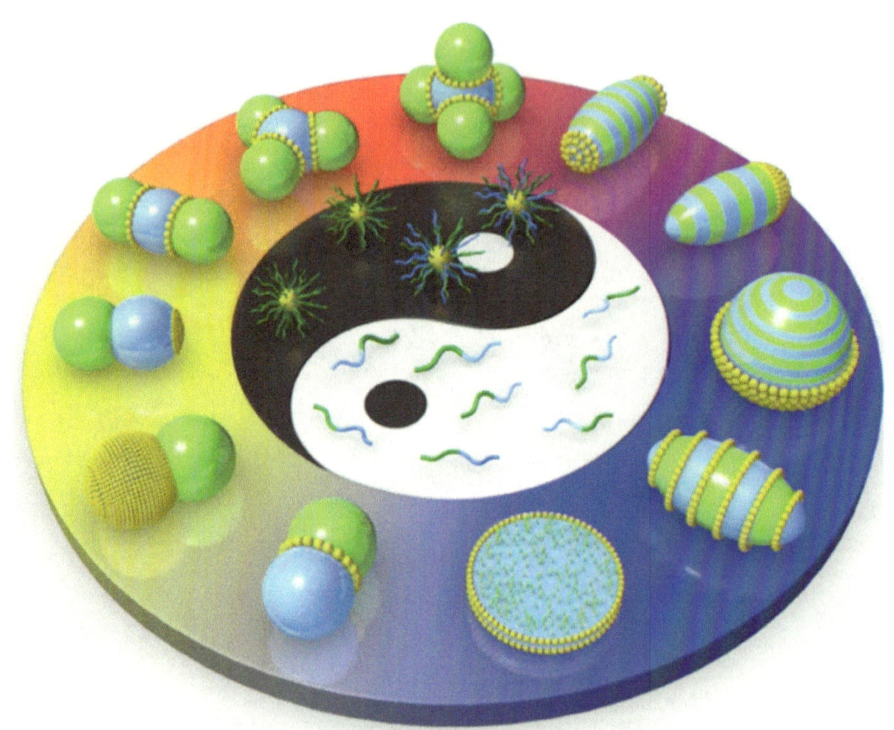

图 6–11

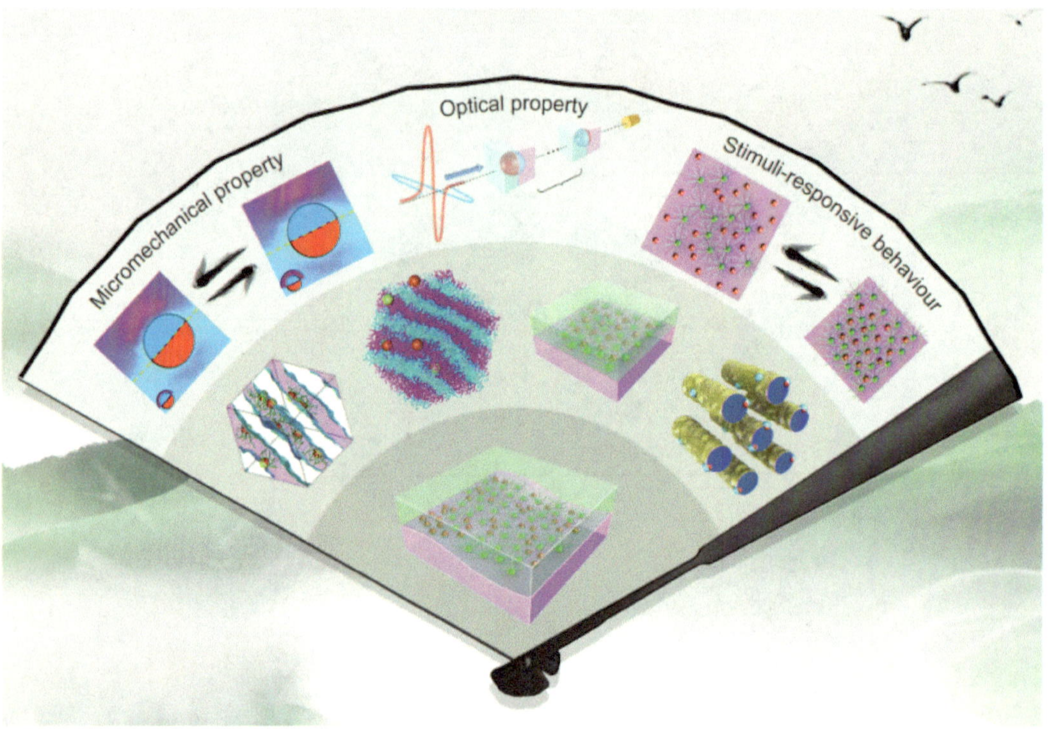
Optical property
Micromechanical property
Stimuli-responsive behaviour

图 6–12

## 6.4 综述散点句的常见问题

### 综述散点句常见问题一：处理元素和背景之间的关系

在综述图的环形结构中借助背景色分段可以为画面添彩，但是借助背景色分段产生一个新的问题——什么颜色好看？配色问题是图像设计绕不开的问题。当背景色不需要具备暗示性，也不需要让读者产生联想时，单纯地选择颜色使其产生“好看”的感觉，这可能是让科研人员最为头疼的问题。

如图 6-13 所示，选择三种不同背景色将元素分为三组，综述元素中绿色的结构偏多，背景色选择浓度不高的黄色、湖蓝、粉色，画面看起来活泼明快。

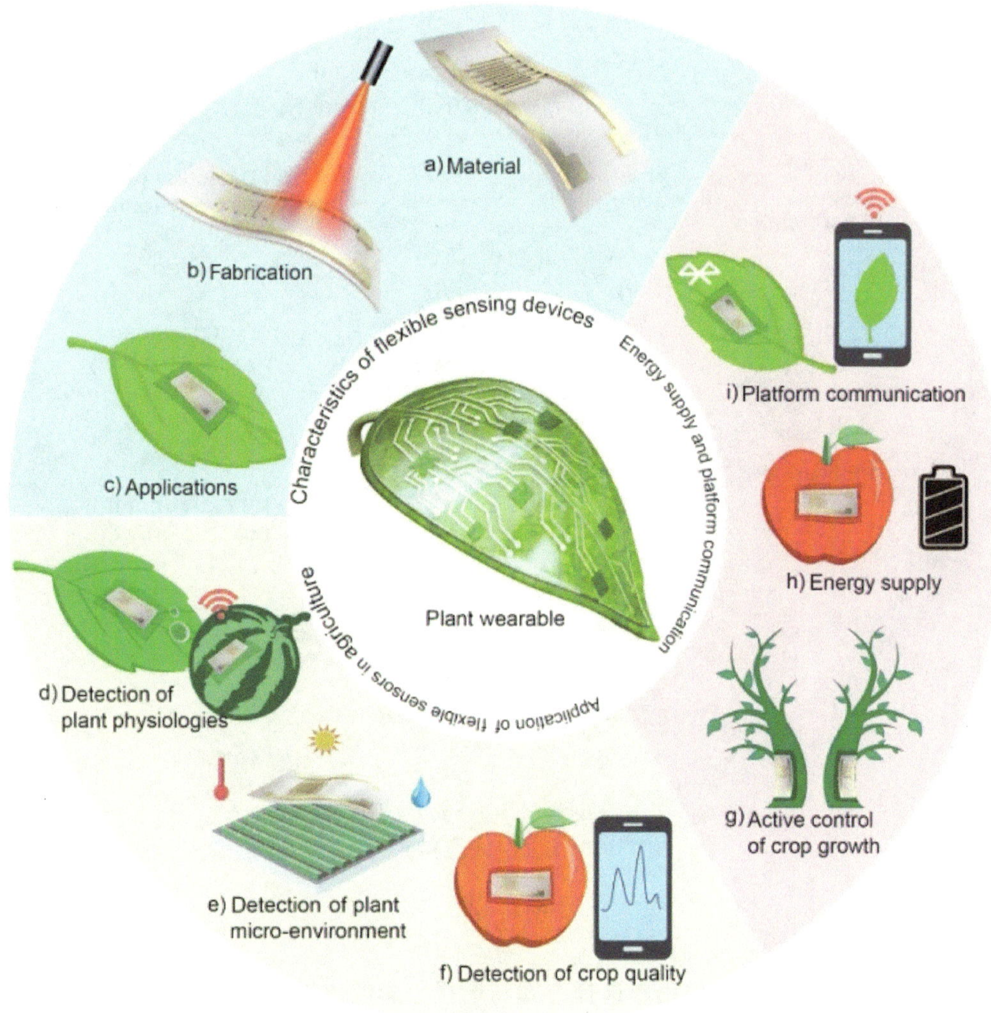


图 6-13

同样的元素，采用另外一组配色方式，将图像由按元素分组配色的切分方式，改为元素和标题字组成的内环与外环区分式的色彩分级切分方式，由中心主题元素到环绕的其他元素之间采用向心减变，将段落说明文字放在最外圈，加深一个颜色层级，形成外保护的视觉效果，如图 6-14 所示。

前景的元素色彩众多，背景色简单沉稳更加衬托前景元素的鲜活明亮。此处的渐变色背景产生了隐隐的光感，向心的效果更加强化。

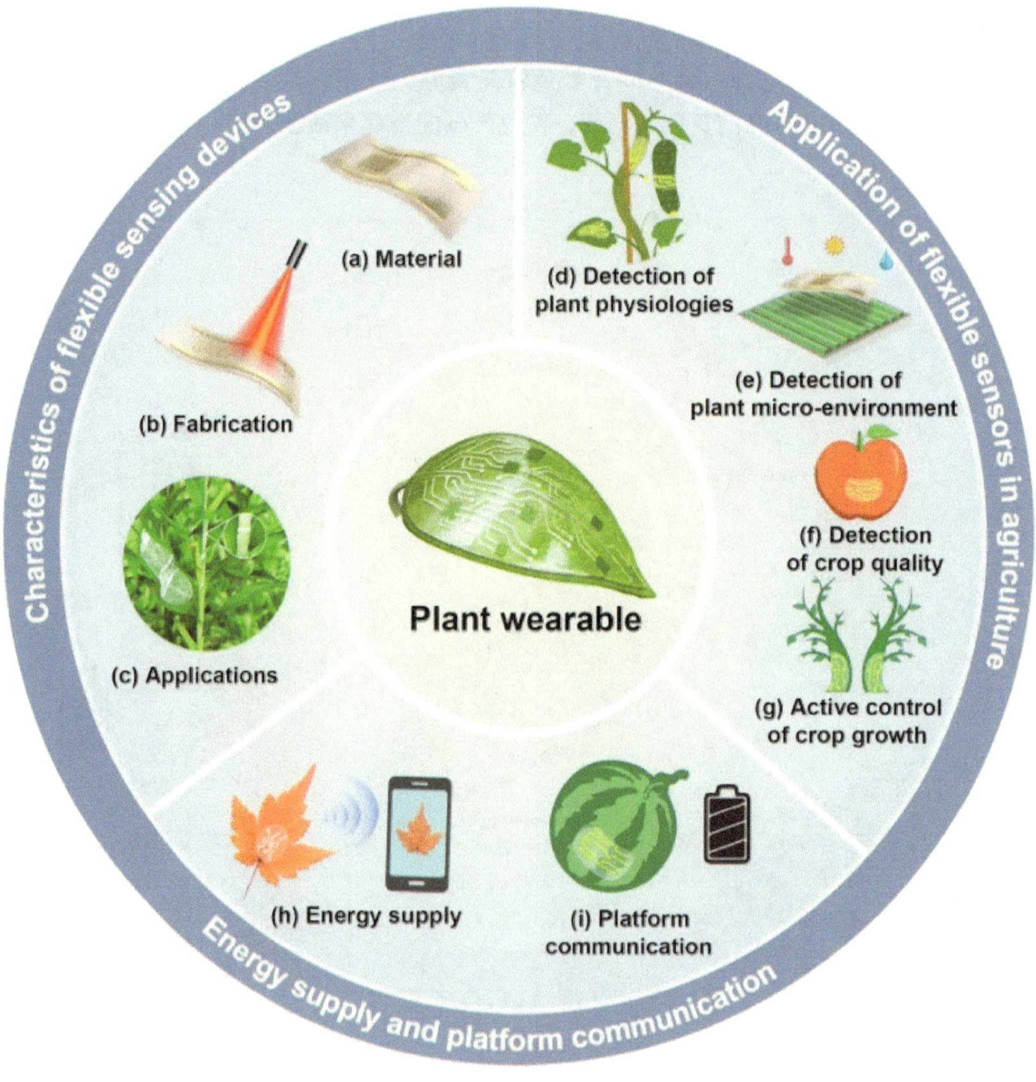


图 6–14

图 6-13 与图 6-14 这两种色彩选择方式与选择色彩的出发点都是学术图像中常用的手法，两种方法各有优势，呈现的风格差异较大。

色彩是最容易激发情绪、使人产生画面感受的，配色没有绝对的标准答案，只有因不同喜好产生的不同风格感。作为综述散点句，背景色的选择要基于前景元素的呈现效果。

图像设计不仅是为对应的文字匹配符号，更是需要通过色彩、线条、节奏等潜在的手段引导阅读，提升信息呈现效率，让图像成为学术平台上信息竞争的有力武器。

## 综述散点句常见问题二：找不到背后的隐形分段方式

综述图中的元素结构可能都是大家熟知的，但是从哪个角度描述、怎么组织画面是主观的，首先要思考图像整体怎么表述才能将作者与众不同的逻辑体现出来，再逐一将每个环节的元素替换成贴合文章内容的结构。如图 6-15 所示，在大方向上，作者很清楚地把综述的元素类别进行了分类，但是在图像呈现上，作者只是用综述散点句的方式一一罗列，仅标注了 a、b、c 来划分段落，这样看起来，画面中元素很多，且图像很长，占据论文篇幅面积不小。

对图像内容重新组织规划，基于当前图像的特征，先将打印和胶片形成一个情景，再在情景环境中将分组的元素按照对应结构关系进行安置。如图 6-16 所示，关于打印墨水材料的元素组放在墨水对应的位置，关于打印未来前景展望的元素组放在胶片延伸的方向。将“打印”这一动作作为画面的主题，调整之后，画面虽然没有箭头关系，但是随着分组元素的位置引导，注意力在画面中的分配产生了隐形的变化。

对于打印这个情景，读者在读图时，首先会被墨水材料组吸引，随后视线会随着胶片的延伸自然地看到对未来展望的一组元素，之后，视线会再次回到起点，在画面上形成潜在的视线流转。对比图 6-15 读者需要对每一组元素逐一读过之后，再回头自己复盘重点，图 6-16 为读者减轻了阅读负担。

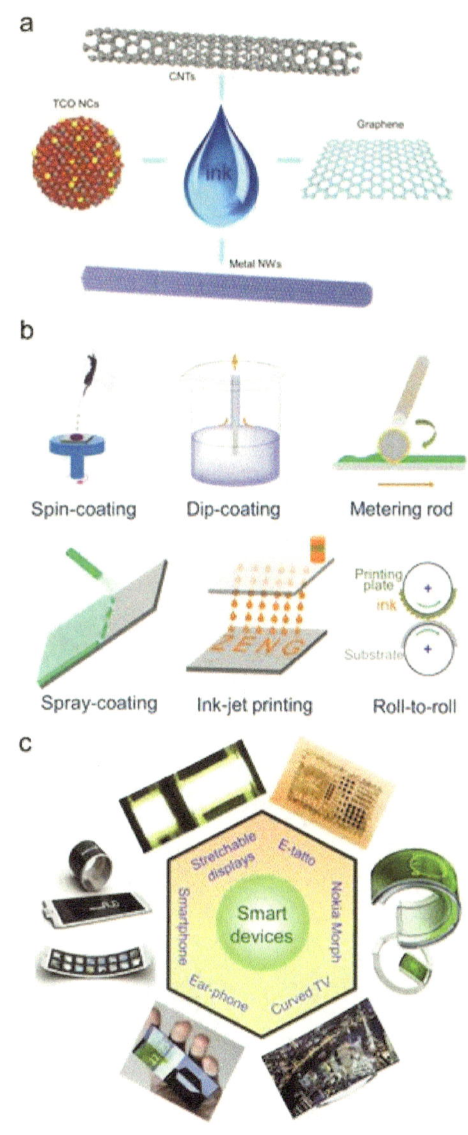


图 6–15

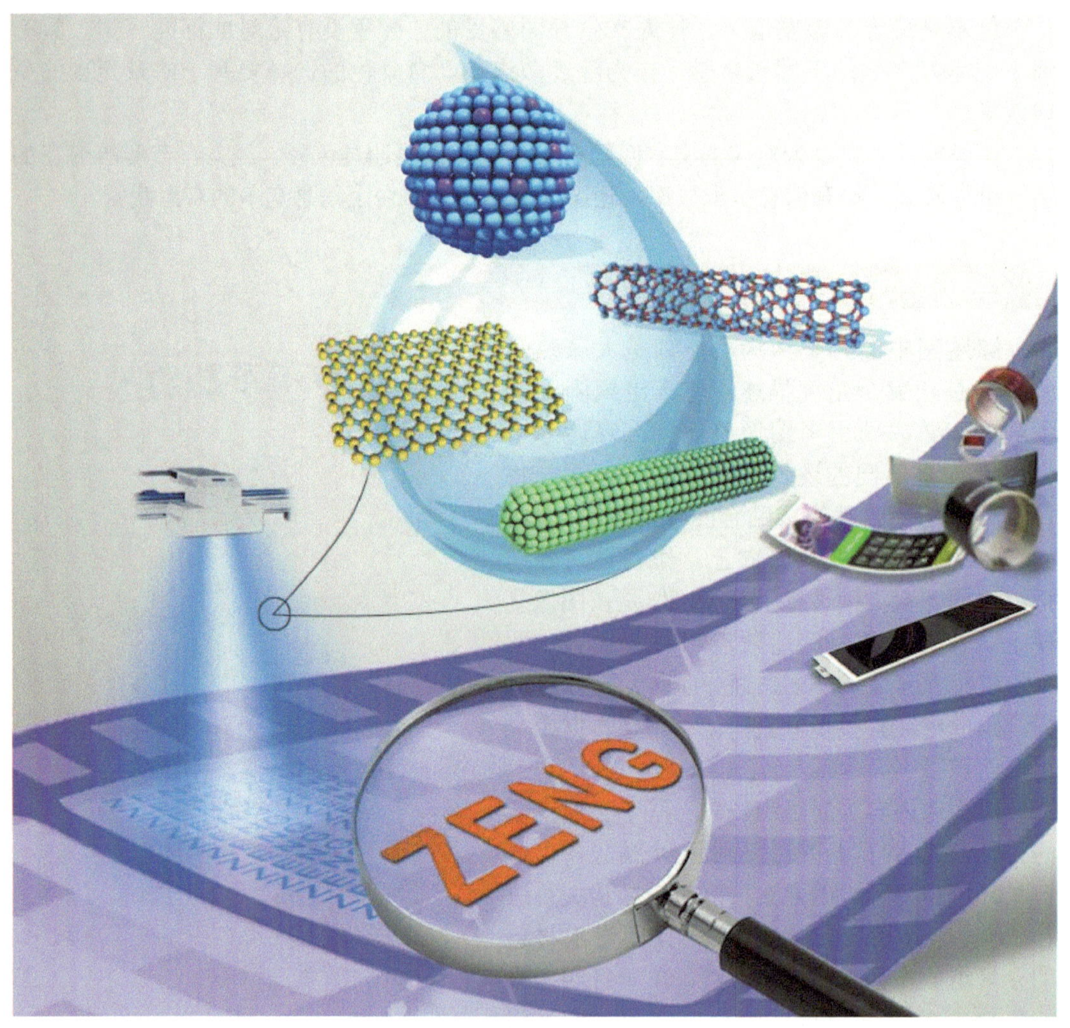


图 6–16

轻松而有组织的阅读，能让大脑得到片刻休息，大脑回馈的愉悦感会产生审美的化学效应。

# 第 7 章 学术图像句式之装置嵌套句

科研实验中，各种仪器装置是必不可少的。前面几种句型中，无论是陈述句式，还是排比句式，都是基于仪器装置才能将反应一步一步进行，最终获得反应产物。但是，上述这些句式只注重绘制微观的状态变化，不会将每一步所涉及的仪器装置都画出来。所以，在学术图像中需要将仪器装置画出来的装置图是另有目标的，画面要讲述的主题是围绕装置进行的，需要为读者呈现出装置的特殊设计或者装置之间的特殊组合方式。

## 7.1 注重功能的单装置嵌套句——单装置图

在科研工作中，科研人员对当前的仪器装置进行优化改良，进而获得了与众不同的实验效率或者特殊的反应产物。在这个过程中，可能也会涉及其他的预处理环节或者其他的实验流程环节，与流程陈述句单体结构一样省去其他步骤不讲，在画面中只呈现最终的重要仪器结构，将读者注意力集中在核心问题点，将论文所关注的重点环节剖析清楚，是单装置嵌套句的优势。如图 7-1 所示，对反应器进行剖面处理，展示反应器管道结构的同时，首先能看到作者希望读者关注的液体流向问题、孔道细节问题，其次是内部的反应得到的反应结果。

实际的反应装置可能比当前结构复杂得多，用图像呈现的时候对不必要的结构进行一定的简化，会让视线更清爽，更容易落到希望通过图像引导的细节上去。

单装置嵌套句从画面结构上与流程陈述句单体结构相似，但也有区别。

相似之处是：画面上都是一个主体元素，可以围绕主体增加补充信息，让更多细节呈现出来，怎么排列都是核心构图，没有前后流程关系，画面中没有流程引导箭头。

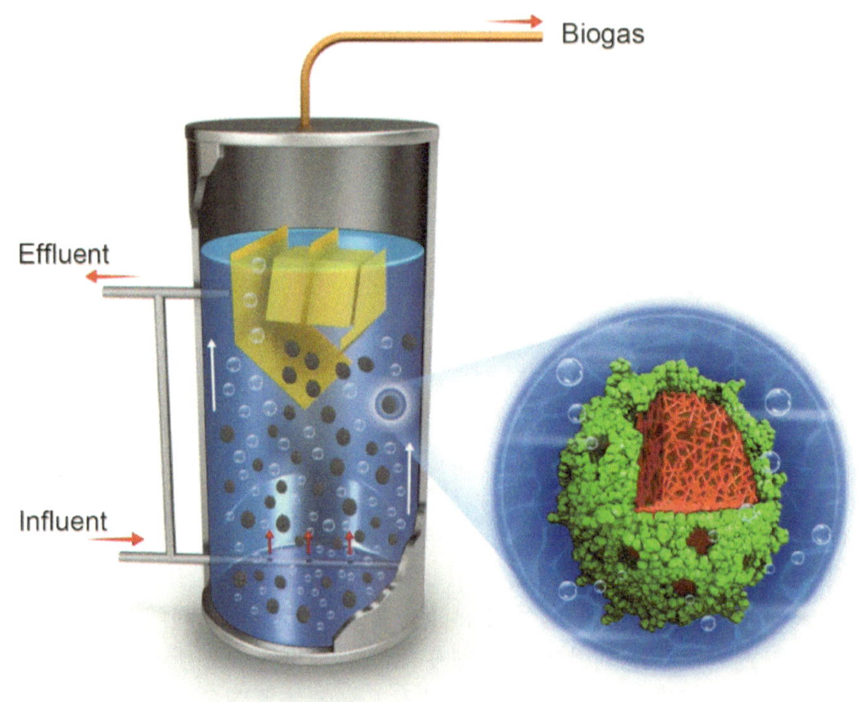


图 7–1

区别之处是：单装置嵌套句中除了结构之外还有嵌套的信息，如图 7-2 所示。装置结构不会凭空运转，呈现的装置结构的功能最后需要通过其嵌套的反应来说明效果，因此单装置嵌套句比单体结构多出来一个看点。

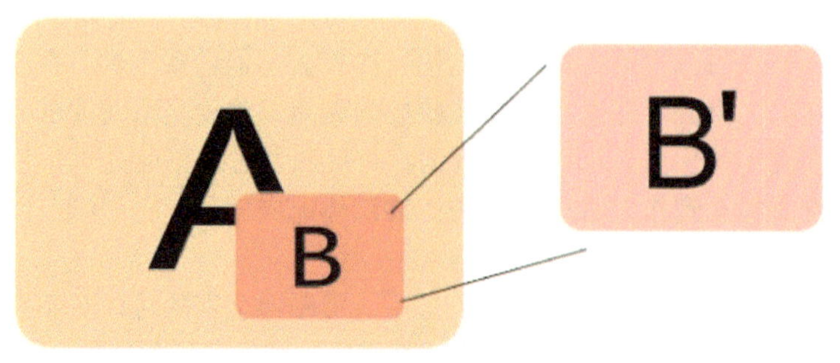


图 7–2

仪器装置具有容器的属性，A 与 B 之间是容纳关系，不是上下游的箭头关系，将 B 放在容纳的特定结构上，比用箭头连接 A、B 更符合读图习惯。单装置嵌套句中装置呈现的特征与反应呈现的结果相互成就、相互验证对方的特性。

单装置嵌套句可以是大型的反应装置，也可以是实验室小型的反应装置，如图 7-3 所示。

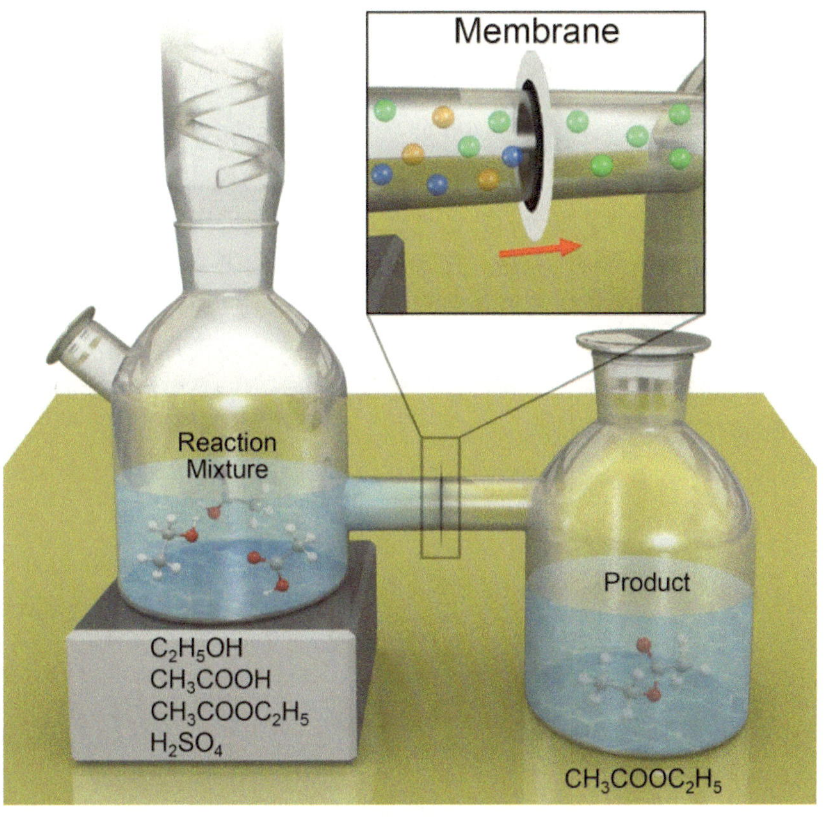


图 7-3

单装置嵌套句要注意合理利用对嵌套内容的细节特征描述，来说明装置的设计逻辑。如图 7-4 所示，装置结构的外部特征可以精简，而内部每一个设计点上发生了什么样的结构变化，需要讲清楚。

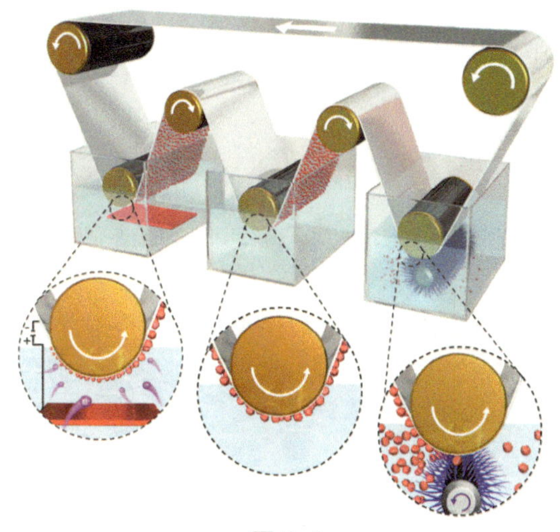

图 7-4

## 7.2 注重连接方式的多装置群组——装置群像

当画单一的结构不足以诠释论文的亮点，需要将仪器装置的上下游连接关系都画出来就涉及处理多个结构的关系问题，即如何画好装置的群像。如图 7-5 所示，快速增压装置、检偏器、显微物镜等需要分析内部光线走向的装置采用了剖面来讲述细节，与之连接的高速相机、计算机及控制系统、信号发生器则是给出关联结构的连接方式，并不关注其内在结构，只需要简单画清楚连接关系。

装置图特别是当画面上有多个装置存在时，装置之间连接时要画清楚运转关系。此处的运转关系可能是液体的流向，可能是气体的走向，可能是电流的流向，可能是光线的走向，并不是真实的电源连接线。

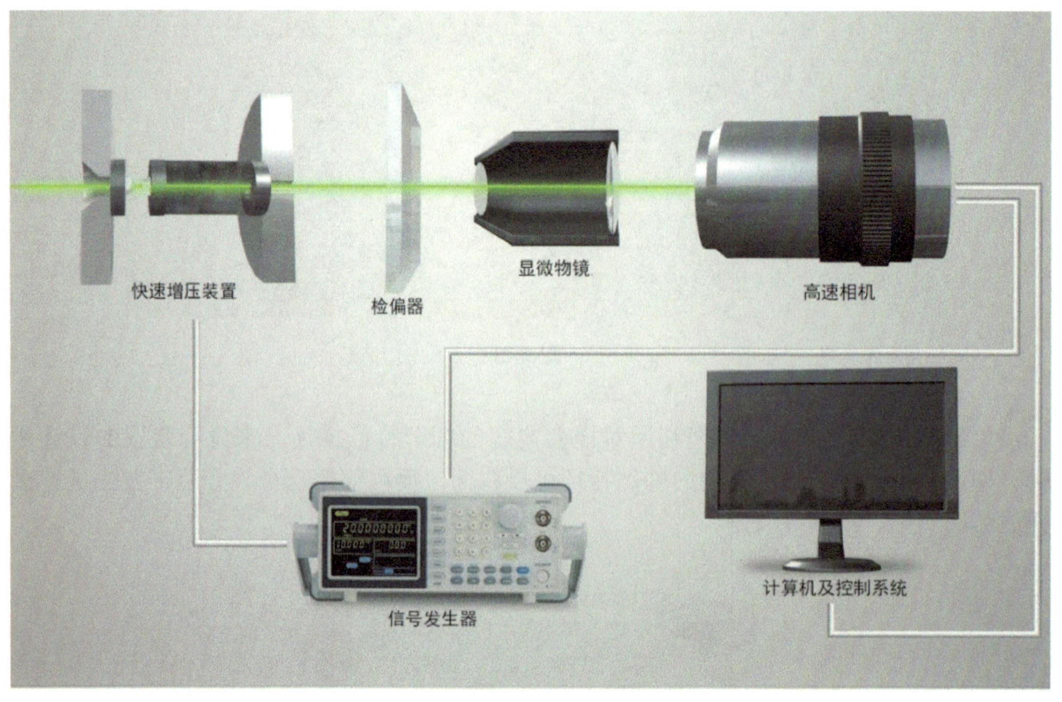


图 7–5

如果图中出现多条需要交代的运转关系，需要将类型、方向一一分类表达清楚，如图 7-6 所示。

多装置群组的句式中，对运转关系的关注大于对每个装置中嵌套原理的关注。画面上装置位置发生变化、连接方式发生变化会导致画面整体视觉效果和视觉侧重点的变化，如图 7-7 所示。

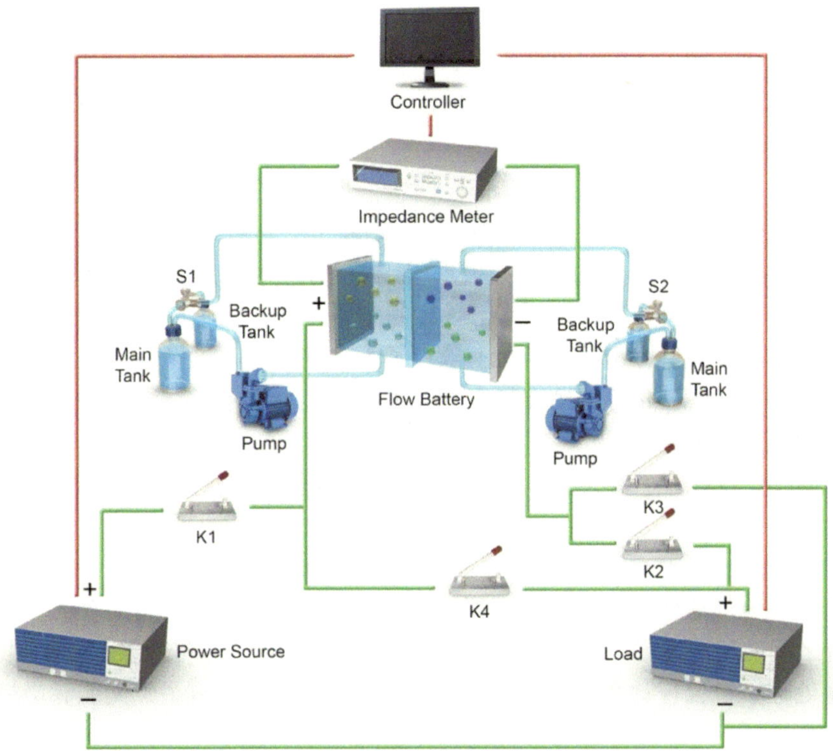
Controller
Impedance Meter
S1
Backup
Tank
Main
Tank
Pump
+
–
Flow Battery
S2
Backup
Tank
Main
Tank
Pump
K1
K3
K2
K4
+
Power Source
–
+
Load
–

图 7–6

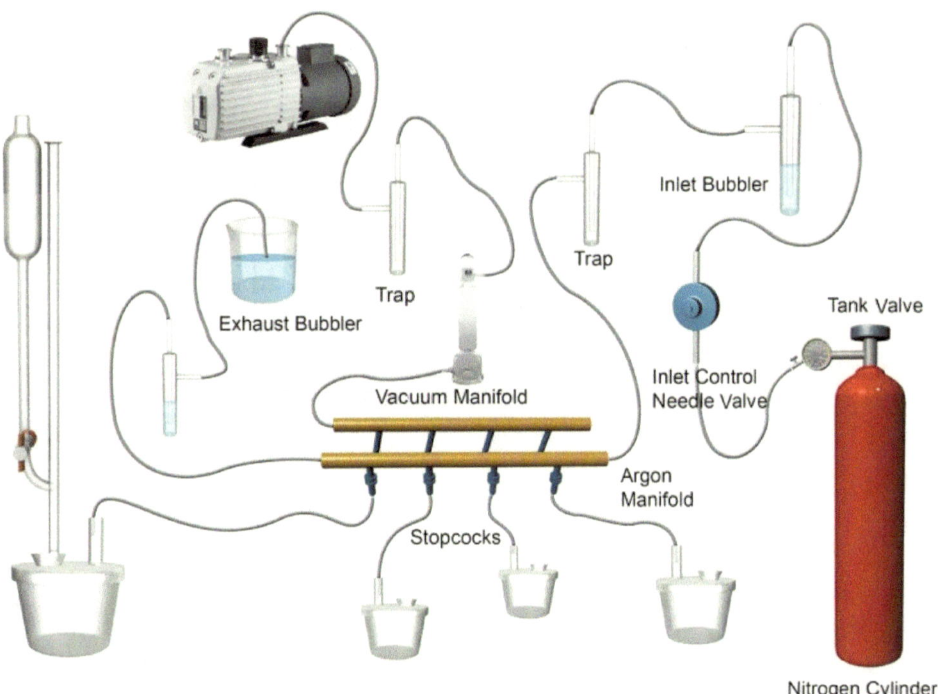
Inlet Bubbler
Trap
Exhaust Bubbler
Trap
Tank Valve
Vacuum Manifold
Inlet Control
Needle Valve
Argon
Manifold
Stopcocks
Nitrogen Cylinder

图 7–7

图 7-7 中的每个元素都绘制出了细节与质感，但画面运转关系的处理比较松散。看到画面时，视线会随着连接线产生游走，然而视线游走之后在画面上却没有找到最终的结论点，也找不到对画面信息的正确解读，这样也会觉得画面不好看。

**连接线在画面上会起到与箭头一样的视觉引导作用，线性的视觉引导线会以一个重要的配角身份，强有力地控制整个画面。**

对图 7-7 中的连接线进行梳理，根据论文讲述的侧重点对个别装置增补细节，如图 7-8 所示。整整齐齐的走线将画面梳理得工整干净；顺着线段走向给出的引导箭头，指明系统运转方向，引导视线按照作者设定的意图行进。

对比图 7-7 中凌乱的线条在画面上抢占了太多注意力，读图时无法集中注意到任何器件装置的细节，图 7-8 将连接线整齐并分类归并之后，视觉注意力回到对装置的关注上，线条的存在感退居二线。

**对于箭头、连接线、引注线、放大线等在图中起到重要作用的线条型配件，处理的标准是让其居于次要位置，用来衬托图本身要表述的内容。**

用沙盘的形式处理装置群像也是常用的设计方式。沙盘，常见于建筑、军事等领域，用来展现地形地貌。在学术图像领域，采用沙盘的方式可以将装置的全局感呈现出来，装置之间的相对位置、装置之间的连接方式以及比例关系尽收眼底，如图 7-9 所示。

沙盘处理法符合视觉对立体结构的空间认知，看起来一目了然又能满足视线游走的习惯。

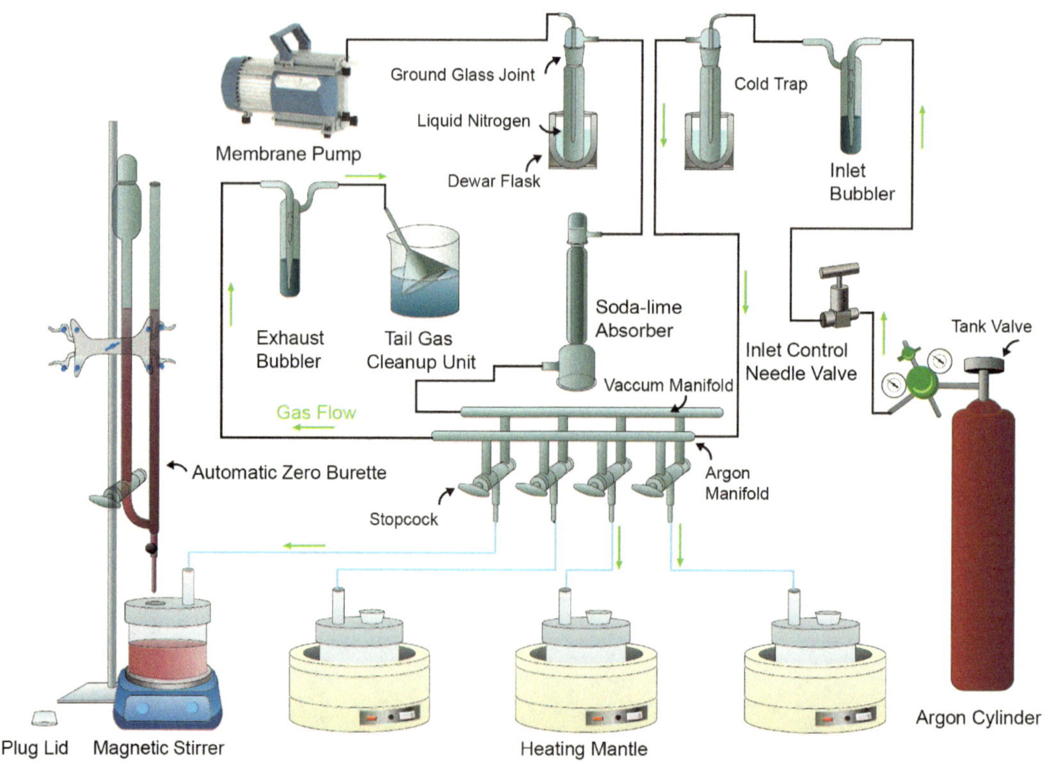


图 7–8

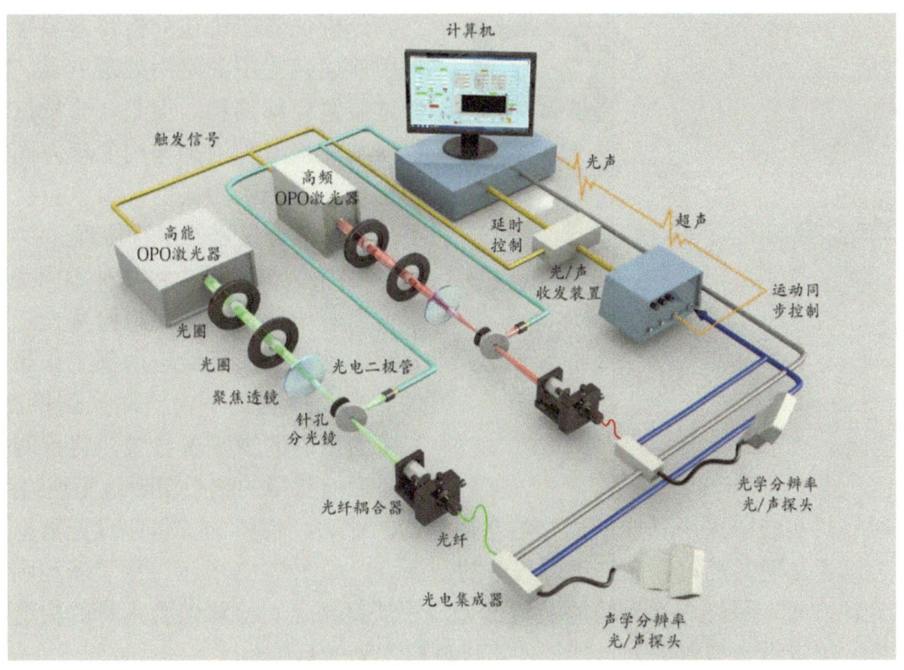


图 7–9

## 7.3 桥接反应物与数据的分析仪器图——装置与反应混排

在分析仪器图中，不仅需要刻画分析仪器的工作原理或者构成方式，还需要将进入分析仪器之前的特定的样品处理方式进行交代，最后再将进入分析仪器之后得到相关的分析曲线或者其他形态的数据图像呈现出来。分析仪器图可以看作装置图与流程图的相互嵌套，如图 7-10 所示。

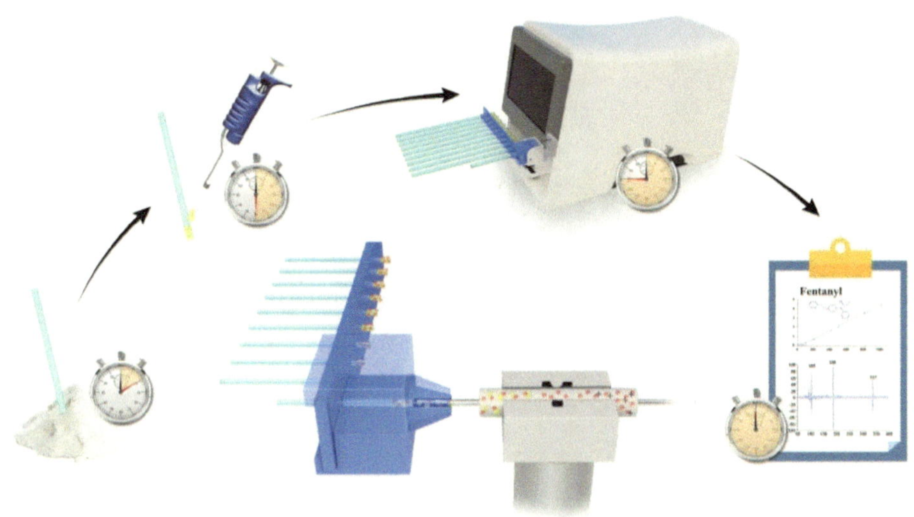


图 7–10

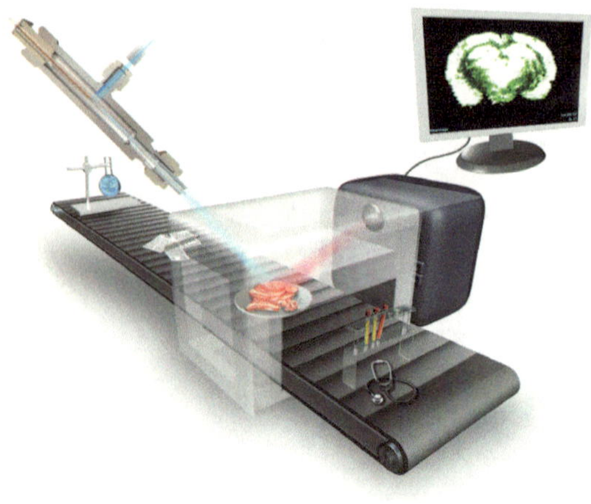
图 7–11

分析仪器图讲述分析仪器装置时也会采用前述装置图的常用处理方式，以剖面详述装置内部结构。但是，分析仪器图对仪器装配构造和内部作用原理方面往往只会选择与检测物相关的环节重点探究，而不是分析整个仪器的运行原理。

如图 7-11 所示，将几种不同类型的检测物沿着传送带排开，将检测光工作的部分用半透明的形式给出内部工作原理。从入射光到检测物，由检测光到检测结果，完整的串联的视觉引导线，将检测手段以及最后能获得的结果清晰地呈现给读者。

有时候，实验中采用是众所周知的常用仪器。这时，仪器的工作原理无需呈现，图上希望为读者呈现的是对样品处理过程中的创新点。如图 7-12 所示，用了流程图的形式详述了处理方式，最终进入到检测装置作为流程的终结点。检测装置本身的构造与原理不用剖析，读者看到装置的外形特征便可以理解实验的目的。

分析仪器图会随着作者讲述的侧重点变化而发生画面的变化，需要设计规划画面上注意力的分配，来决定图像中元素的细节。

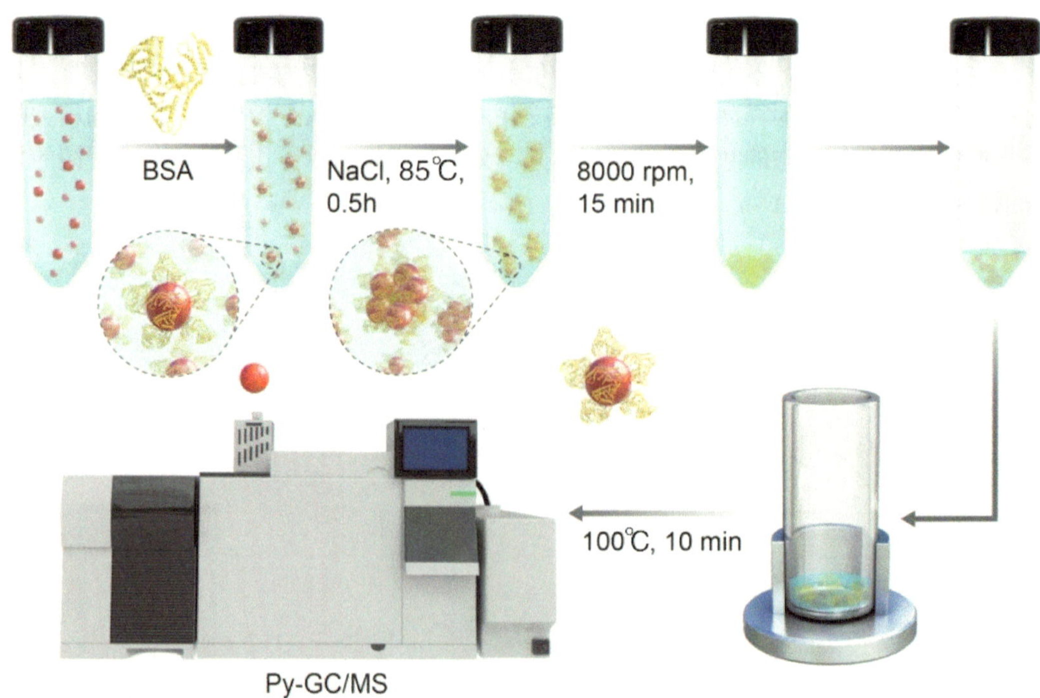

图 7–12

## 7.4 装置嵌套句的灵活变通方法

现实中的许多工业设备十分高大，连接复杂，照片可能都无法拍到完整的形貌，更不用说详细解析内部构造了。装置嵌套句需要引导读者理解装置中的原理，进而理解装置本身的设计，所以并不需要按照客观现实可丁可卯地做结构。

装置嵌套句可以根据结构特征，简化配套装备。如图 7-13 所示，将周围的光学反光镜、透镜结构简化，让光路的通行简单直接，直达装置核心点。

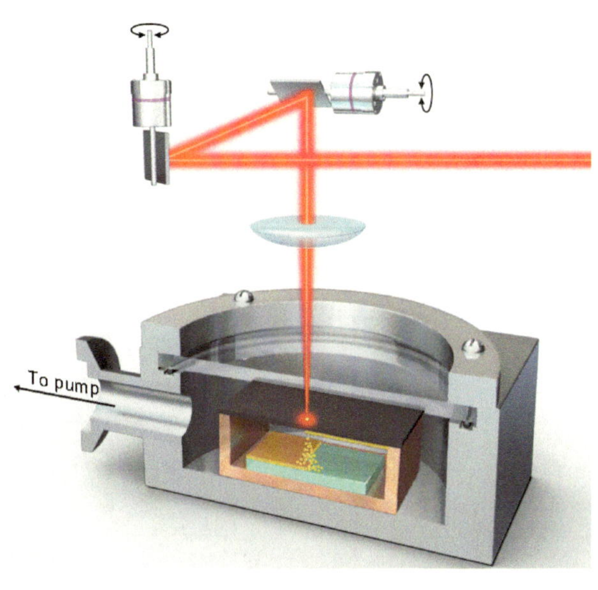


图 7-13

装置嵌套句不仅可以利用沙盘来展示结构连接，还可以将相关的曲线图、数据图设计嵌合进去，让画面同时解决结构的问题和对应的原理，如图 7-14 所示。

装置嵌套句可以借助装置的结构特征来设计画面。如图 7-15 所示，将样品的处理过程作为装置的放大附件。

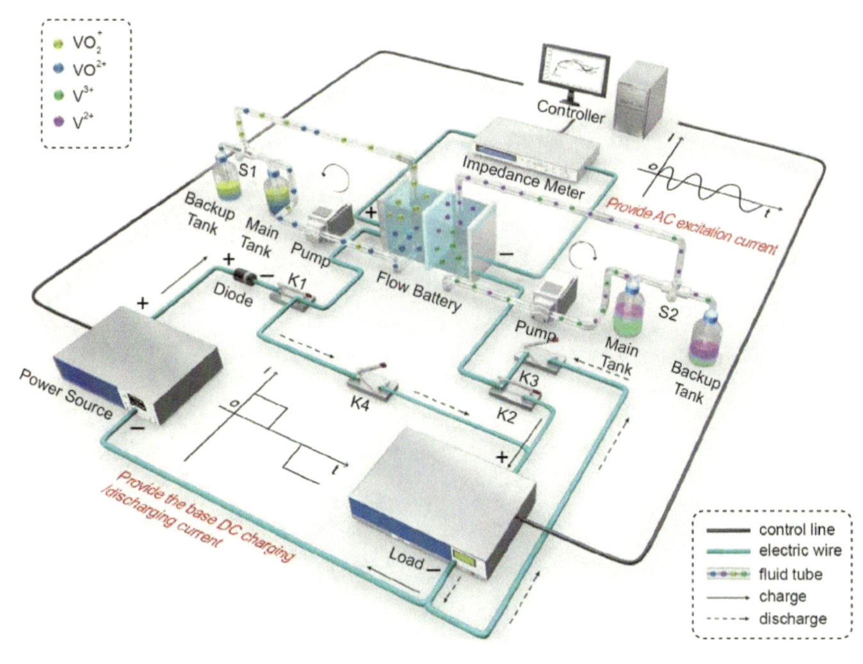


图 7-14

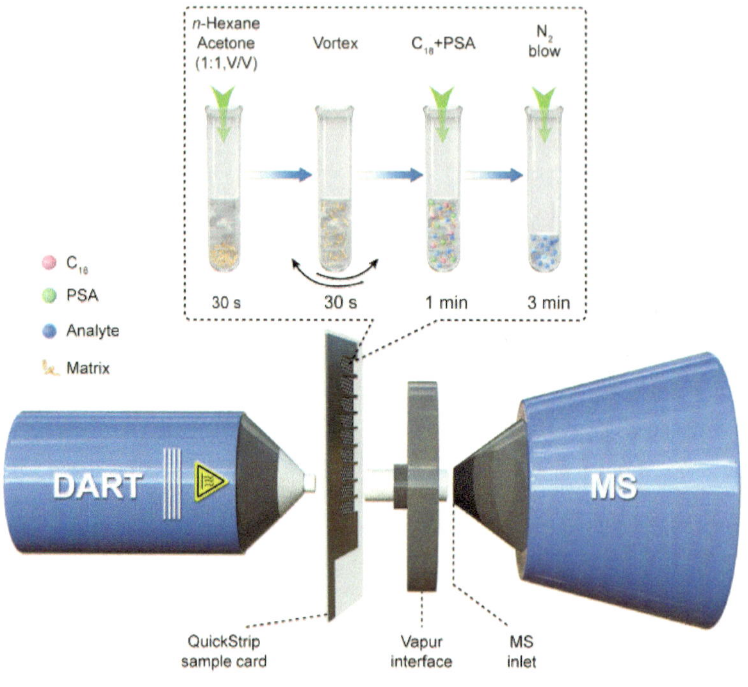


图 7–15

装置嵌套句可以通过不同环节的细节挖掘来构建丰富的画面效果。如图 7-16 所示，将每一个环节的管道结构中游走的微观结构变化呈现出来，凸显了装置设计的特异性和装置设计的亮点。

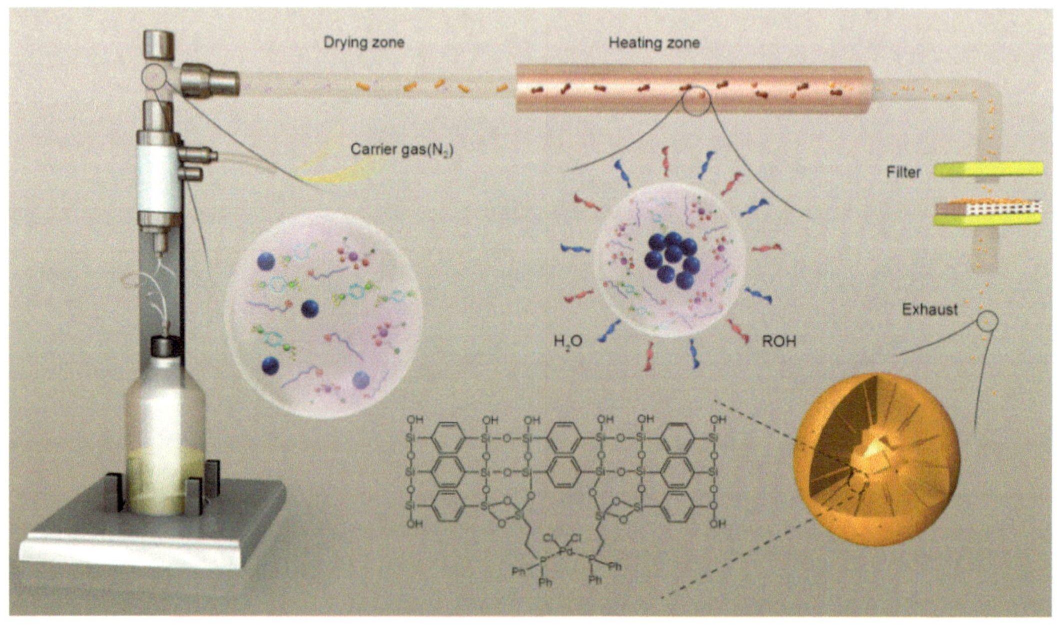


图 7–16

装置嵌套句可以借助背景色切分模块，将结构的构造与使用中的结果特征结合起来讲，如图 7-17 所示。

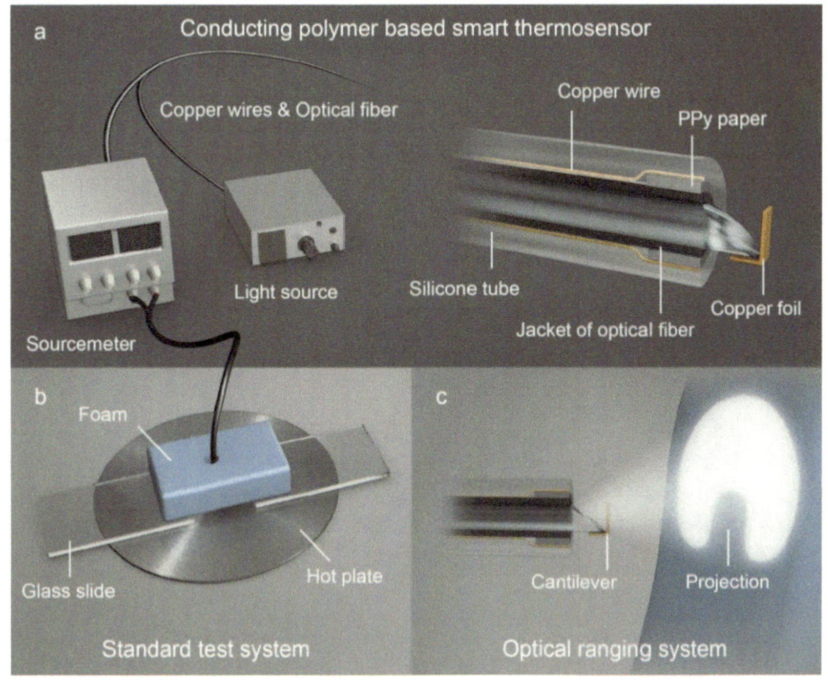


图 7–17

装置嵌套句可以借助诠释信息丰富构图，丰富画面上的色彩变化。如图 7-18 所示，装置本身结构简单，但是每个环节相对应的原理和反应变化丰富了画面的信息，将装置的应用理论诠释得十分清晰，画面上的色彩和信息感让整个图像看起来具有审美趣味。

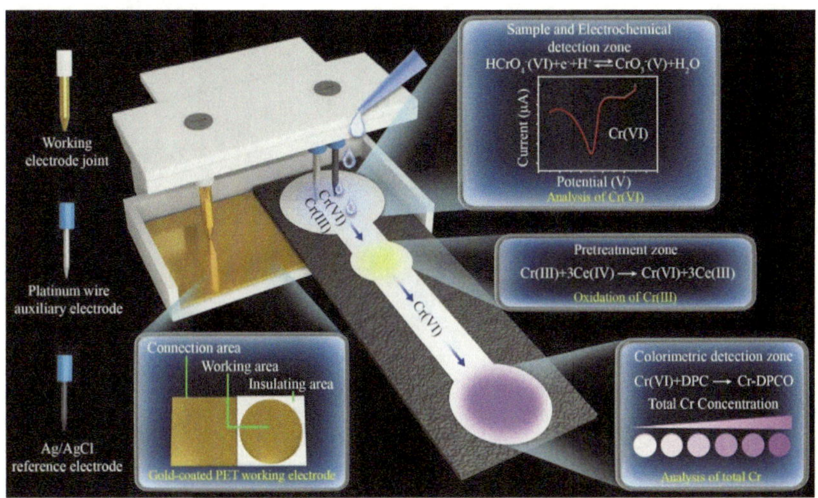


图 7–18

## 7.5 装置嵌套句的常见问题

### 装置嵌套句常见问题一：过度真实可能会适得其反

装置类的图在现实中有实际的仪器对应，仪器本身有结构、有比例，可以参照现实仪器的样子制作模型，并赋以材质和色彩。如图 7-19 所示，在装置前端的位置，增加了前面入射光的部分，但是看到图的时候，总觉得看点不清晰，光线指向的位置并没有什么特别之处。

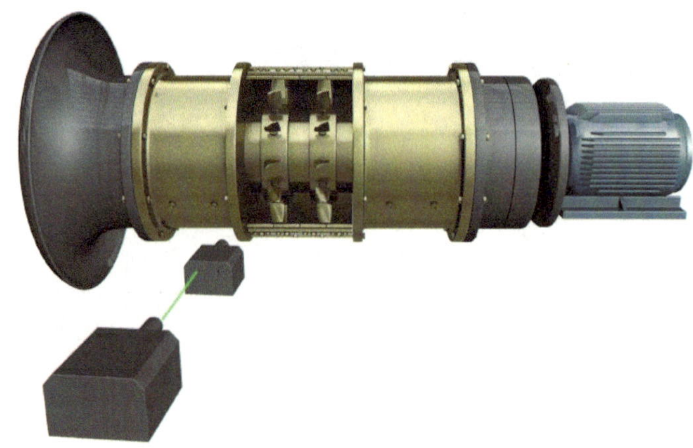

图 7-19

对比一下这个装置的原始照片，如图 7-20 所示。看得出来，图像构建时无论模型还是材质基本上都遵守了写实的原则，可以说与照片很相似，只是模型的腹腔部分比真实结构的腹腔部分切口更大，可以看到内部的叶片。

图 7-20

将画面上材质的质感下降，处理成示意性的颜色，用不同的色彩将结构区分出来，如图 7-21 所示。处理之后的图虽然感觉上“技术降级”了，但是原理特征部分更加清晰，将需要区分的部分对照得更加清楚。

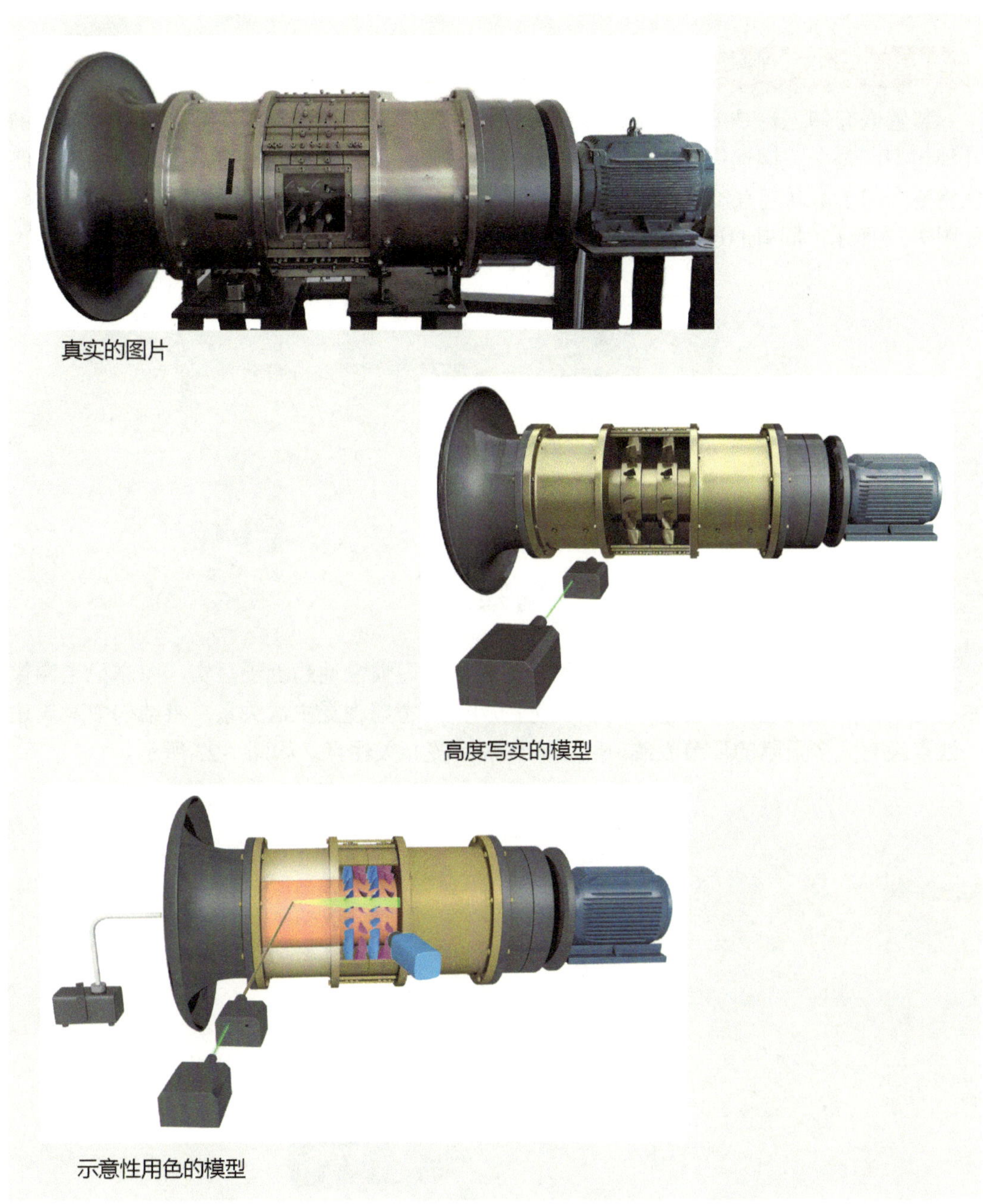


图 7-21

三维软件诞生于影视领域对真实环境模拟的诉求，三维软件的目标是追求极尽可能的写实，借助三维软件可以将各类装置真实地呈现出来。但是，科学研究的原理和逻辑不是看到一台真实的仪器就能明白的。装置嵌套句是讲述学术论文关注点的图像，设计与制作的环节要考虑这幅图想表达什么，能够恰到好处地呈现论文关注点的图才是一幅称职的图。

## 装置嵌套句常见问题二：注重结构容易忽视构图

装置嵌套句无论是单装置图还是装置群像，都容易忽视构图。在前面章节中提到的几种句型，每个关键词位点上有存在的独立的词元，词元摆放完之后，要用箭头或者底色将整个句子串联起来，才能形成相应的关系。装置嵌套句的装置原本就存在连接关系，如图 7-22 所示，固有的连接关系会让画面上元素的相对关系不由地被限制成特定模式。

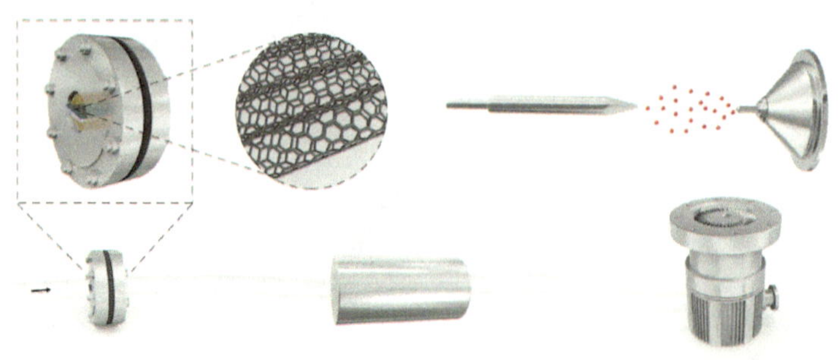

图 7-22

当有装置实物作为参照时，制作模型的时候会习惯性地趋近于写实，而忘记了图像本身是需要表达特定关注点的，还需要考虑构图、考虑视觉主次关系，将结构中对表达关注点没有太多贡献的环节收敛，将画面聚焦到核心关注点，如图 7-23 所示。

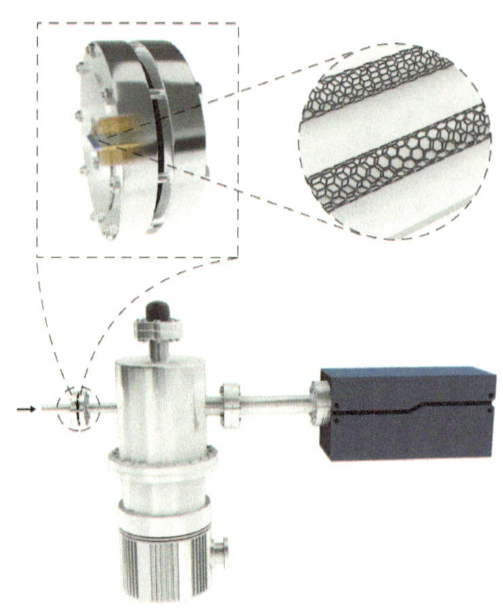

图 7-23

装置仪器是客观存在的，视觉呈现的方式是主观的，不同的表述方式和不同的视角会得到完全不同的画面。

# 第 8 章
# 句式结构之外的学术图像

在自然科学领域，研究方向众多，学术图像作为对科研人员研究结论呈现的工具，与科学研究的命题一样遍布各个方面。有意识地在平时培养读图习惯，收集各种学术图像案例作为参考，对于作图能力提升有很大帮助。前面几个章节对常见的几类学术图像句型进行了简单总结，但是实际上，科研相关的图像不限于这几种模式，学术图像的句型模式也有更多变化性。

## 8.1　线条与色块的生物信息图

生物信息图通常用于表述某个细胞内部作用机制以及细胞之间的作用机制，是细胞本身的客观结构与细胞之中作用通路的理论模式结合的图像。在生物信息图中，经常见到用细胞特征结构，例如细胞膜、细胞核、线粒体、DNA 等，来定位图像是针对细胞的哪个部分进行讲述的。

如图 8-1 所示，细胞膜及细胞膜上的特征蛋白给读者定位了这是针对细胞的研究，在细胞膜之间，大部分的信息由文字和通路连接方式给出，文字的排列方式与箭头的运转方式在图像美观度方面起到重要的作用。

### 结构化立体化的处理不太适用于生物信息图

在生物信息图中，不需要为每个文字给出对应的具有特征的结构，因为这些文字所代表的蛋白或者作用方式不存在结构的差异变化。用箭头和文字将要讲述的信息一条一条捋清楚，即便是用最简单的图形和线框，也会让画面看起来流畅好看，如图 8-2 所示。

### 合理规划信息配比方式可以丰富图像的形式感

在生物信息图中，可以用一部分区域去绘制生动变化的结构，例如肿瘤组织、血管、血管周边的细胞变化等，再划分出一部分区域纯粹地讲述理论原理，并将这两部分之间的颜色协调一致，如图 8-3 所示，整个画面兼具图像的生动性和文字的表述性。

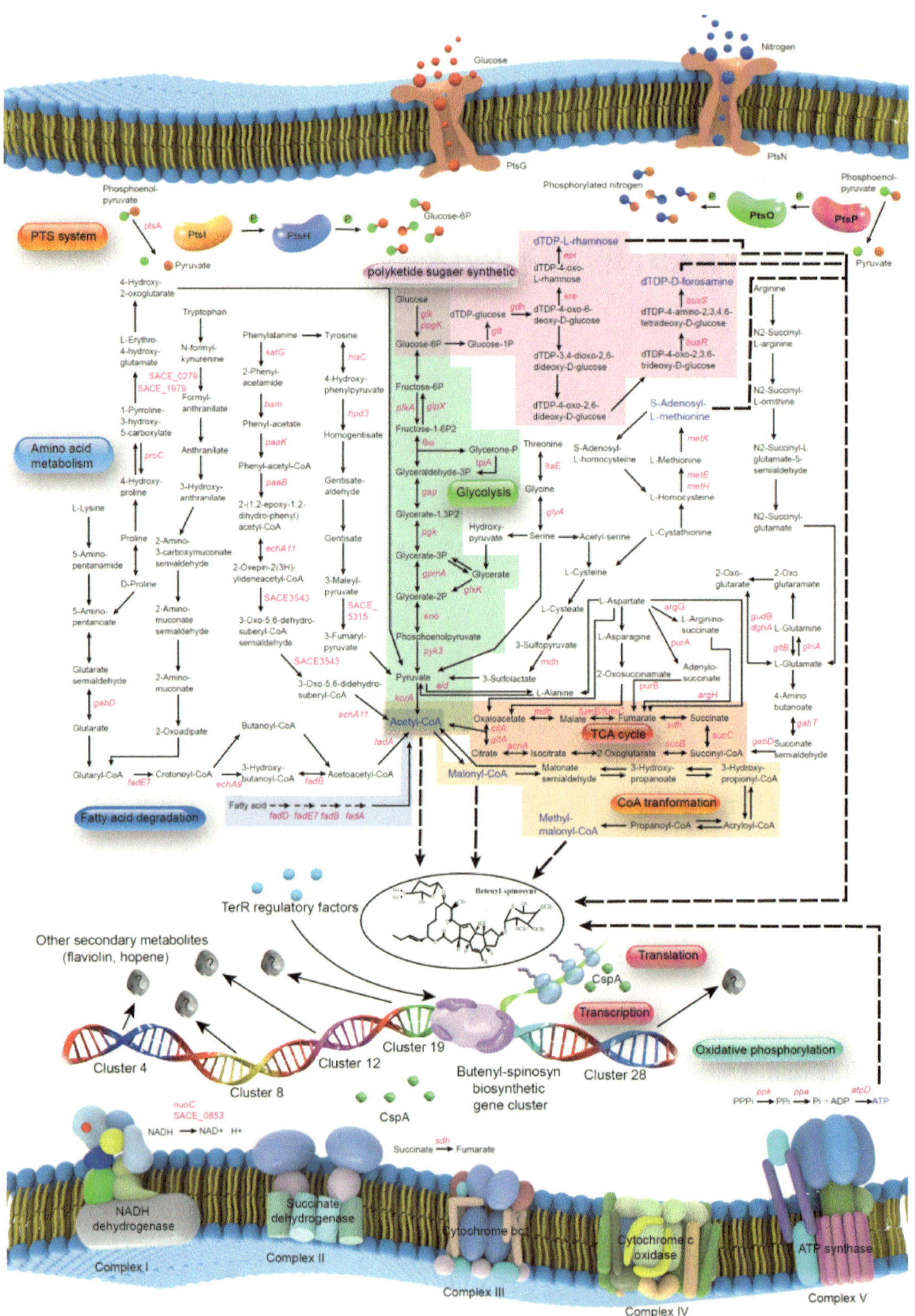

图 8–1

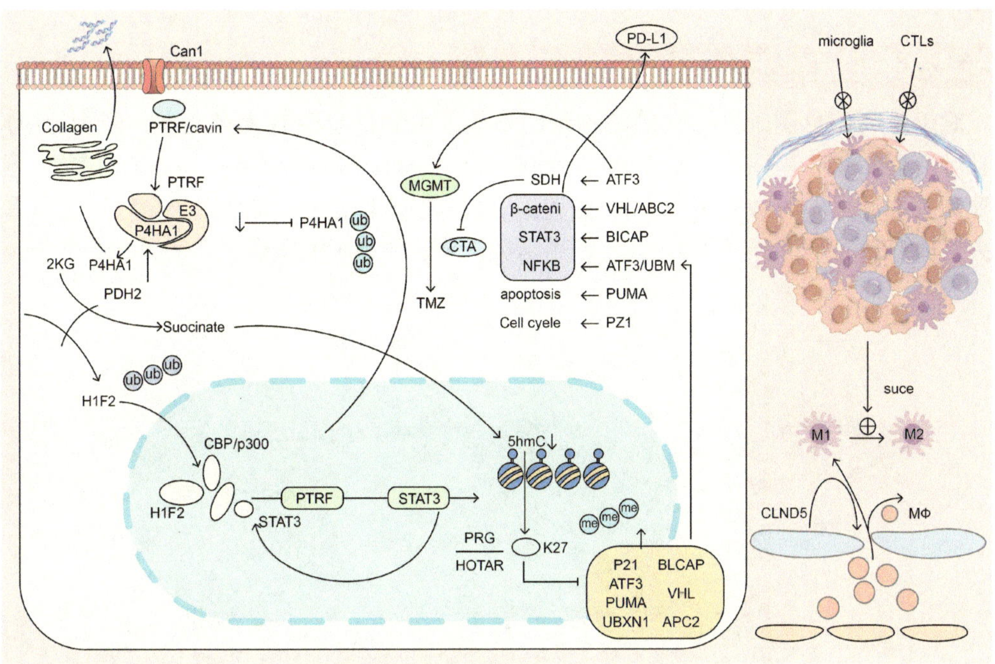
Can1
PD-L1
microglia
CTLs
Collagen
PTRF/cavin
PTRF
E3
P4HA1
P4HA1
2KG
PDH2
Succinate
MGMT
SDH
β-cateni
STAT3
NFKB
apoptosis
Cell cycle
ATF3
VHL/ABC2
BICAP
ATF3/UBM
PUMA
PZ1
CTA
TMZ
ub
me
H1F2
CBP/p300
H1F2
PTRF
STAT3
STAT3
5hmC
PRG
HOTAR
K27
P21
BLCAP
ATF3
VHL
PUMA
UBXN1
APC2
suce
M1
M2
CLND5
MΦ

图 8-2

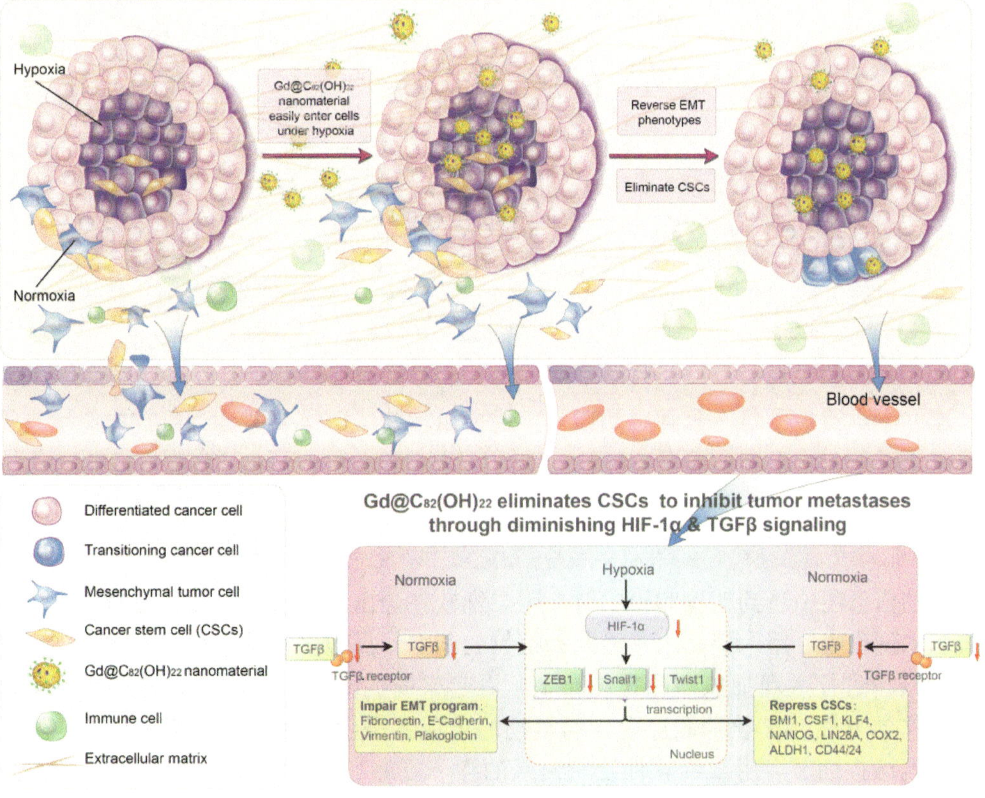
Hypoxia
Normoxia
$Gd@C_{82}(OH)_{22}$ nanomaterial easily enter cells under hypoxia
Reverse EMT phenotypes
Eliminate CSCs
Blood vessel
Differentiated cancer cell
Transitioning cancer cell
Mesenchymal tumor cell
Cancer stem cell (CSCs)
$Gd@C_{82}(OH)_{22}$ nanomaterial
Immune cell
Extracellular matrix
$Gd@C_{82}(OH)_{22}$ eliminates CSCs to inhibit tumor metastases through diminishing HIF-1α & TGFβ signaling
Normoxia
Hypoxia
Normoxia
HIF-1α
TGFβ
TGFβ
TGFβ receptor
TGFβ
TGFβ
TGFβ receptor
ZEB1
Snail1
Twist1
transcription
Impair EMT program:
Fibronectin, E-Cadherin, Vimentin, Plakoglobin
Nucleus
Repress CSCs:
BMI1, CSF1, KLF4, NANOG, LIN28A, COX2, ALDH1, CD44/24

图 8-3

## 矢量软件可以让生物信息图看起来更加细腻

对于生物信息图，立体化的结构帮助不大。生物信息图有大量文字、箭头的应用，并且对色彩要求简单干净，这些需求采用矢量软件 Adobe Illustrator 和 CorelDRAW 就可以快速高效地满足。因为矢量图本身的特性，线段没有锯齿感，文字比较精致，画面看起来会更加细腻，如图 8-4 所示。此外，用这类矢量软件绘制的图像更方便后续调整修改。

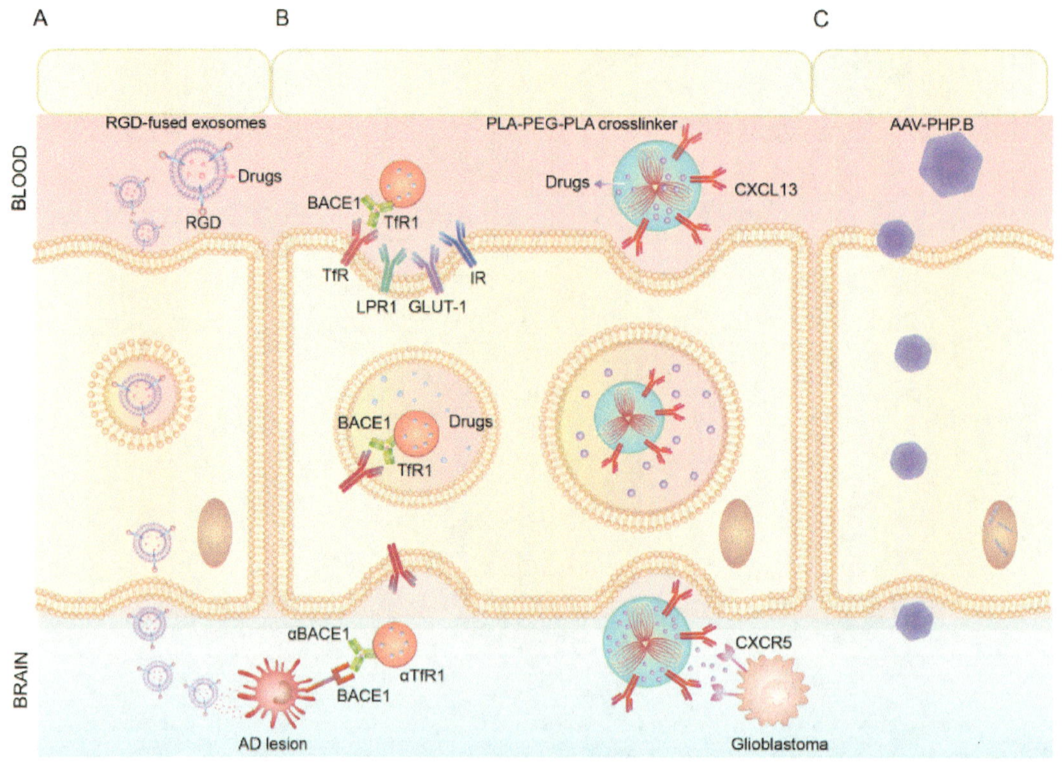


图 8–4

**注：学术图像不是一气呵成的创作，选择技术路线时需要考虑哪条技术路线方便后续修改，哪条技术路线在需要改动时，结构可以修改的余地更大、改动的工作量更小。**

## 生物信息图中可能会涉及动植物，用二维软件绘制的更生动

生物信息图中遇到动物和植物时，用二维软件画出来的看起来往往更有亲和力。在传统艺术创作中，用水墨、水彩绘制动植物的艺术作品很多，其中相当大的一部分是对现实的结构进行主观抽象后画在画布上，看起来简约灵动。二维软件绘图承袭了传统艺术创作的特性。在学术图像中，动植物的出现本来就是为了定位研究目标，不需要过于强调结构细节，用二维软件绘制出来的样子更加容易与画面中的其他信息相融合，如图 8-5 所示。

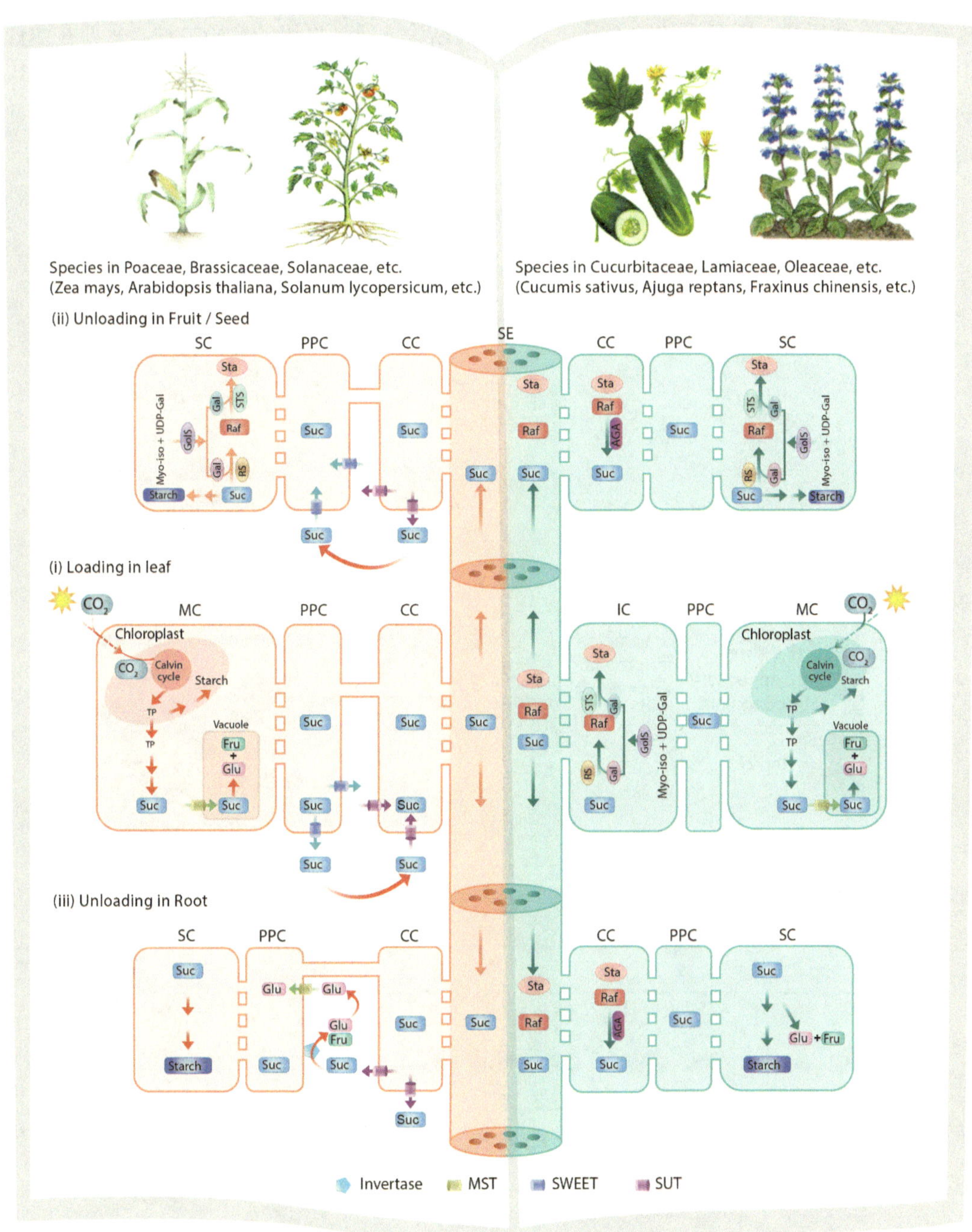
Species in Poaceae, Brassicaceae, Solanaceae, etc.
(Zea mays, Arabidopsis thaliana, Solanum lycopersicum, etc.)
Species in Cucurbitaceae, Lamiaceae, Oleaceae, etc.
(Cucumis sativus, Ajuga reptans, Fraxinus chinensis, etc.)
(ii) Unloading in Fruit / Seed
SC
PPC
CC
SE
CC
PPC
SC
Sta
Raf
Suc
Starch
Myo-iso + UDP-Gal
GolS
Gal
STS
RS
AGA
(i) Loading in leaf
$CO_2$
MC
PPC
CC
IC
PPC
MC
$CO_2$
Chloroplast
Calvin cycle
Starch
TP
Vacuole
Fru
Glu
Suc
Chloroplast
(iii) Unloading in Root
SC
PPC
CC
CC
PPC
SC
Glu
Fru
Suc
Starch
Invertase
MST
SWEET
SUT

图 8–5

## 8.2 模块化的实验方法图

对于有些研究，所要讲述的不一定是获得的结论，而是采用的实验方法，需要在图像中将实验方法呈现出来。在整个实验方法图中，局部可能存在流程陈述句，但整体是分模块的，需要考虑模块与模块之间的关系、整个画面的空间合理性、文字标注与画面的平衡等问题。如图 8-6 所示，在每个模块中都存在流程关系，模块与模块之间又有彼此的层进关系。

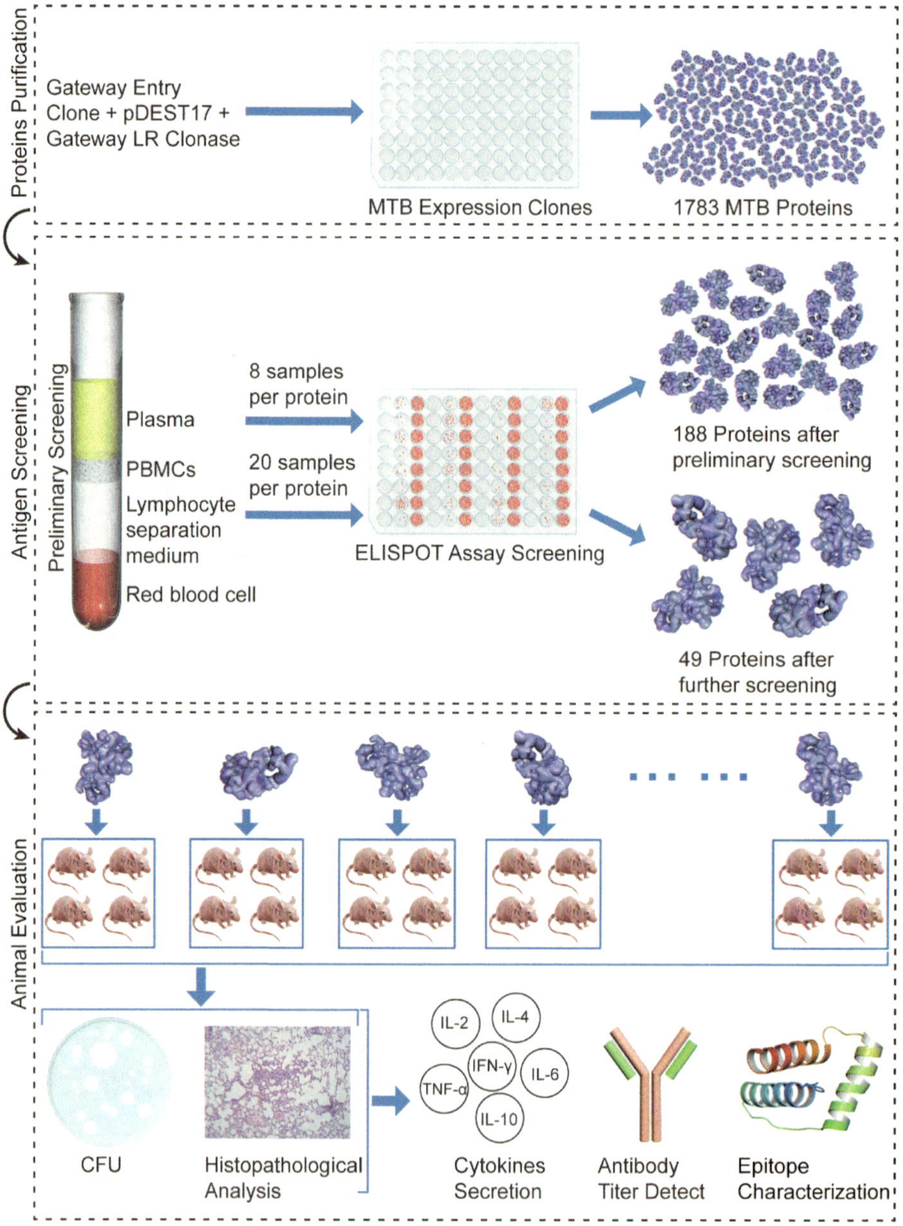

图 8–6

在模块化结构处理中，每个模块中的信息是均衡的，没有某一个环节需要拿出来特意强调，不能将个别环节的元素做得格外突出，否则会破坏画面整体感。

在模块化的结构处理中，可以使用色块将图像分割，避免画面单调，如图 8-7 所示。

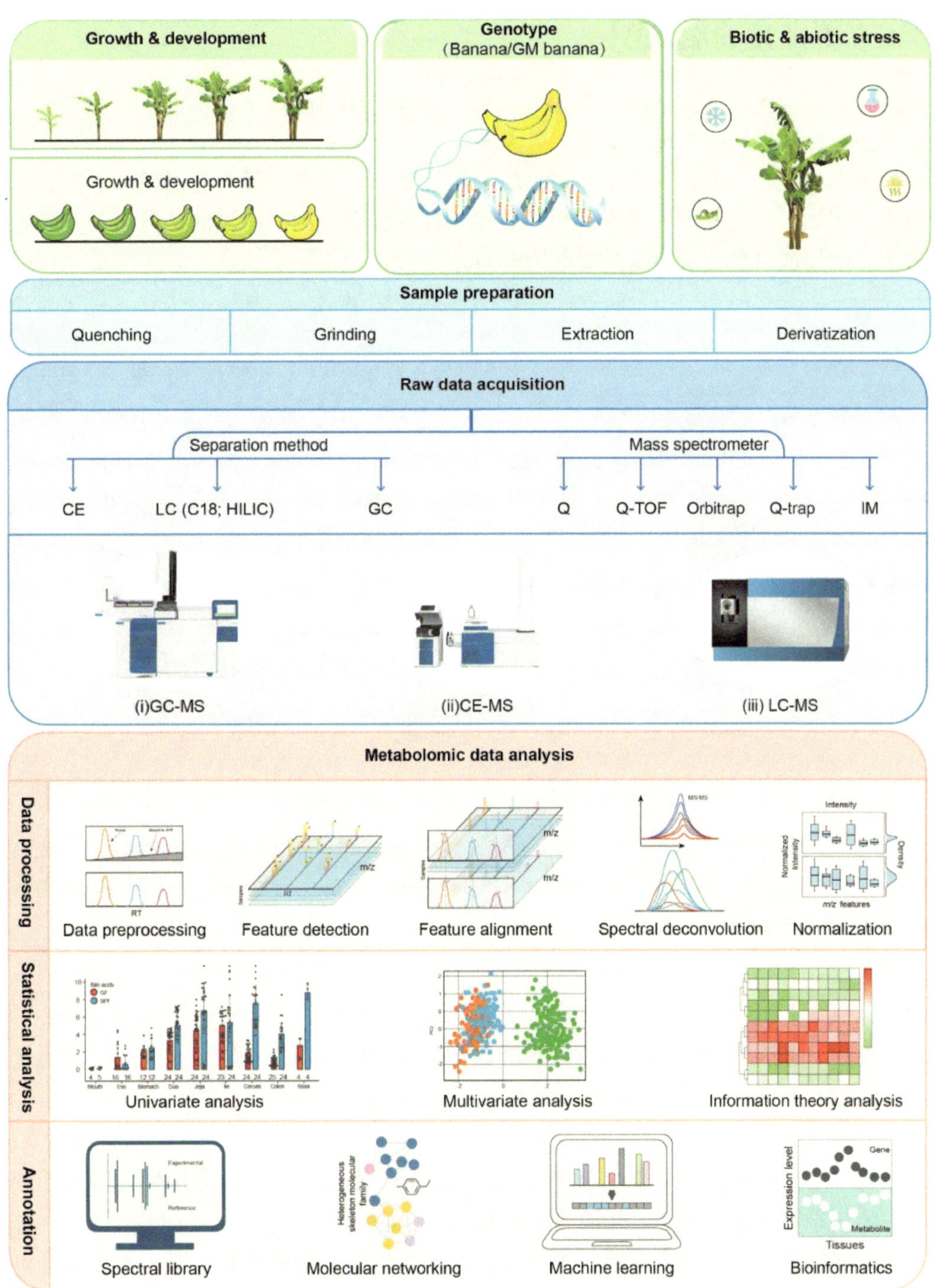


图 8–7

实验方法图有时将研究结论和数据处理也作为模块，来强化方法论的整体概念，此时，对数据的处理侧重于大方向的特征感，而不是精准的数据呈现，如图 8-7 最后一个模块所示。

## 8.3 宏观视角的规划图

在学术图像领域还有这样一类图，一般不需要把细节画得多么精准，这类图的目标是站在高于日常生活的角度，来绘制更大的关系网的图像。

如图 8-8 所示，图中不需要有真实的空间关系，不需要对画面上出现元素的特征进行表述，例如污水处理厂和净水处理厂究竟长什么样子，图中关注的是元素与元素之间的关系，例如饮用水的走向以及废水的走向。

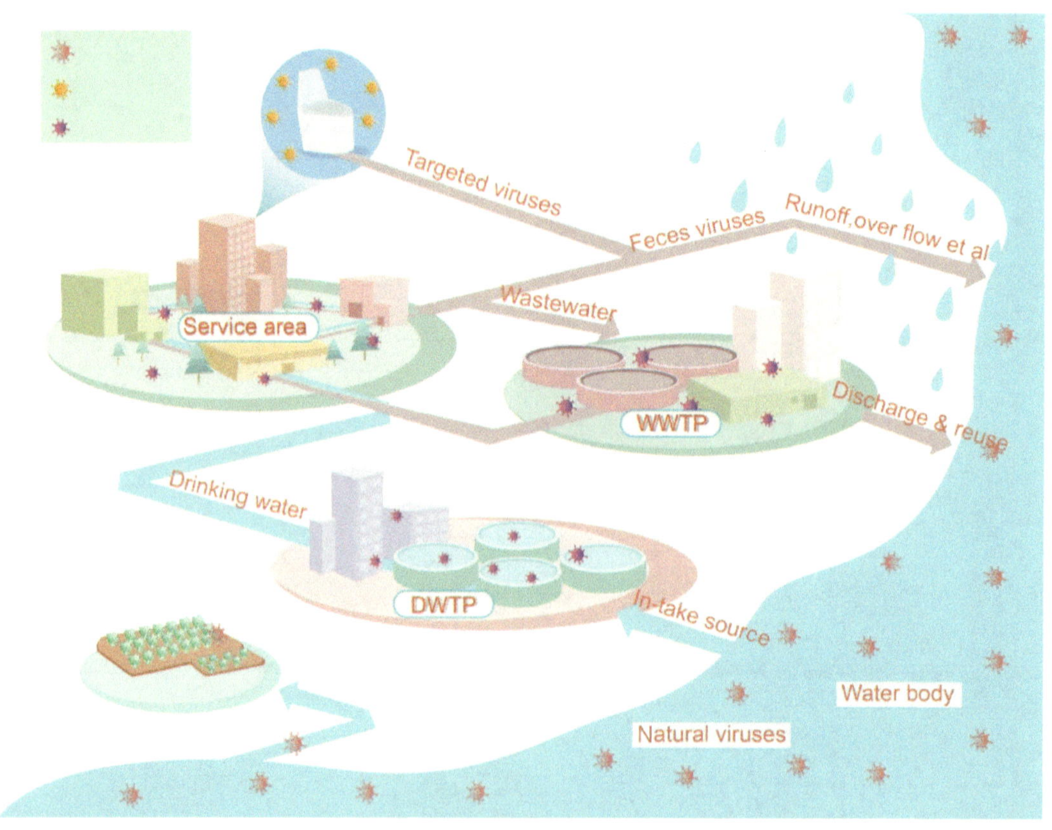


图 8–8

在规划性质的图像中，需要将多个元素统归在一起时，也可以采用装置群像的处理方式，采用沙盘的形式呈现，如图 8-9 所示。

在沙盘结构中处理规划信息，需要设计好信息模块之间的关系，对于重点信息可以通过放大结构给出更多细节同时强化细节，如图 8-10 所示。

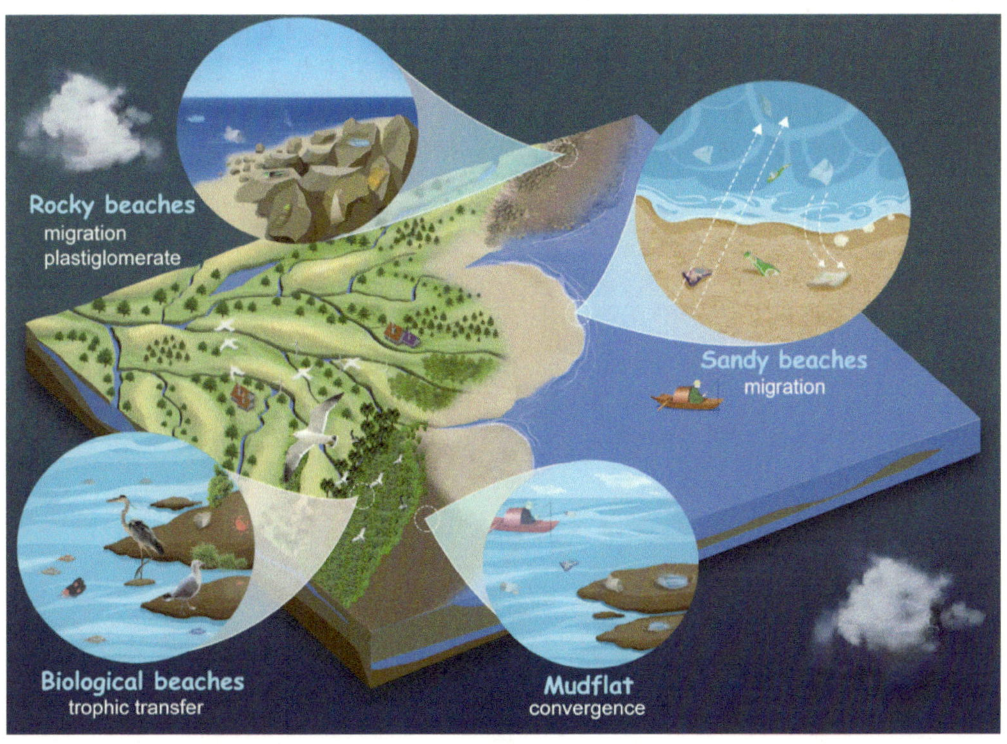
Rocky beaches
migration
plastiglomerate
Sandy beaches
migration
Biological beaches
trophic transfer
Mudflat
convergence

图 8–9

Water Sensor
Reservoir
Constructed Wetland
Water Reclamation Plant
Online Sensor
Wastewater Treatment Plant
Water Treatment Plant
Online Sensor
Smart Ball
CCTV Inspection
Camera
Sewer
Inspection Robot
Pump Station
Reservoir
Robotic
Swan Monitor
Smart Manhole
Sewer
Inspection Robot
Water Quality
Monitoring Station
Surface Water
Monitoring Buoy

图 8–10

科学研究是在不断创新，不断寻找新的结构、新的实验方法和新的分析方法等；同样，图像的讲述也需要不断创新，不断根据论文的关注点寻找更加契合的方式来表达作者的观点。本书所整理的学术图像类型可以作为趋势性的参考，在应用中，不必局限于这些图像类型，仍需要根据论文的实际情况判断，灵活变通，让图像更具自己的特色。

# 第 9 章

# 结合构图的排版设计

排版处理的是文字与文字之间的关系，以及文字与图像之间的关系。在书籍、报刊等印刷品排版中，好的排版设计可以极大提高读者阅读的兴趣。

在学术图像领域，排版可以从两个方面来理解：

## 素材式排版

将多个不同图像元素（例如来自实验的照片、电镜图与数据图）放一起，结合文章讲述的顺序进行排版，再增加适当的标注文字帮助读者理解信息。

## 信息式排版

按照前面章节中讲到的句式，落实到画面执行中时，有时会发现图像元素要么多出来几个、要么少了几个。

如图 9-1 所示，前半句的陈述到后半句形成了排比，如果按照图 4-7 的常规方式处理，画面会呈现细长条的分布，后半截的排比元素太多导致画面太密，前半截的陈述又太简单显得画面单薄。要将这多出来的元素或者少的元素在画面中放在合理的位置，又不破坏原有的语法，就需要考虑排版的问题。将画面上的说明文字、放大图、标注等一切可以灵活调度的元素调度起来，让之前设计的句式能真正呈现出来，而不是胡乱塞一气。

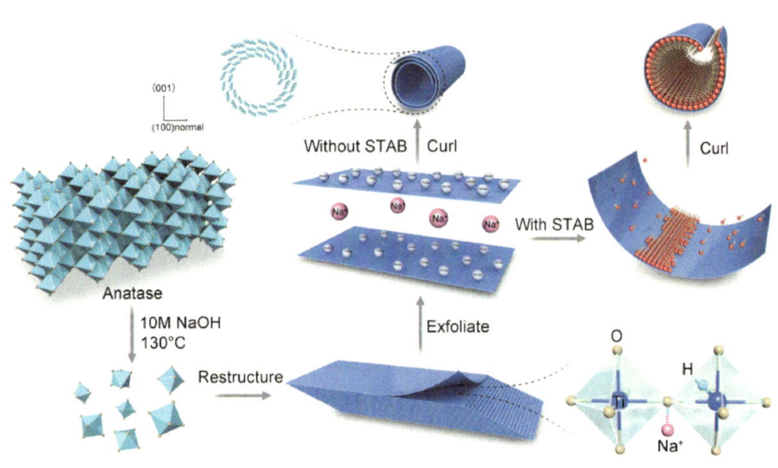


图 9–1

## 9.1 合理化语序的图像内部排版

语法和句式解决了学术图像应该画什么的问题，但是画图不是写论文，从左到右逐行写过来，符合语言习惯就行。学术图像需要在理解论文的基础上，打破文字语言表述的秩序，重新梳理逻辑，创建更加凝练的信息呈现方式。

以图 9-2 为例，这是一幅常规的流程陈述图，先在金属基底上覆盖上特殊材料的膜，再一层一层地添加处理，形成最终形态，最后引用了一张数据图来对得到的最终形态进行属性诠释，说明改良的意义所在。

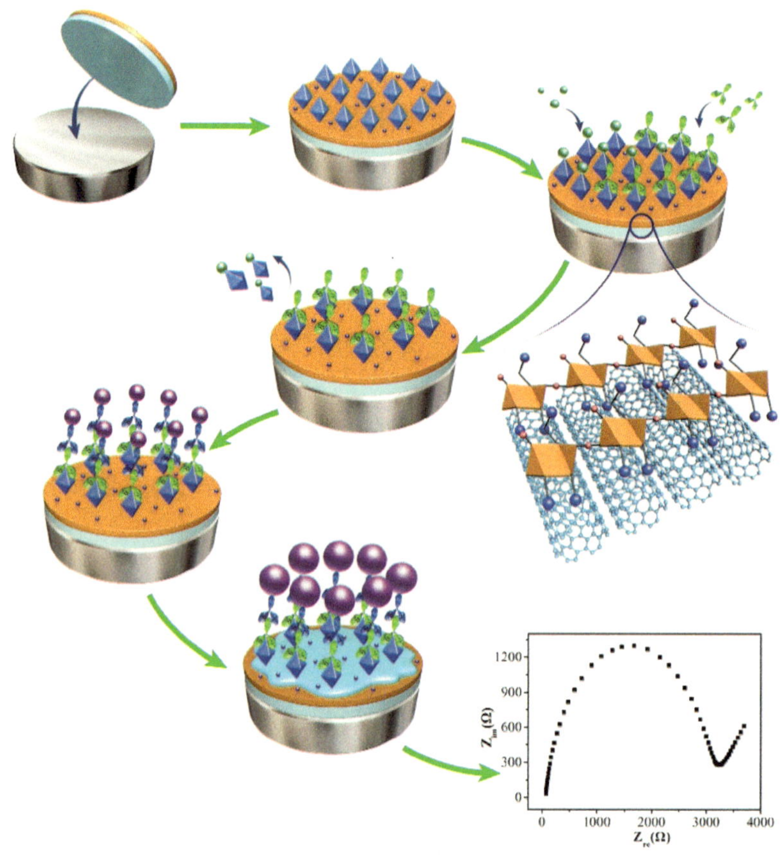


图 9–2

整幅图采用 S 形布局，画面上的元素在方形的画布上均匀排布，流动性的箭头可以给画面带来活力，让图看起来不刻板。这幅图从第一步基础结构构件，到最后得到应用的数据结果，每个环节上的特征变化做得很清楚，但是总让人觉得有点不好看，又看不出来哪里不好看。

将图像调整为常规的方形构图，如图 9-3 所示，将放大的附加信息和诠释结果的数据图放在中间空腔位置，再用注解图标增加画面上的信息。

元素和语序都没有过多的改变，只是改变了图像的排版方式，整个画面感也发生了变化，调整之后的画面紧凑，更加平稳端庄。

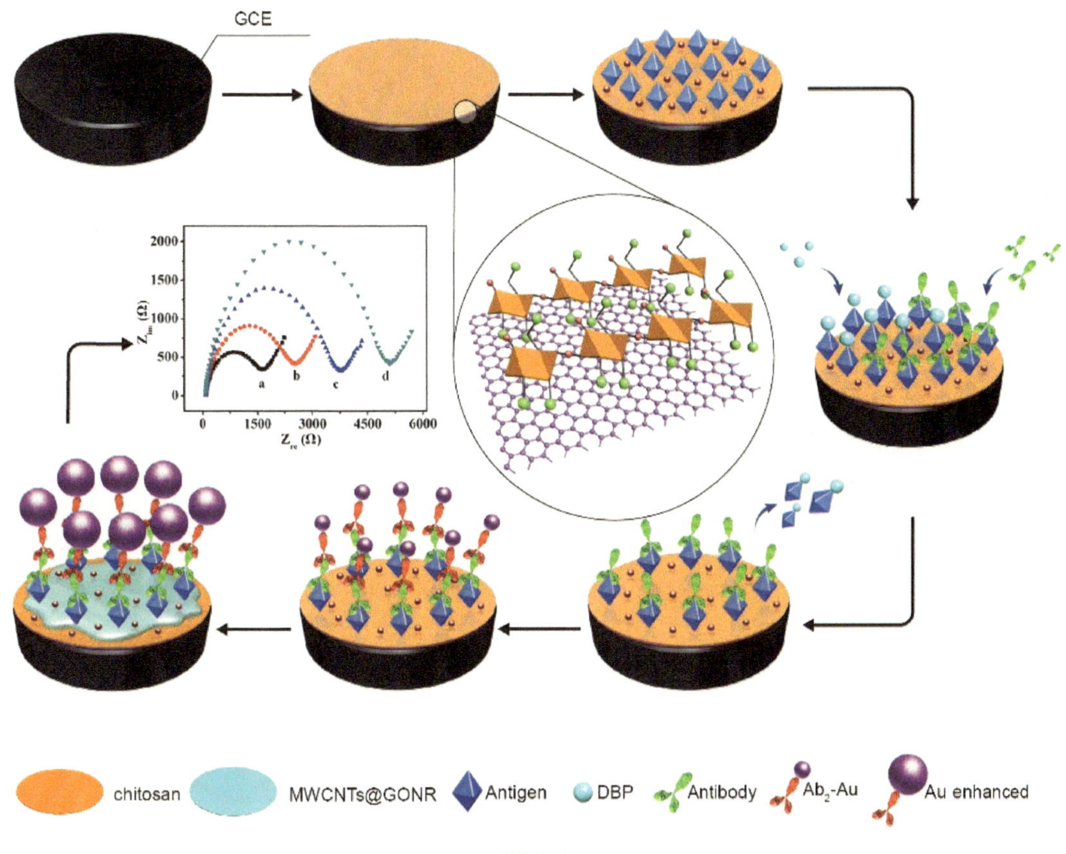


图 9–3

对元素再做进一步的细节调整，如图 9-4 所示，将原本放大的部分拆解后作为箭头上标注存在，将需要强调的第四步稍作放大，与结果数据图比肩。用内陷的弧线箭头为画面增加了一点灵动感，将主干线停留在合成的最后一步，用小箭头将最终诠释的数据图从主干线中“摘”出去，画面看起来主次分明，舒服多了。

将最终调整好的图与初稿的图放在一起对比，如图 9-5 所示，可以发现最终稿压缩了将近三分之一的篇幅，画面内容紧凑且信息丰富，比初稿讲出了更多的内容。

**图像内部排版在优化信息的同时也在优化空间。**

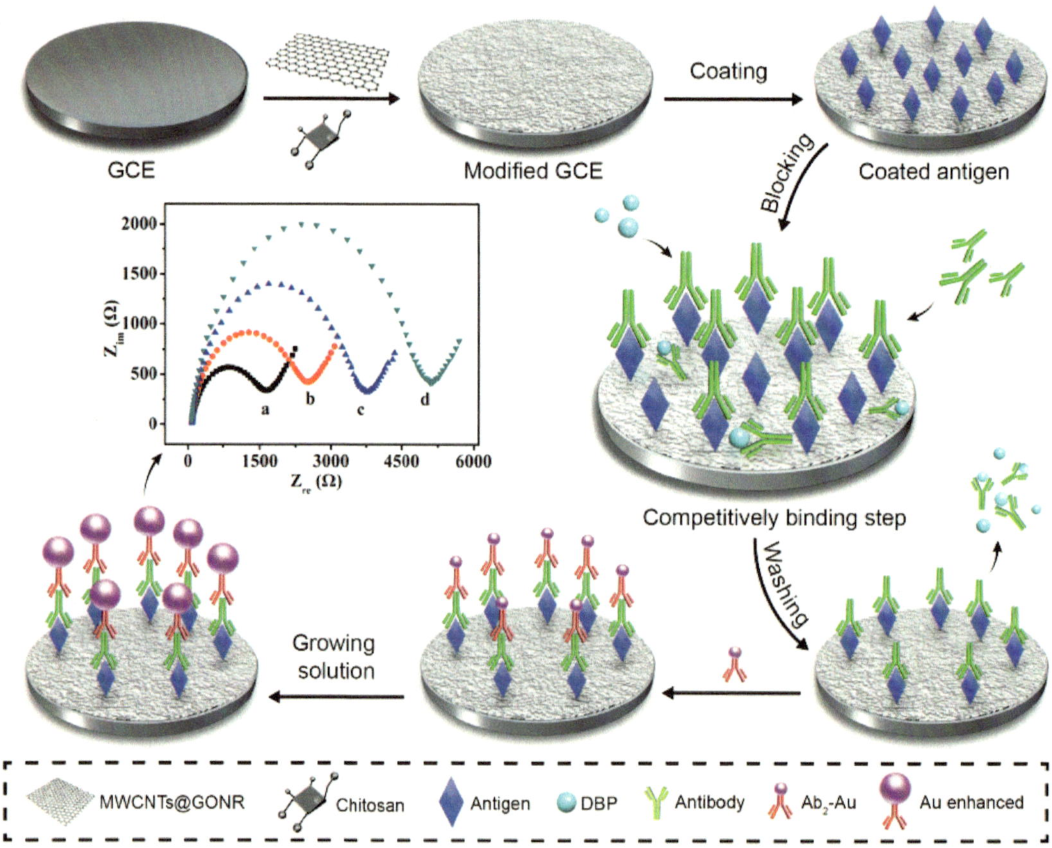

GCE
Modified GCE
Coating
Coated antigen
Blocking
Competitively binding step
Washing
Growing
solution
a
b
c
d
$Z_{im}$ (Ω)
$Z_{re}$ (Ω)
MWCNTs@GONR
Chitosan
Antigen
DBP
Antibody
$Ab_2$-Au
Au enhanced

图 9–4

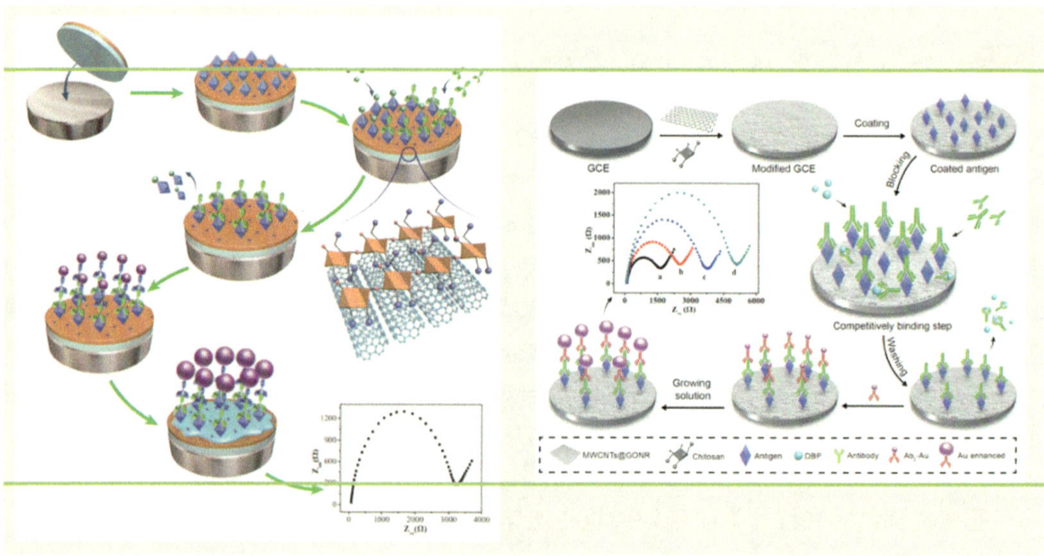
GCE
Modified GCE
Coating
Coated antigen
Blocking
Competitively binding step
Washing
Growing
solution
MWCNTs@GONR
Chitosan
Antigen
DBP
Antibody
Au enhanced

图 9–5

## 9.2 常规的多素材图排版

常规的多素材图排版需要处理来自不同方面的图形图像。如图 9-6 所示，这是一幅常见的数据与照片共存的混排图，包括数据图、实验照片和扫描电镜图，还有大量的标注文字存在。

图中 A 部分有两张数据图，B 部分中同时有照片和数据图，C 部分是微观切片图。

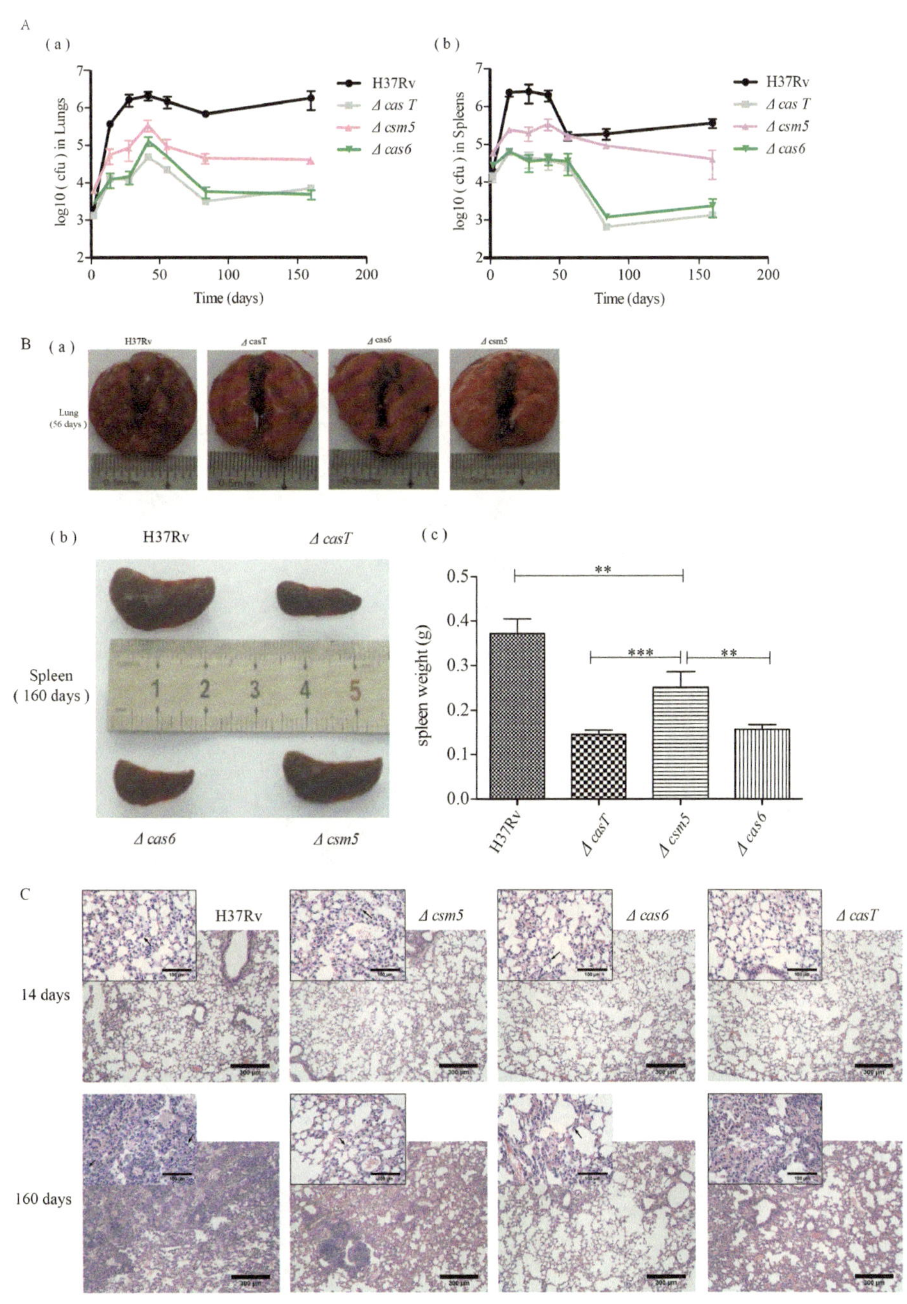


图 9-6

这些信息放在同一幅图上各自风格不同，画面的分量感不同。素材图排版则需要设法调节这些图的视觉比重，来达到看起来画面均衡舒适的感觉。

素材图排版可以从以下几个方面着手。

## 解决图中隐形的面积问题

直接看图，一般都意识不到素材图其实是有“占地面积”的问题的，如图 9-6 所示。若将每个素材图的实际面积圈出来，再给空余的部分填充灰色，画面整体浪费的面积立刻暴露出来，如图 9-7 所示。

图像留白区的大小就像衣服的宽松度，适当的宽松会显得衣服有型好看，过度宽松则会显得松松垮垮。接下来研究怎样能把图 9-7 中多出来的空间排除。

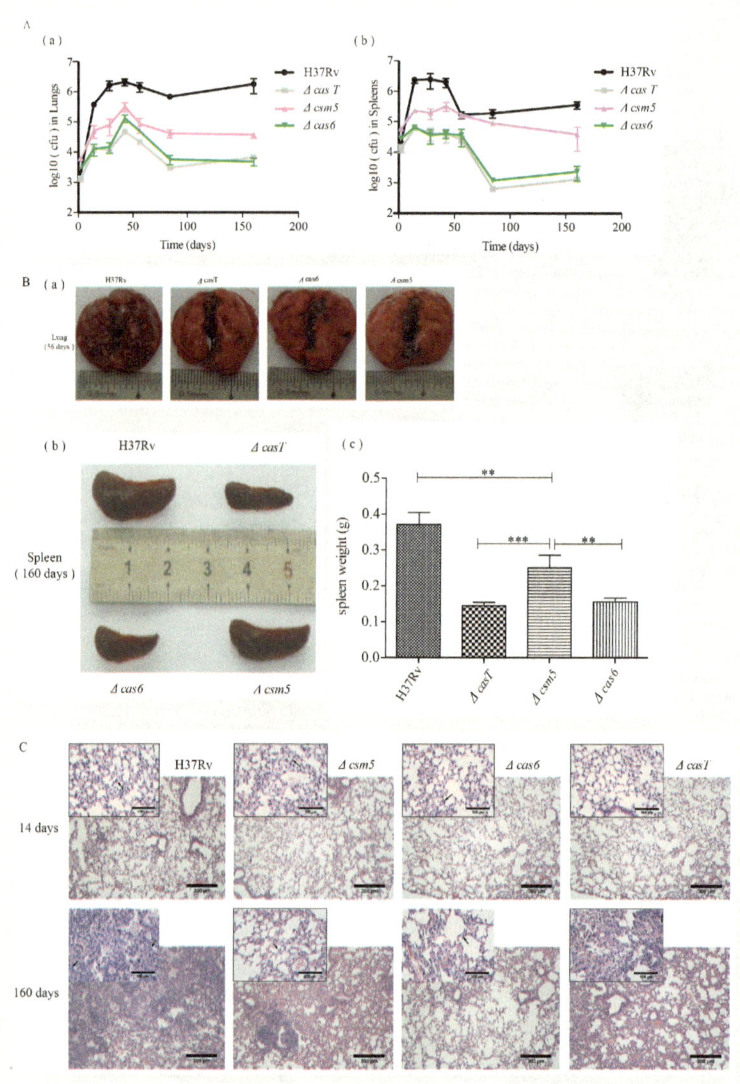


图 9–7

B 部分的实验照片在视觉上是最重的，如图 9-8 所示，每张照片都把特征拍得很清晰，稍微缩小一下，也不会影响照片的信息呈现。需要注意的是，图中（a）部分和（b）部分周围的标注文字，在画面中也是占据了面积的。

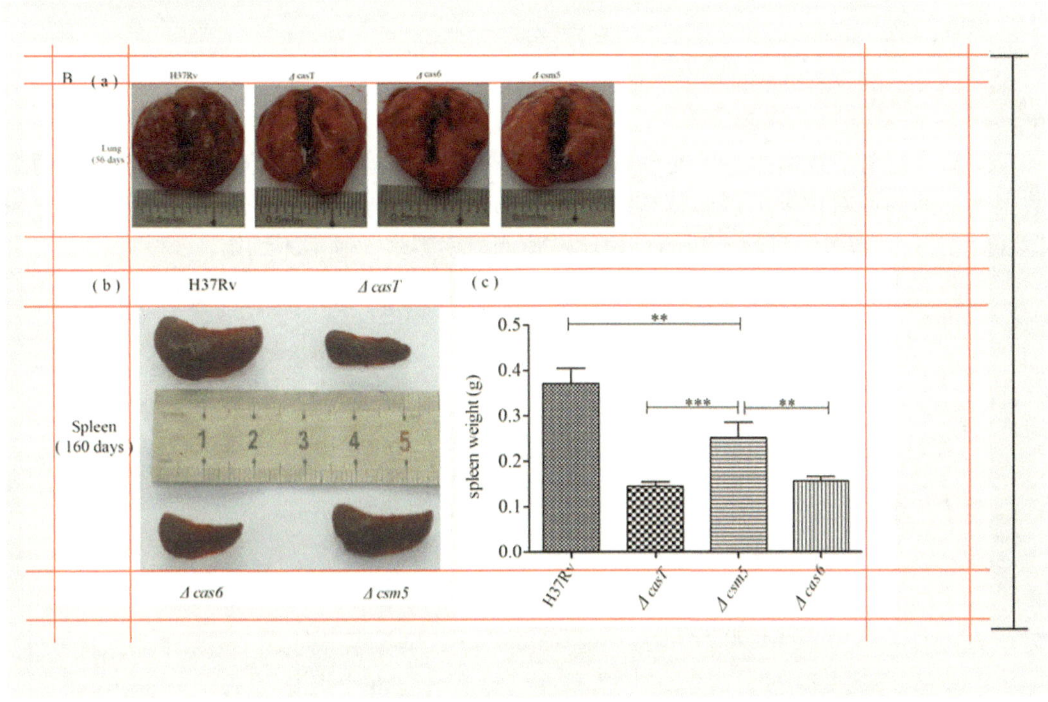


图 9-8

将图 9-8（a）部分的照片图缩小以田字格形式排为两列，并与（b）部分的照片图、数据图高度一致，如图 9-9 所示，将原本放在顶部、底部的标注文字，放在画面上，减少周边的面积浪费。

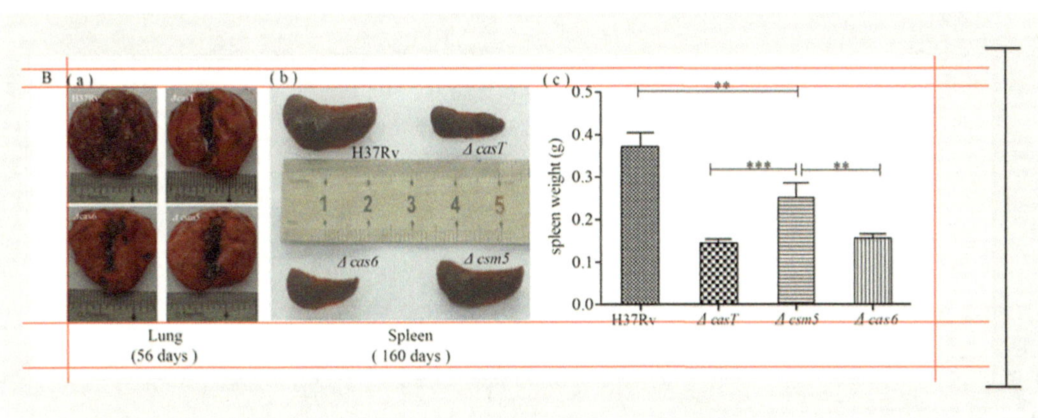


图 9-9

为了让图像看起来精致点，将数据图的柱子稍微“减减肥”，减少柱子的宽度，不影响实验数据的准确度。柱子腾出来的这点空隙会稀释画面中的拥挤感。

照片标注文字、数据图标注文字是画面中经常被忽略的隐形面积浪费点，要节省画面空间，让画面看起来紧凑一点，不一定要去压缩素材图的大小，可以注意减少标注文字占据的面积。

## 解决图中隐形的精致度问题

A 部分的两个数据图要保证科研数据的真实性、准确性，不能做调整。但是，两个数据图之间的相对位置可以做调整。如图 9-10 所示，当前画面上（b）部分占据的面积比（a）部分大得多，导致右边的空白比左边明显多得多，画面不均衡。

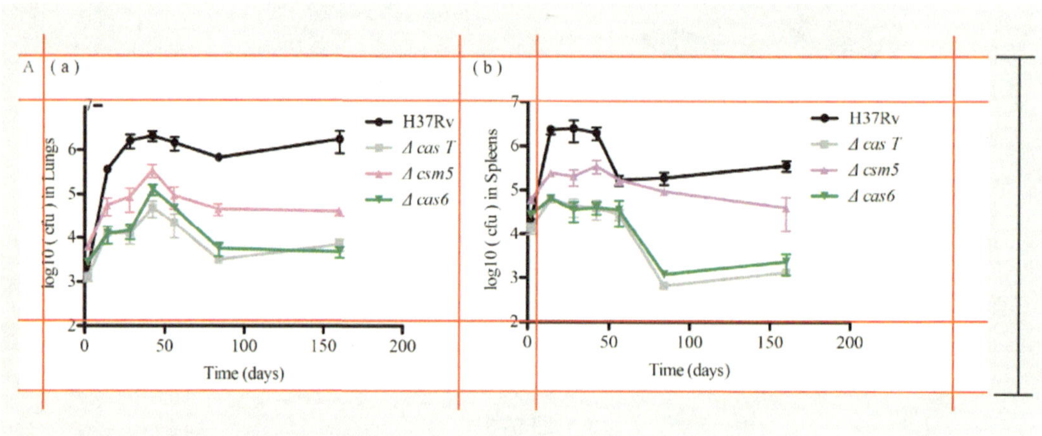


图 9-10

如图 9-11 所示，将两张数据图之间距离拉开，让两张数据图占据的空间相等，将横纵坐标线和数据线粗细降低到标准的 1pt，可以让图像显得精致。

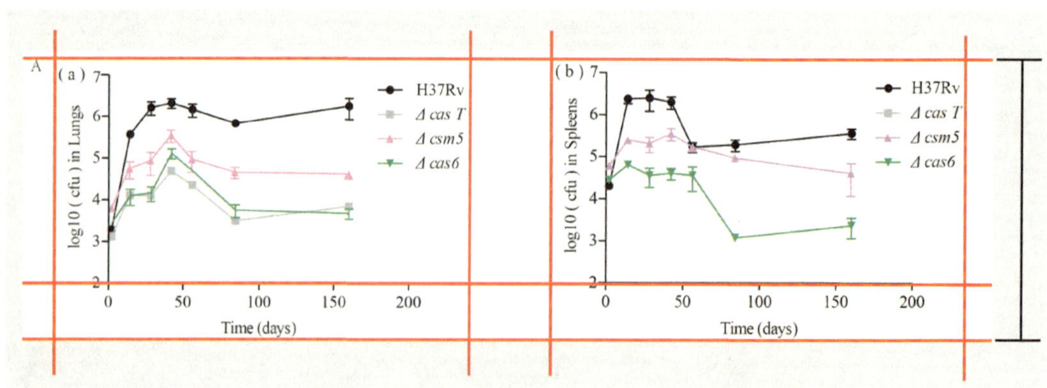


图 9-11

**注：在印刷领域，1pt 的粗细是恰到好处的，不会过粗显得笨重，也不会过细印不清楚。用数据软件获得的数据图，导入排版之后，往往会超过 1pt。如果有意识调回 1pt 粗细，会让图表看起来精致细腻。**

将调整之后的图与原图对比，可以发现，去除掉图中多余的空白，整个图压缩了三分之一，而图像呈现出来的信息量并没有减少，调整之后的图看起来更加工整，视觉上比重更加协调，如图 9-12 所示。

多素材图排版时，可以通过调整这些多余的面积，来优化空间，让画面紧凑，解决图中隐形的面积问题；将线条的粗线调整为 1pt，解决图中隐形的精致度问题。

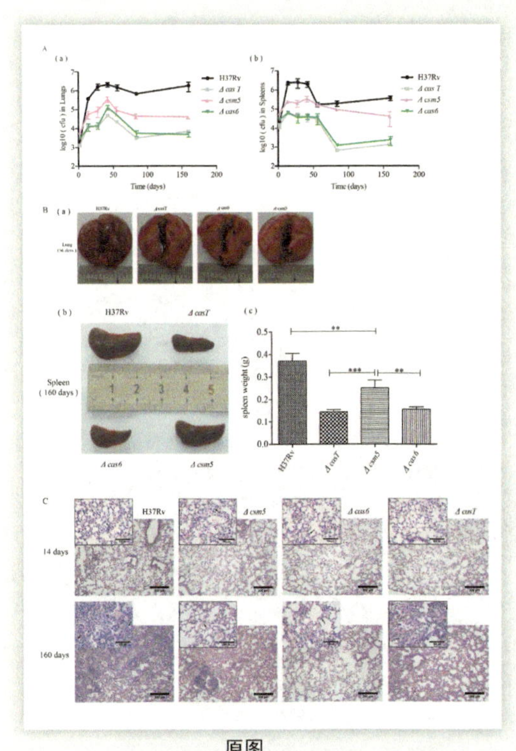


原图

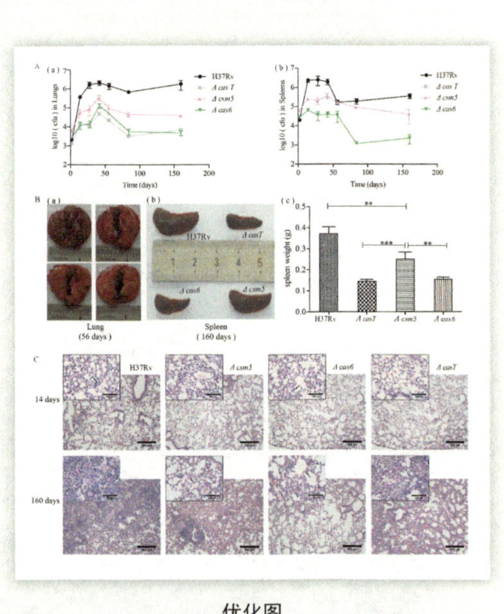


优化图

图 9-12

## 9.3 可用于排版的二维软件

图像的处理排版离不开软件工具的支持，在学术图像领域可以用于图像处理和排版的软件有哪些，不同的软件之间又有什么区别呢？认识软件之前需要先区分一下目前常见的两类数字图像：矢量图与像素图（位图）。

## 矢量图及矢量图软件

矢量图是在矢量软件中生成的图像，矢量图在其所在的软件中可以任意缩放，不影响画面质量。在科研领域常用的矢量软件有 Corel 公司的 CorelDRAW、Adobe 公司的 Adobe Illustrator。

CorelDRAW 是专业矢量插画软件，功能倾向于图像绘制，其初始化界面如图 9-13 所示。

图 9-13

CorelDRAW 中有各种灵活的画笔工具，例如钢笔、艺术画笔等，有针对绘制的修正工具。CorelDRAW 有较多的特效、色彩功能，可以对外来素材图进行校色、变形，可以实现更加复杂的图像绘制及处理。CorelDRAW 软件界面如图 9-14 所示。

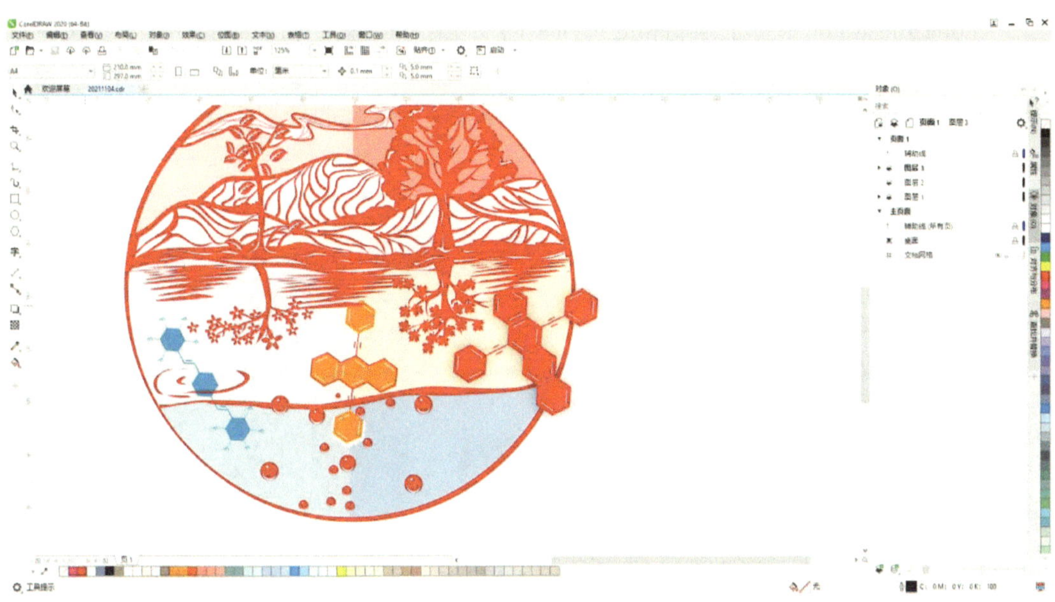

图 9–14

Adobe Illustrator 简称 AI，常用于图文排版领域，该软件功能简单、容易上手，其初始化界面如图 9-15 所示。在学术图像领域用 Adobe Illustrator 排版可以保障画面质量。

图 9–15

Adobe Illustrator 更善于绘制和处理简单的图像配件元素，例如细胞、血管、实验室器材等。Adobe Illustrator 中有简单快捷的文字处理、线段处理、对外来素材图像的裁切等功能，可以快速优化素材图排版。Adobe Illustrator 软件界面如图 9-16 所示。

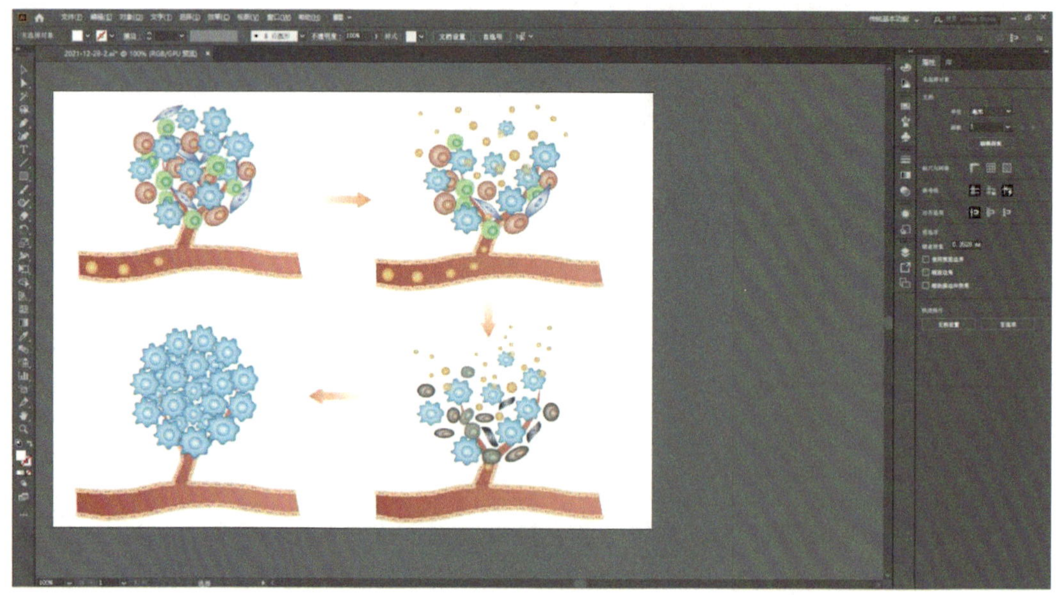

图 9–16

无论是图像绘制还是排版、文字处理、线段处理，CorelDRAW 和 Adobe Illustrator 都同样具有矢量软件的共同优点，即：

**矢量线段边缘平滑细腻，文字精致，不会因为缩放而影响线段和文字的质量；**

**通过调整锚点位置便可以改变图像结构，不影响图像质量；**

**矢量结构色彩大多数以纯色、渐变方式，画面看起来简单干净。**

## 像素图（位图）及像素图（位图）软件

像素图（位图）是由成千上万像素点阵组合构建的数字图像，每一个像素点可以独立记录色彩，因此可以记录有层次的变化丰富的色彩，更容易将复杂图像的色彩层次记录并再现。目前电子设备所采集的图像，无论是数码相机拍摄的照片，还是实验室的显微镜获得的各种微观电镜图像，都以位图的形式存在。

在科研领域常见的位图软件有 Corel 公司的 Corel PaintShop Pro、Adobe 公司的 Adobe Photoshop 简称（PS）。

Corel PaintShop Pro 是一款强大的图像编辑软件，可以针对各种照片影像进行特殊的视觉效果处理，其初始化界面如图 9-17 所示。

图 9-17

Corel PaintShop Pro 中可以对素材图片，如电镜图、照片图，进行裁切、伪色上色等增加信息表达的处理。Corel PaintShop Pro 可以对不同来源的素材合成排版，如图9-18所示。

图 9-18

Adobe Photoshop 是常见的图像处理软件，对各种位图的色彩修正以及图像修葺均有帮助，其初始化界面如图 9-19 所示。

图 9–19

Adobe Photoshop 可以绘制元素，可以对外来的素材图片进行融合、拼接、校色、裁切、标注等处理，如图 9-20 所示。

图 9–20

图像处理、元素绘制或者排版中，Corel PaintShop Pro 和 Adobe Photoshop 都同样具有像素图（位图）软件的共同优点，即：

对各种图像均可以进行色彩模式的转化、色彩优化、色彩改变等相关处理；

像素图（位图）色彩丰富，图层变化多样，可以创造更多的画面效果，来满足学术图像中对信息呈现的诉求。

注：像素图（位图）软件中也有路径（PS）、矢量图层（PaintShop Pro）等功能，也可以描边、标注线、为图像增加标注文字，但是最终线段构成的方式还是像素格的形式，文字如果比较小会出现马赛克，如图 9-21 所示。

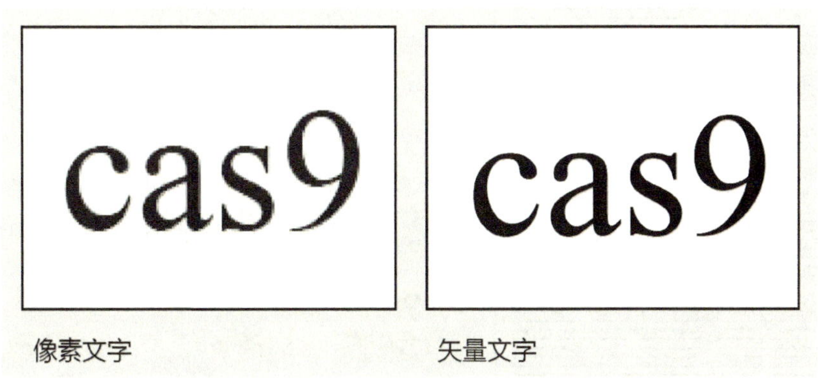


图 9-21

像素图（位图）软件与矢量图软件这种基于平面画布上创作的软件习惯上统称为二维软件，主要区分于后面将会提到的三维软件。

## 9.4 结合软件理解排版常见概念

### 排版常见概念之图像尺寸

在实际的纸张上画图不需要考虑尺寸，多大的纸张就是多大的尺寸。

在电脑上画图需要重视尺寸，但常常容易被忽视。电脑是虚拟的环境，尺寸是通过参数设置的，没有直观的限制感；图像绘制过程中可以缩放画布来调整视野，这就意味着在软件中绘制的图不论什么尺寸都可以缩放修正，便会产生不需要考虑图像尺寸这样的错觉。

在图像排版之前，甚至开始动手作图之前，首先需要检查确认一下图像尺寸，这是一个非常好的工作习惯。

#### 期刊对图像尺寸会有要求

论文投稿时，期刊会给出图像尺寸的参考数值，如图 9-22 所示。有些期刊会给出图像的精准尺寸，有些期刊会给出图像尺寸范围。

# Figure sizes

Provide files at approximately the optimal display size, as indicated below.

## Original research and review content

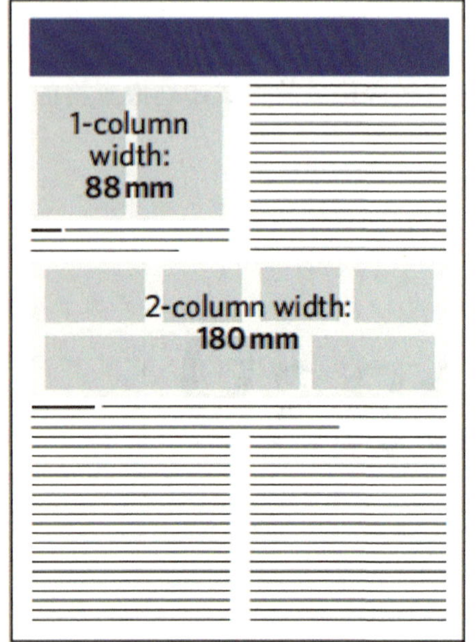


Includes:

Analysis, Article, Brief Communication, Consensus Statement, Hypothesis, Letter, Perspective, Progress Article, Resource, Review Article, Technical Report

| Length of figure caption | Maximum height of figure | |
|---|---|---|
| | 1-column (88mm) width figures | 2-column (180mm) width figures |
| <300 words | ~130 mm | ~185 mm |
| <150 words | ~180 mm | ~210 mm |
| <50 words | ~220 mm | ~225 mm |

图 9–22

### 图像尺寸会影响图像构图与排版

图像尺寸决定了画面可以用的篇幅。如图 9-23 所示，原以为图像目标尺寸是 55mm*50mm，接近正方形，画面篇幅较小，三组对照的分析结果并排排放在画面上太过拥挤，只能借助透视让三组对照结果由远及近排列。

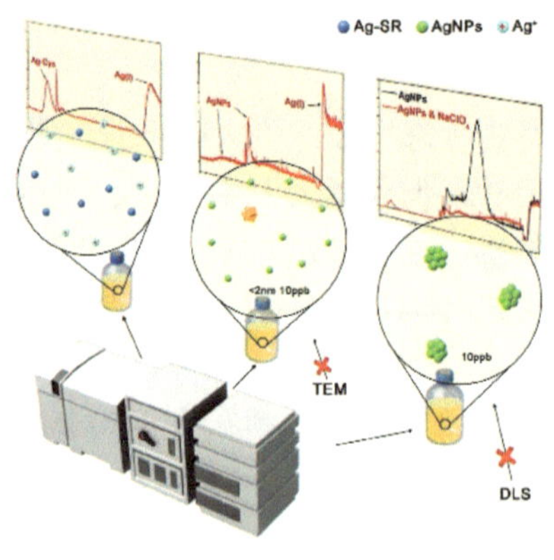


图 9–23

确认过期刊要求后，发现图像尺寸可以是 110mm*55mm，篇幅一下子多出来了一倍，就可以把仪器组调整到正面角度渲染，然后回归正常的并排布局的方式，并将三组分析的数据结果图和放大图都调正，调整之后如图 9-24 所示。

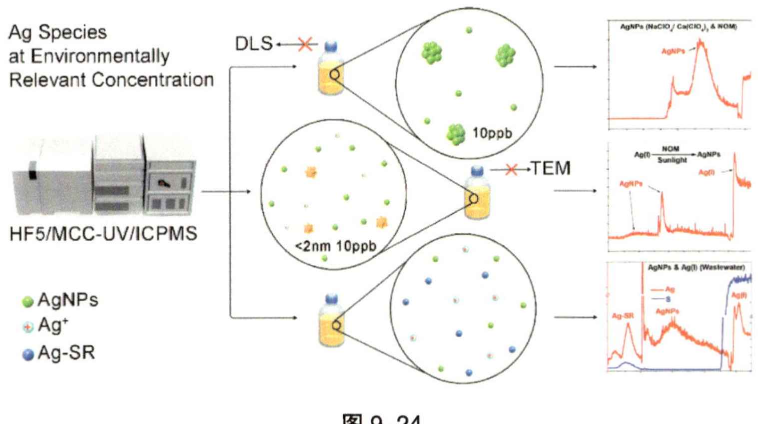


图 9-24

### 让图像尺寸保持在合理的范围内

如果暂时没有确定投稿的期刊，不能确定未来对图像要求，创建画布时可按照常规的 A4 竖版。图像并不是越大越好，绘制时超过常规图像尺寸，投稿时再缩小来匹配所需尺寸时，画面会被压缩，最终呈现的视觉效果过犹不及。

## 排版常见概念之图像分辨率

分辨率是构成图像的电子点阵数量的多少，对图像画面质量至关重要，如图 9-25 所示。

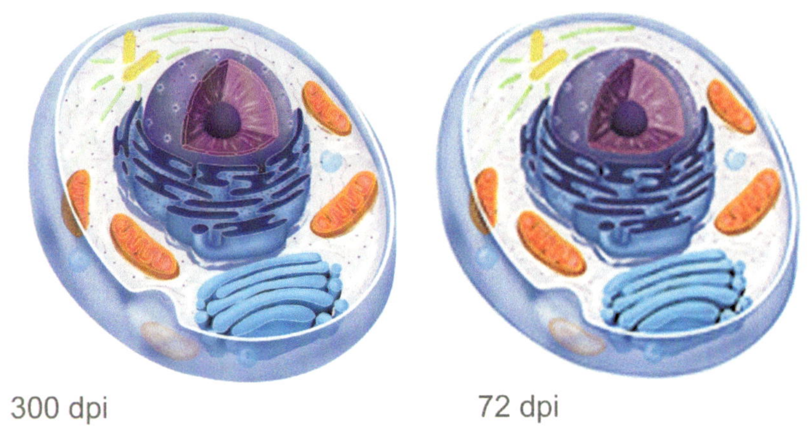


图 9-25

矢量图在创建画布、导出图像时，都有为图像设定分辨率的弹窗，如果设定错了，修改一下参数重新导出图像即可。像素图（位图）在创建画布或者拍摄影像时，已经定格了分辨率，如果当时采用了错误的模式，图像就无可挽救了。

印刷排版中尺寸和分辨率是不可分割的，如图 9-26 所示。图像的像素数值 = 图像尺寸 * 分辨率。同样尺寸的画布，当分辨率设置不同时，最终像素数值会不同。

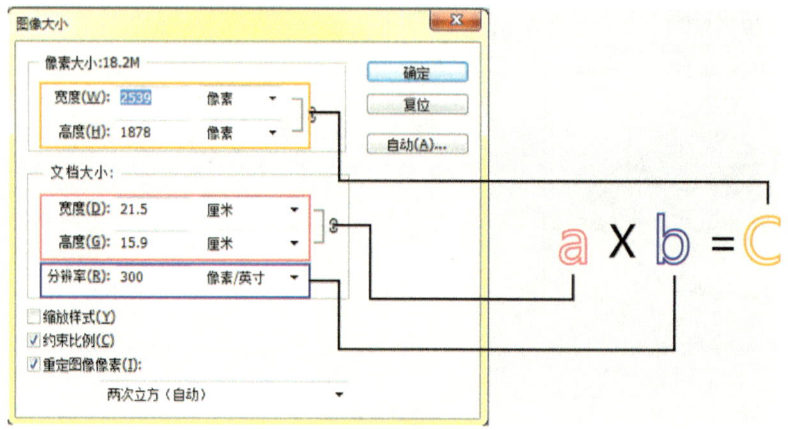


图 9–26

在期刊给出的投稿说明中，经常会看到如图 9-27 所示的要求，同时给出尺寸和像素两种限定方式，可以确保图像尺寸和画质都能达到标准。

Journal back cover artwork requirements

图 9–27

分辨率经常丢失在保管的过程中，分辨率在科研工作中容易被忽视。

### 忽视情况之一

设备中出什么样的图就用什么样的图，在设置之前没有检查调整设备。这种情况随着科研设备的更新换代已经越来越少了。

### 忽视情况之二

用 word、ppt 来转存图。Office 软件是很好用的办公软件，却并不是很好的图像存储软件。经常见到将图片贴进 word 或者 ppt 保存的习惯，这种方式对于图像注解说明很方便，对图像展示也很方便，但是，图片插入 Office 软件之后再“拿出来”作为学术图像素材则不可取。Office 软件会降低原始图片的分辨率，图片分辨率降低之后是不可逆转的。

### 忽视情况之三

用截图代替存图。用软件画出图像之后，用截图的方式而不是用标准的图像存储方式来保存，对图像分辨率有很大损失。

## 排版常见概念之图像色彩模式

色彩模式也是数字图像需要面对的特定问题，不同的色彩模式有点像不同的色彩颜料，虽然最终都可以呈现出一张完整的图像，但是不同的色彩模式或多或少会让画面看起来不同。但是，颜料一经选择是不能更改的，而色彩模式是可以改变切换的。如图 9-28 所示，以 Adobe Photoshop 为例，进入软件新建画布时，可以选择设定色彩模式；画布创建之后在画布顶部标题信息栏上会有色彩模式的信息提示；在软件菜单栏中可以通过点选来切换色彩模式；在图像处理过程中，色板选项中也可以看到色彩模式的状态。

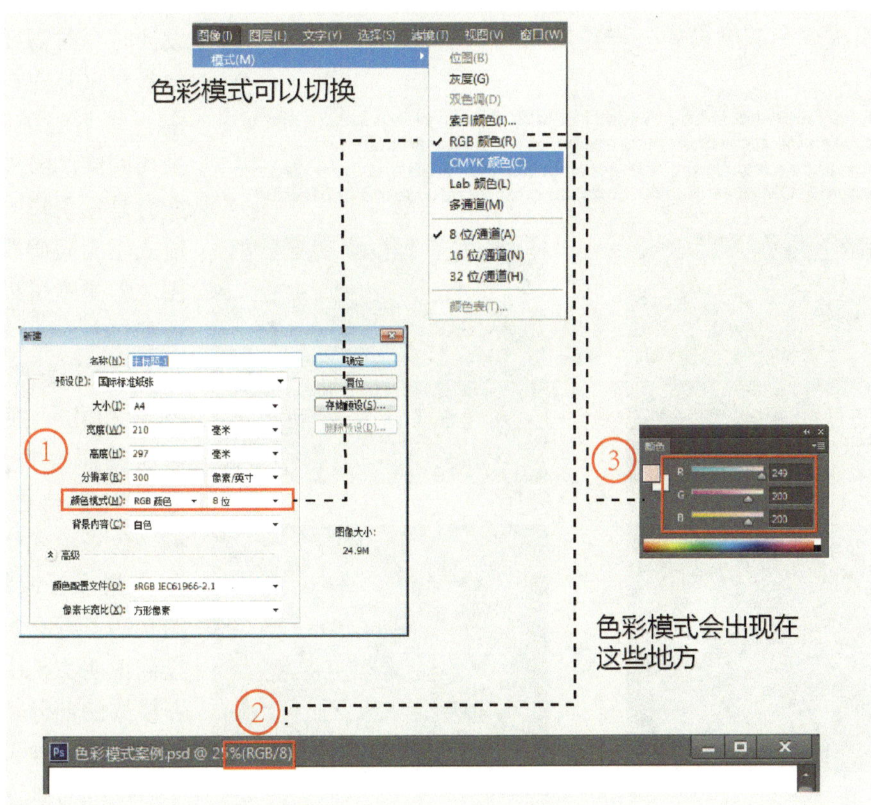


**图 9-28**

色彩模式没有绝对的优劣好坏，色彩模式只有针对不同应用方向时，选择更加适宜的色彩模式。常见的色彩模式有：

### RGB 模式

显像管三原色原理构成的色彩，源自电子产品的色彩模式，也主要用于电子产品。RGB 色彩模式明亮干净，适用于在各种电子屏幕上出现的图像，例如投影、网页、项目汇报的 ppt 图等。

### CMYK 模式

符合印刷习惯的色彩模式，CMYK 模式在一切打印、喷绘、印刷方面都有贴近最终效果、所见即所得的优点。如果最终的图像产品是要用在印刷品上的，用其他色彩模式可能多少会有色差，严重点会有损失图像细节的风险。在设计的时候选择 CMYK 模式有助于把控图像最终效果。

### 灰度模式

灰度模式是科研领域经常会遇到的模式，例如各类常用的微观电镜多数会将图像以灰度模式输出，灰度模式在观看和学术佐证方面没有任何问题，但是如果想要对灰度模式的图像进行处理，例如色彩方面的处理，需要进行模式转换。

### 索引模式

索引模式和灰度模式一样，属于特殊领域的色彩模式。图像设计时有时需要参考其他素材来补充自己脑海中一些不明确的画面，来自网络的参考图有可能会是索引模式，索引模式不会阻碍看图和存图，但是索引模式不可被编辑。

色彩模式可以在 PS 中自由切换，对于参考图而言并无大碍，但是对于自己的设计稿，色彩模式切换可能会有些“后遗症”。如图 9-29 所示，Nature 的投稿说明文档中关于色彩模式的部分，以图为例非常准确地说明了这个后遗症对画面效果的影响。

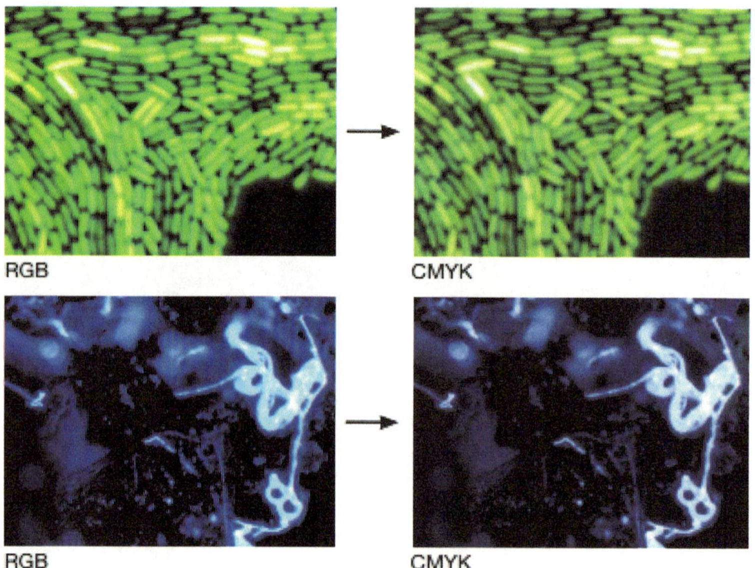


图 9-29

## 排版常见概念之图像格式

不同的软件，图像导出有不同的格式，在导出时需要选择合适的格式，点开保存类型会出现一长串可选格式，如图 9-30 所示。格式对画面质量的影响并没有图像尺寸和分辨率那么大。

图像格式的选择中，最重要的是区分工程文件格式与图像格式，存储对应的工程文件意味着以后可以对文件再次编辑，如果仅存储了图像格式则意味着这张图再也无法编辑了。

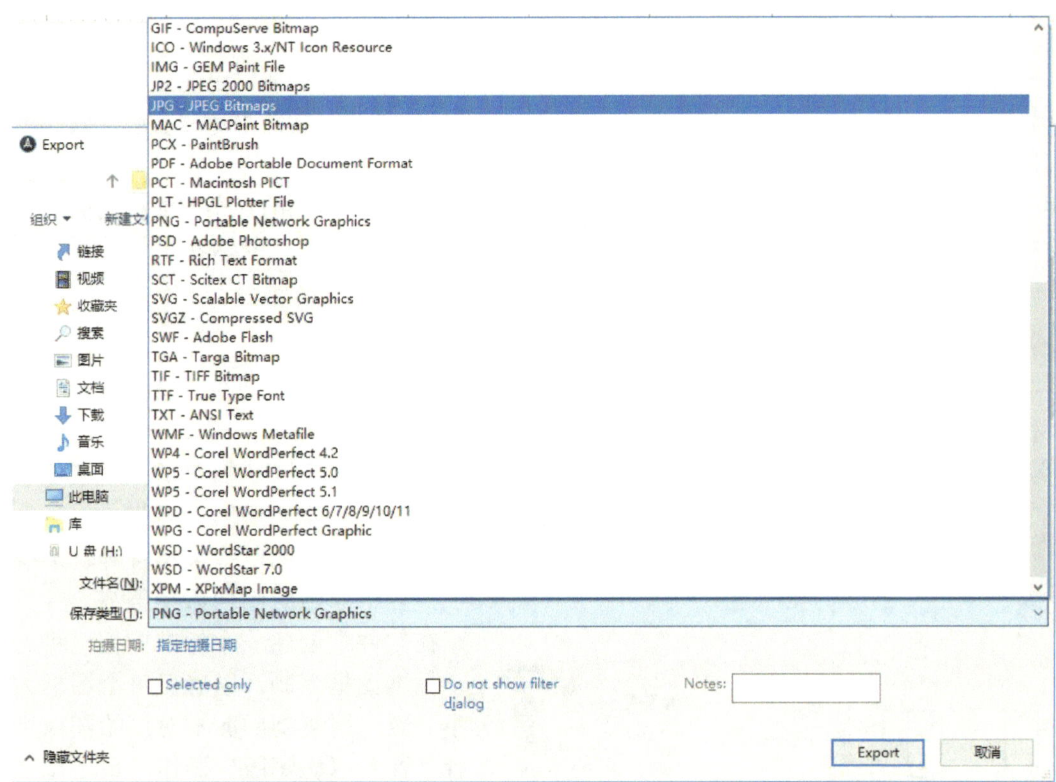


图 9-30

### 重要的工程格式

cdr 格式：CorelDRAW 工程文件，可用 CorelDRAW 再次打开编辑或者同类矢量软件打开。

psd 格式：Photoshop 工程文件，可用 Photoshop 再次打开编辑。

eps/ai 格式：Illustrator 工程文件，可用 Illustrator 再次编辑或者其他同类软件打开。

**常见的图像格式**

jpg 格式：常见的带有一定压缩的图像格式。

png 格式：常见的不带压缩且带有透明通道的图像格式。

tif 格式：出版印刷领域的常见格式，无压缩的图像格式。

gif 格式：常见的网络图像格式，通过特殊的网络色彩处理，图像高度压缩，几乎不可编辑。

pdf 格式：此处的 pdf 格式是图像软件直接导出的无压缩且带透明通道的 pdf 格式，并非将图像导出之后直接或再放入 word 等软件转出的 pdf。

## 9.5 软件中辅助排版的重要工具

无论是像素图（位图）软件还是矢量图软件，软件本身的功能均可满足科研领域使用诉求，不同软件操作方式大同小异。学习软件的目的是驾驭软件来达成目标，软件本身只有特长习惯，没有优劣之分。

本节不针对特定软件进行操作详解，只将图像排版需要用到的几个方面的功能一一列举，为大家梳理使用思路。具体使用哪一款软件，可以按照自己的熟练度来选择。

### 对素材图的裁剪

素材图排版时需要将实验中获得的照片、电镜图以特定的布局呈现给读者。实验素材图是科学实验结论的重要佐证，需要尽可能地呈现出实验中真实的现象或者状态。对实验素材图的排版不得篡改其中的现象、结论，只能截选目标区域，或者将图框裁剪整齐让画面看起来舒适。如图 9-31 所示，可以看到原始的图像大小各异、不统一，要将原始的图像保持整齐，首先可在软件中创建一个标准图框，将这个标准图框复制，以确保每个图框大小一致。用复制的图框对原始图像进行“置入剪切蒙版”操作，最后每个图像在画面上可见的区域是标准图框的大小，排列起来非常整齐。

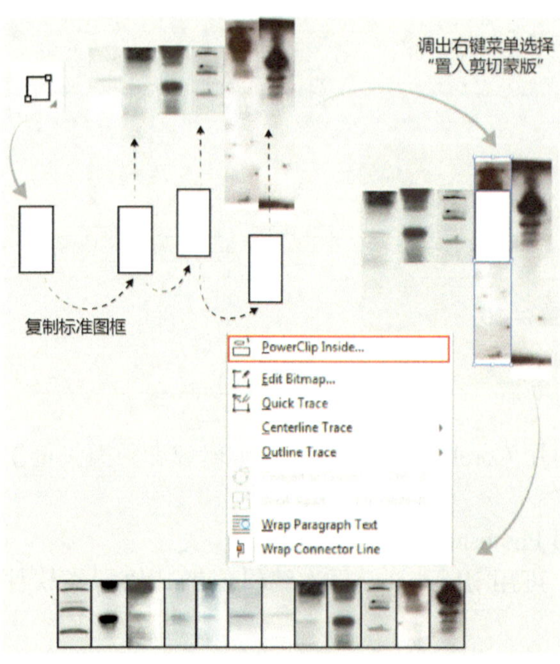


图 9-31

在 CorelDRAW 和 Adobe Illustrator 等矢量软件中都有的“剪切蒙版”功能，可以对图像进行假性裁剪，蒙版只是遮挡了部分图像，让最后出现在画面上的部分看起来整齐、大小统一。实际的图像并没有被改变，可以通过调整矢量线框，对图像裁剪的区域、大小再进行修改。

在 Corel PaintShop Pro 和 Adobe Photoshop 等像素图（位图）软件中，图像可以通过图层蒙版假性裁剪，也可以通过选区真正裁剪，操作时一定要注意区分。

## 用参考线来准确衡量素材之间相对位置

参考线是二维软件预设的辅助工具，将画布上的标尺工具打开，可以从画布边缘拉出参考线。如图 9-32 所示，用鼠标将参考线放置在需要比量的对象旁边，可以用参考线来对比出排版时无法校准的画面细节，例如坐标轴是否在统一的基准线上，当坐标轴在统一基准线时，标注文字是否在统一的基准线上。

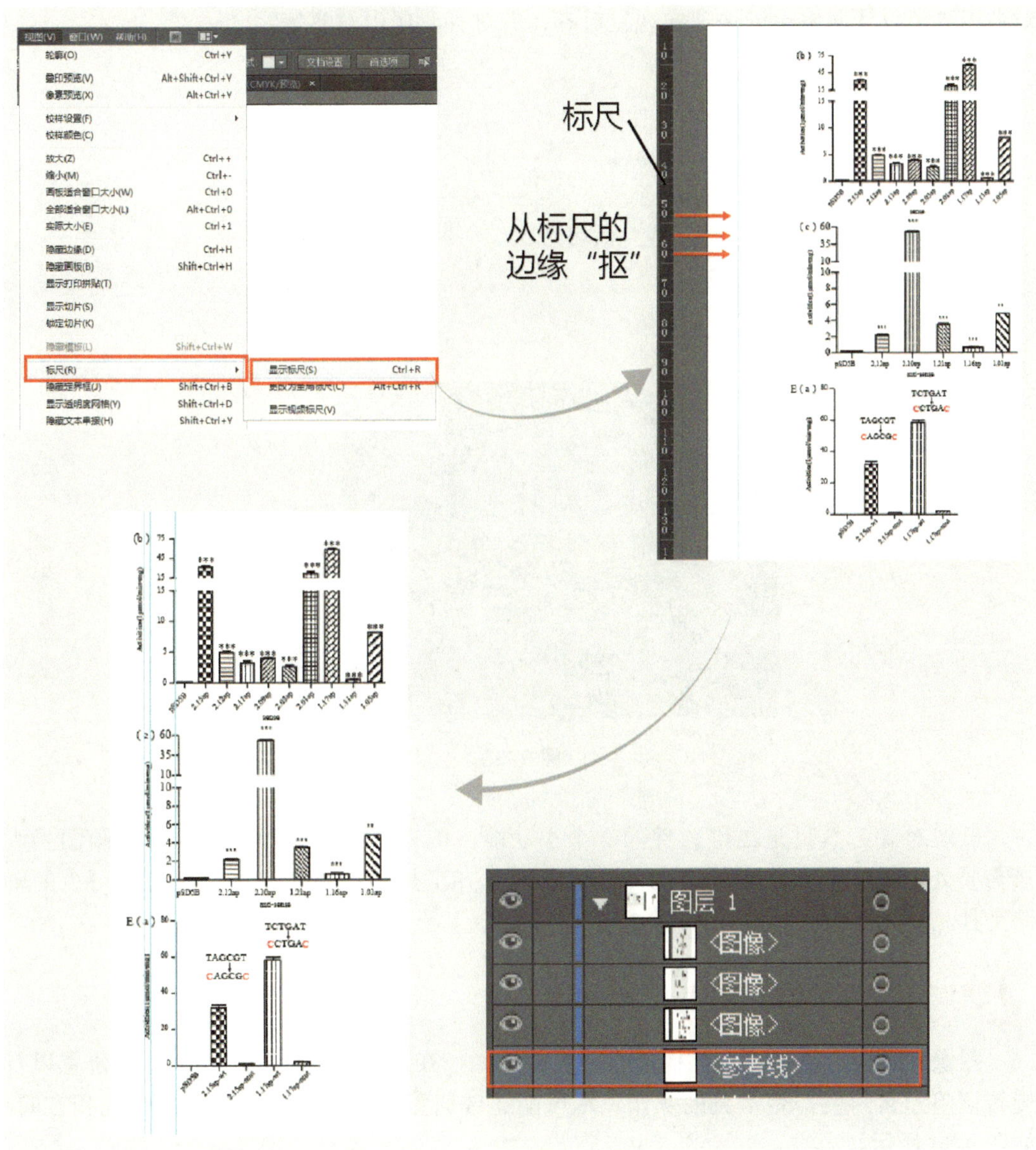


图 9-32

参考线是辅助性的线段，参考线只在画布上出现，不会在图像导出之后的画面上出现。在画面上调整元素位置时，可以拖拽移动参考线的位置，或者增加更多的参考线，参考线用完之后可以统一清除。

图像排版的时候可能存在不同形貌、不同疏密度的图形，仅凭肉眼判断是有偏差的，用参考线辅助排版可以将每个细节放到准确的位置。

## 用对齐工具来调整多个元素的对齐状态

图像排版中处理多个元素时，对齐工具可以在选定多个元素、多个编组元素时，快速调整元素（组）之间的对齐状态。如图 9-33 所示，保持两组单词同时被选中状态，用对齐工具可以让两组单词快速实现左对齐、右对齐、居中对齐等。

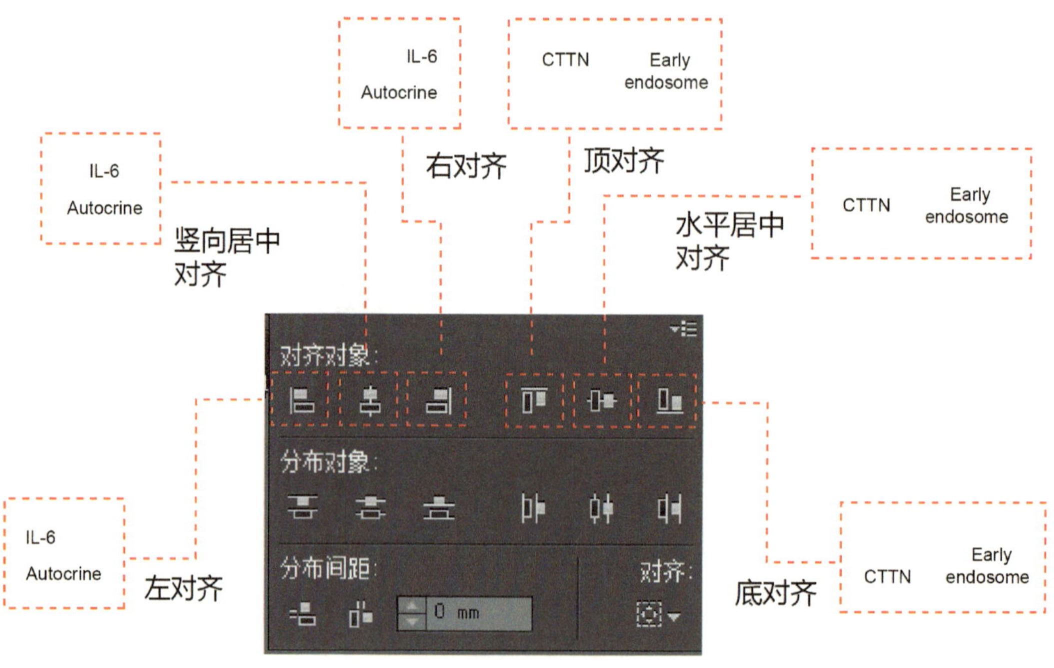


图 9–33

虽然对齐工具只是二维软件的一个小功能，但在学术图像排版时，面对画面上大量需要处理或者需要仔细检查的图像元素，对齐工具和参考线一样也是必不可少的辅助工具。

## 精准的角度调整与镜像反转

图像排版还有需要注意的操作小习惯，例如，在二维软件中拖拽调整元素位置以及旋转调整元素角度都是常见的操作，尽可能通过调整参数来准确调整元素位置和方向，如图 9-34 所示。

凭手感的调整在细微之处难免会有小偏差，借助工具调整省时省力，准确的角度调节以及水平、垂直方向的镜像功能是二维软件都具备的常见功能，这些操作小细节可以帮助图像解决画面精致度问题。

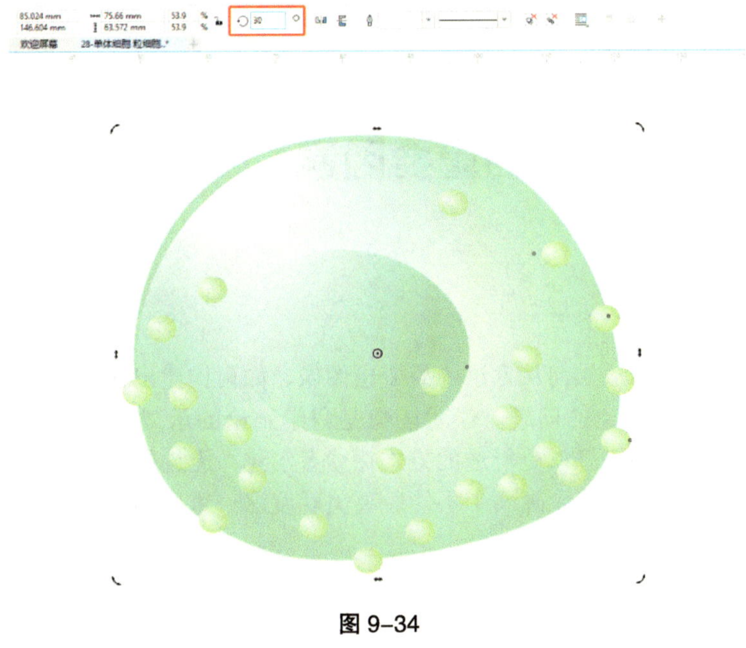

图 9-34

通过镜像功能 来精准地调整图像反转，如图 9-35 所示。

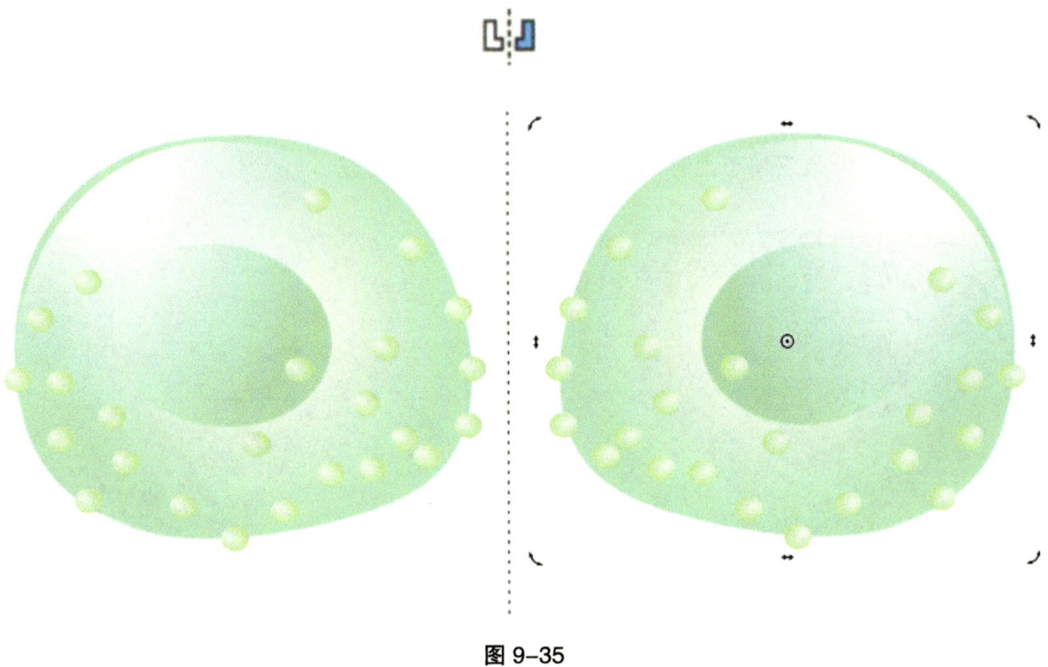

图 9-35

# 第 10 章 影响图像美观度的重要因素

前面几个章节分别从如何从术语中蜕变出图像、如何构建出语义完整的图像等几个方面来讨论学术图像构建的问题。学术图像是科学结论的承载体，图像中信息排第一位，审美因素是负责将信息以更舒适的方式让读者消化。无论画面中的科学信息负载如何组织、如何精准，最终落到画面上不能脱离美观度这一重要的辅助因素。本章重点讨论影响图像美观度的几方面因素。

## 10.1 软件带来的审美变化

说到美观度还得回到软件，从传统的作画工具到计算机图像，软件所做的不仅仅是将绘画这一工作从实际场景搬到了虚拟场景，软件更多是将原本实际场景绘画工作做不到的部分进行了延伸。

如图 10-1 所示，在传统的艺术创作模式中，艺术家用笔、颜料将眼中所见、心中所想的画面绘制在纸张或者画布上，艺术家需要在绘制之前经过构思、手稿等诸多环节，最终将画面落到纸张或画布上时，力求胸有成竹、一气呵成。

图 10–1

在纸张或画布上对任何结构的修修改改、增加减少都需要从头来过，这种传统的创作方式无论是从方法还是从效率上都不适合与科研大面积地结合。

图形图像软件的出现让图像的获得方式发生了巨大变化，尤其是三维软件，如果说二维软件延续了传统绘画的笔刷式的绘制方式，三维软件则完全改变了画面上结构的生成思路。三维软件的出现，让不可见的科学结构有了得以呈现的可能性，如图 10-2 所示。

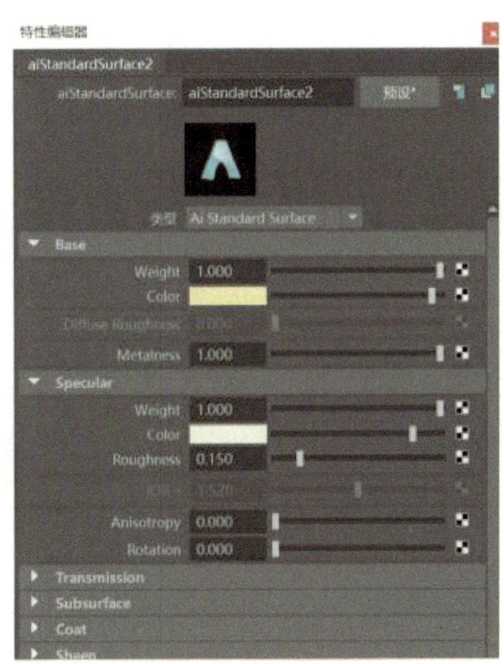


**图 10–2**

传统作画中需要练习控制画笔的技能才能画出来准确的外形结构，在图形图像软件中，可以用鼠标实现绘制，画错了也可以反复修改与撤销，这就决定了对学术图像的审美已经从对外形结构的关注转移到对内容细节和质感的关注。如图 10-3 所示，简单的图像可以说明结构的变化，但是“技术水平提升”后的图像，细节丰富、质感真实，画面想表达的内容一目了然，一看到图像就可以感受到图中想要呈现的信息。内容清晰、直达目标的图像，自然看起来美观度有所提升。

在传统作画方式和二维软件绘图方式中需要重新绘制的结构，在三维软件中可能只需要改变一下参数，便可以塑造完全不同的质地。三维软件确实为科研工作这样具有尝试性、实验性的图像创作提供了很大的便利性。

三维软件只是可供选择的便利化工具之一，而不是图像技术的最高点，图像的审美需要满足信息表述的诉求，在表述信息的基础上，选择最适合当前内容的技术呈现方式，才能获得最好的效果和美观度。如图 10-4 所示，用三维软件构建的细胞结构过于复杂，以至于读者很难集中注意力在画面要讲述的信息上；相比较而言，二维软件完成的信息图轻简明了，阅读起来更加舒适。

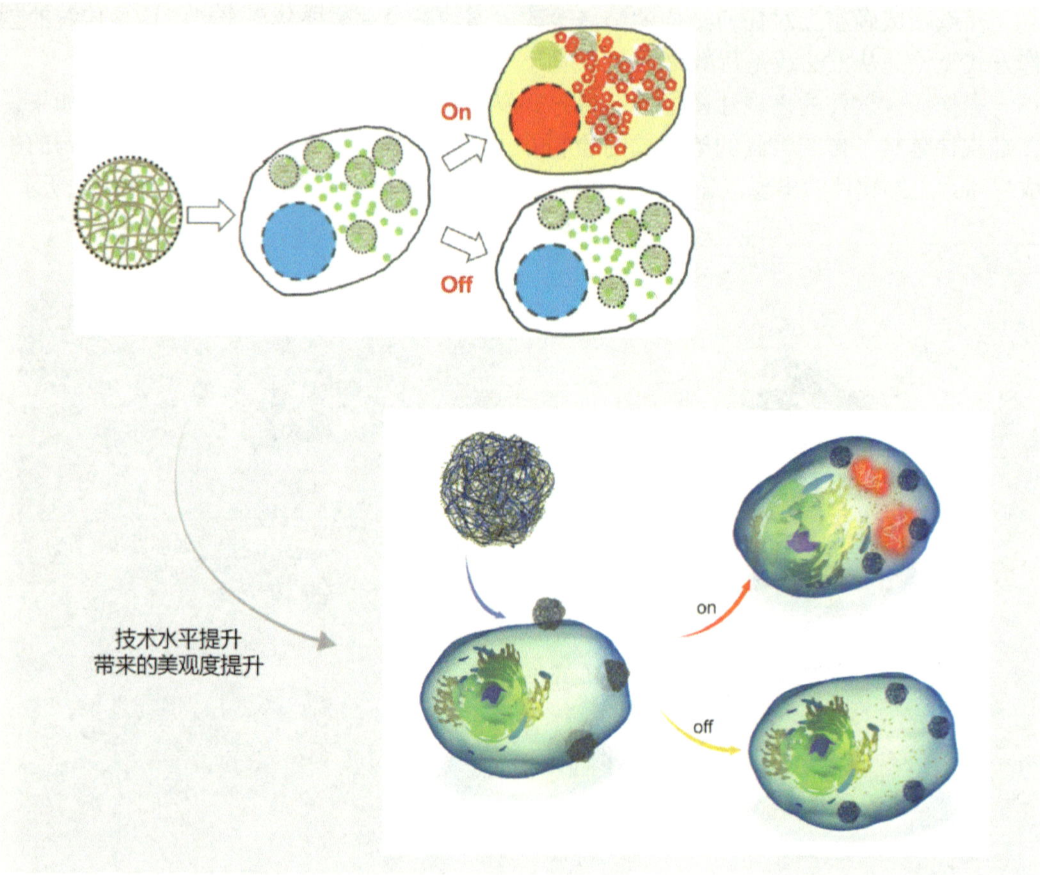

On

Off

技术水平提升
带来的美观度提升

on

off

图 10-3

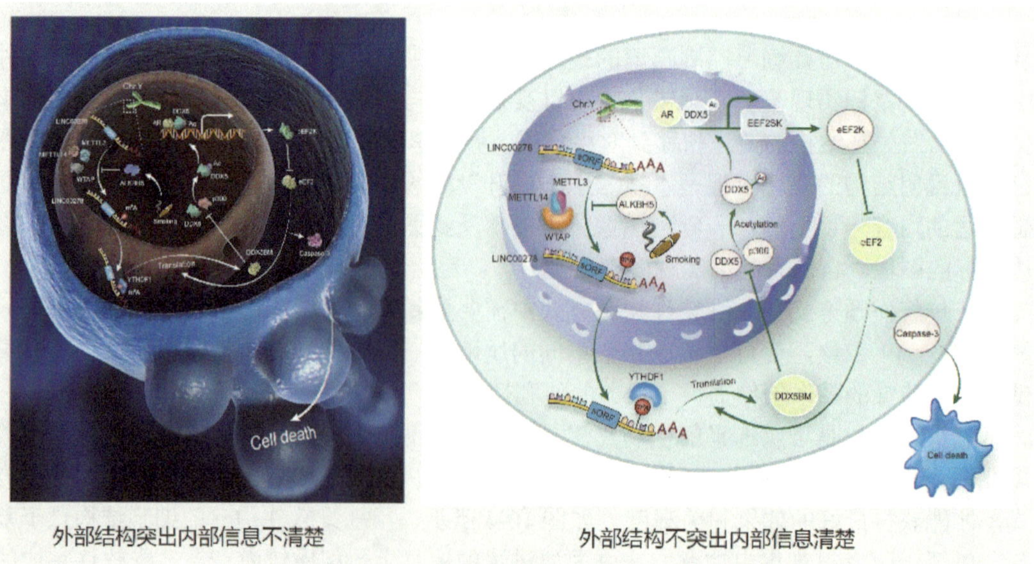


外部结构突出内部信息不清楚　　外部结构不突出内部信息清楚

图 10-4

## 10.2 构建结构的三维软件

在科研领域常用的三维软件有 Autodesk 公司的 Maya、Autodesk 公司的 3ds Max、Maxon Computer 公司的 CINEMA 4D（简称 C4D）、Blender 基金会的 Blender 等。三维软件的功能是在模拟的空间中构建模型，为模型赋予材质，在空间中布置灯光，将场景中的结构渲染形成单张的画面或者形成序列的动态图像。不同三维软件工作模式接近，但操作方式有所差别。本节以 Autodesk 公司 Maya 软件为例，简单介绍三维软件的工作模式，其他软件不再一一列举。Maya 的初始化界面如图 10-5 所示。

图 10–5

三维软件与二维软件最大的区别是，三维软件不再基于平面的画布操作，而是在模拟的空间中进行雕塑式的操作。如图 10-6 所示，在软件的主视图中，放置好本就具有结构的目标对象之后，在软件的不同视图中，可以看到结构不同的视角，进而可以基于空间进行修正调整。

在场景中不同位置架设摄像机，可以获得不同角度的画面。如图 10-7 所示，基础结构完成之后，三维软件可以通过反复调整摄像机与目标对象之间的远近、观察角度，获得一组或者多组画面，极大地满足了科研工作者喜欢通过反复实验获得结论的工作习惯。

三维软件 Maya 中可以完成各种复杂的写实结构。在学术图像中，微观世界的基础结构大多数基于基本单元的堆积，Maya 中基础结构的构建可以通过阵列复制完成，如图 10-8 所示，由简单的基本单元标准圆球复制获得的所需基础结构。

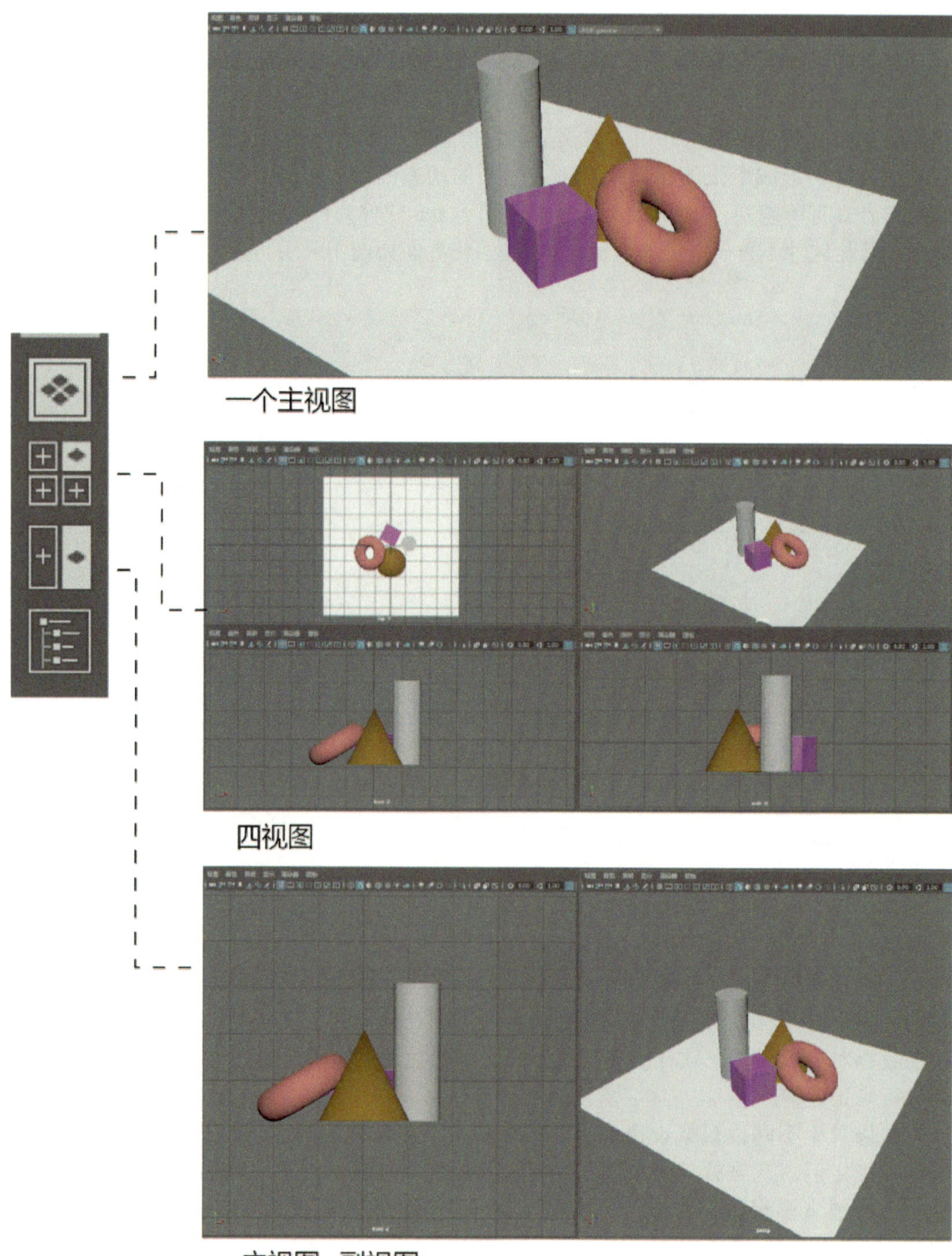


图 10-6

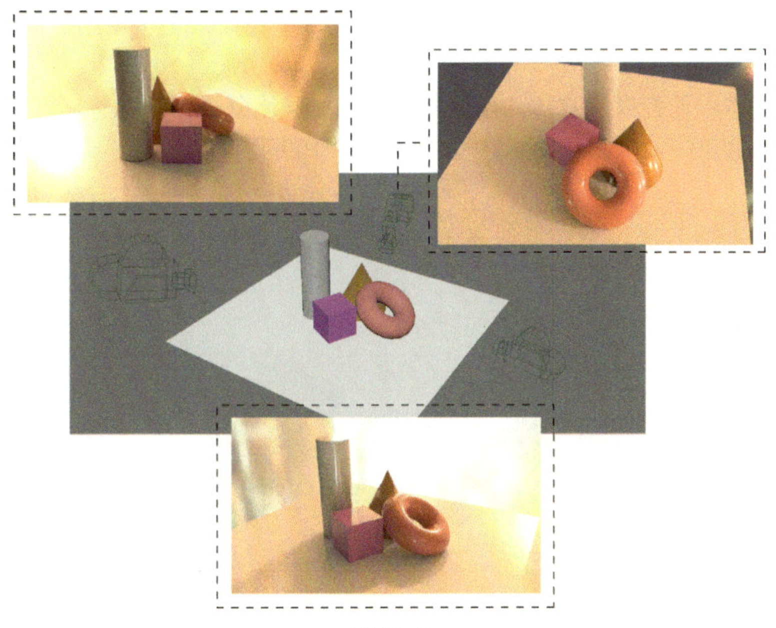

图 10-7

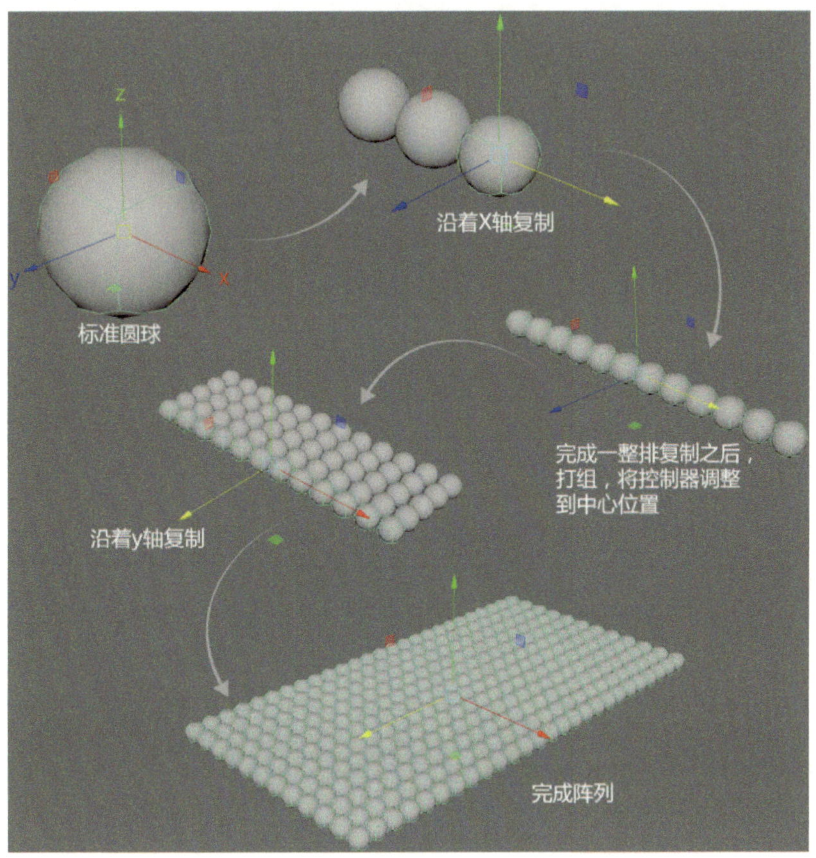


图 10-8

基于上述技术路线，只需更换基本单元，便可以完成很多常见的微观结构的制作，如图 10-9 所示。

如果将基本单元替换成具体的学术结构，例如磷脂分子、晶胞等，便可以得到磷脂双分子膜、钙钛矿等学术图像常见结构，如图 10-10 所示。

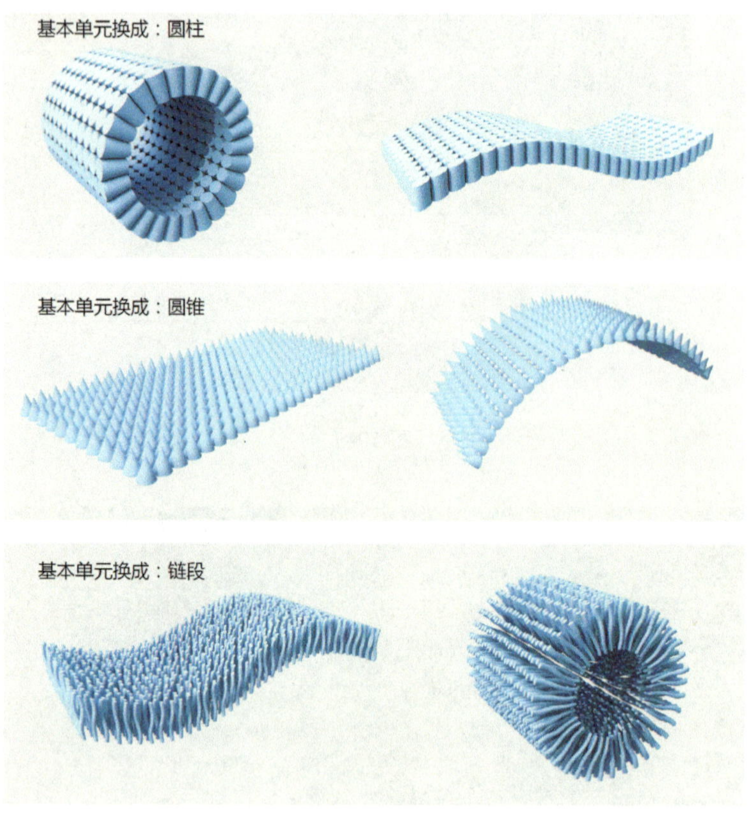


图 10–9

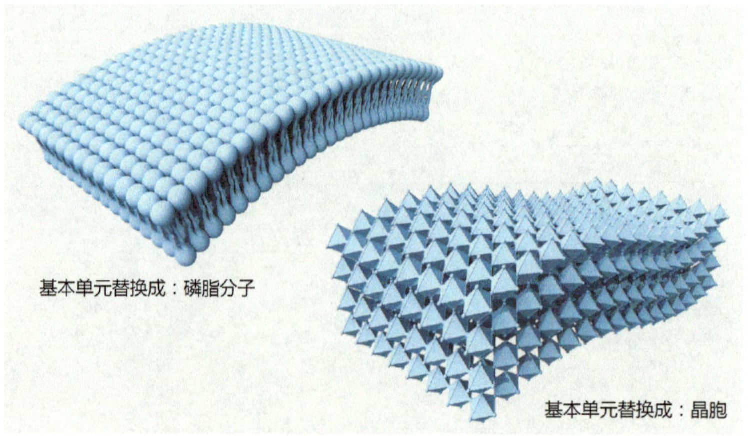


图 10–10

在三维软件中，除了基本单元堆积之外，还可以通过调整点、线、面来获得结构，如图 10-11 所示。无论是实验室的仪器结构，还是不可见的微观结构，只要是按照对图像名词的归纳方式，产生能说明科学问题的结构，三维软件就都能构建出来。

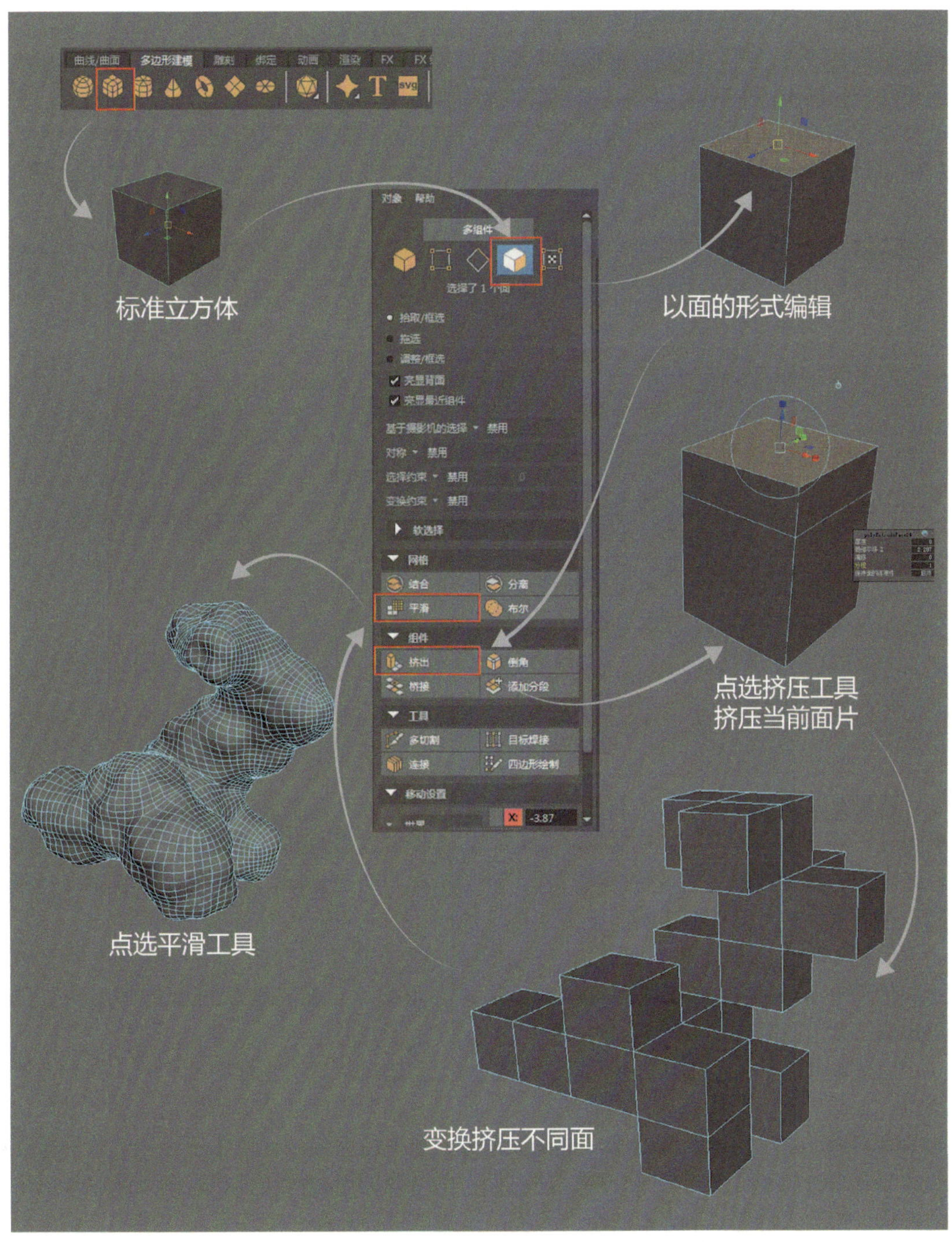


图 10-11

## 10.3 理解质感以及质感在美观度中的作用

在三维软件中构建结构是符合科研工作习惯的简单操作，要让画面美观度更高，只构建结构是不够的。三维软件对自然环境的模拟不仅限于外观结构，更重要的是对质感的模拟。如图 10-12 所示，Maya 中创建的初始结构呈现默认的灰白色 Lambert 材质，在软件操作空间中足以看清楚结构状态，没有五彩斑斓的色彩也没有质地；在软件中为结构赋予材质，可以针对不同的结构部件赋予不同的材质，结构有色彩区分，但是质地不明显；打开 Maya 渲染面板，对场景中结构进行渲染，可以获得既具有色感又具有一定质感的结构。

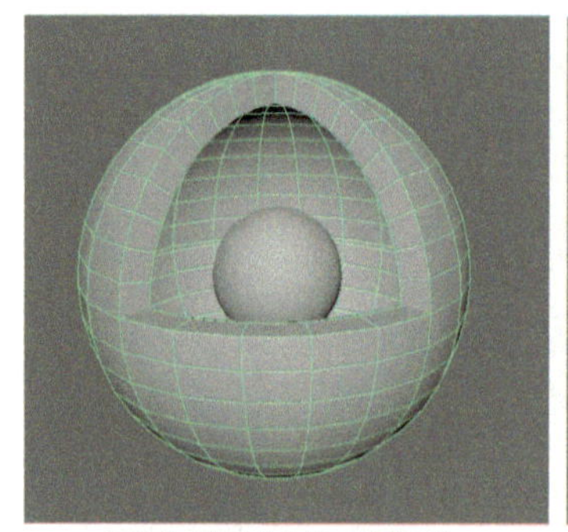

只有默认材质模型

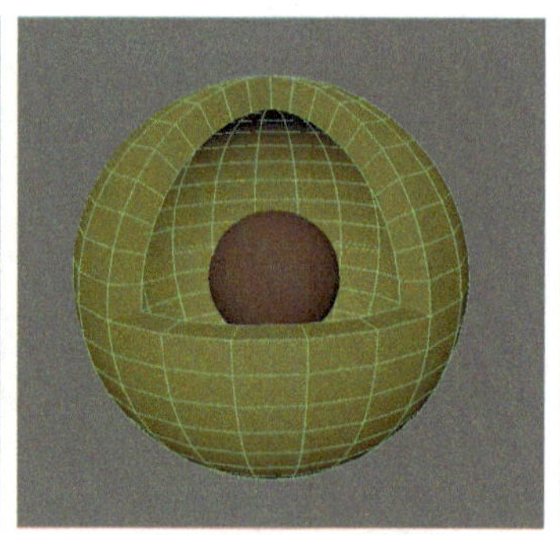

有材质模型未渲染

有材质渲染之后

图 10-12

建模是结构塑造的过程，材质是质感塑造的过程，质感塑造的前提是明白当前对象的属性。例如第 7 章中讲到的装置嵌套句，有真实装置作为基础，可以很容易判断材质应该设定金属的质感还是玻璃质感。对于一些材质不明的结构，设定质感时需要自己判断选择什么样的材质可以让画面好看。

如图 10-13 所示，当模型构建完成之后，赋予模型基础的 Lambert 材质并设置不同的颜色。这种材质和颜色呈现的效果是有限的，只能将模型内部的结构特征区分出来。

三维软件中的材质编辑器可以为模型结构设置出类似现实生活中的质感，例如金属质感、水晶质感、玻璃质感、凝胶质感等。质感会让三维软件塑造的虚拟结构产生可信赖的真实感，产生可触及的通感，进而在潜意识中产生联想。让原本不存在质感的微观结构或者理论化结构产生质感，可以将画面中的有限的结构描述，扩展到大脑对其质地的想象，为读者构建一个虚拟的空间环境，如图 10-14 所示。

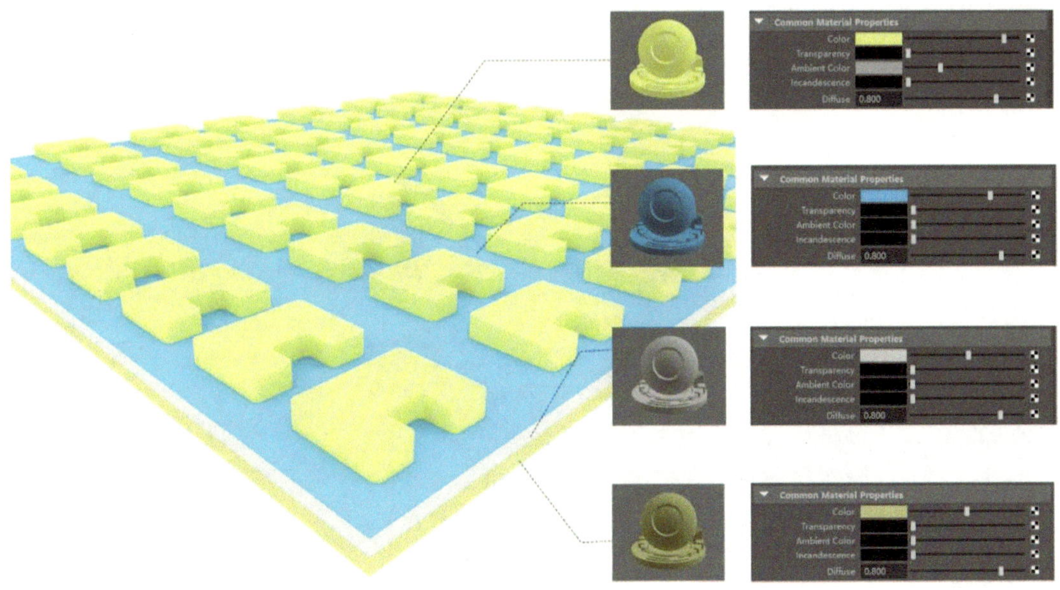


图 10–13

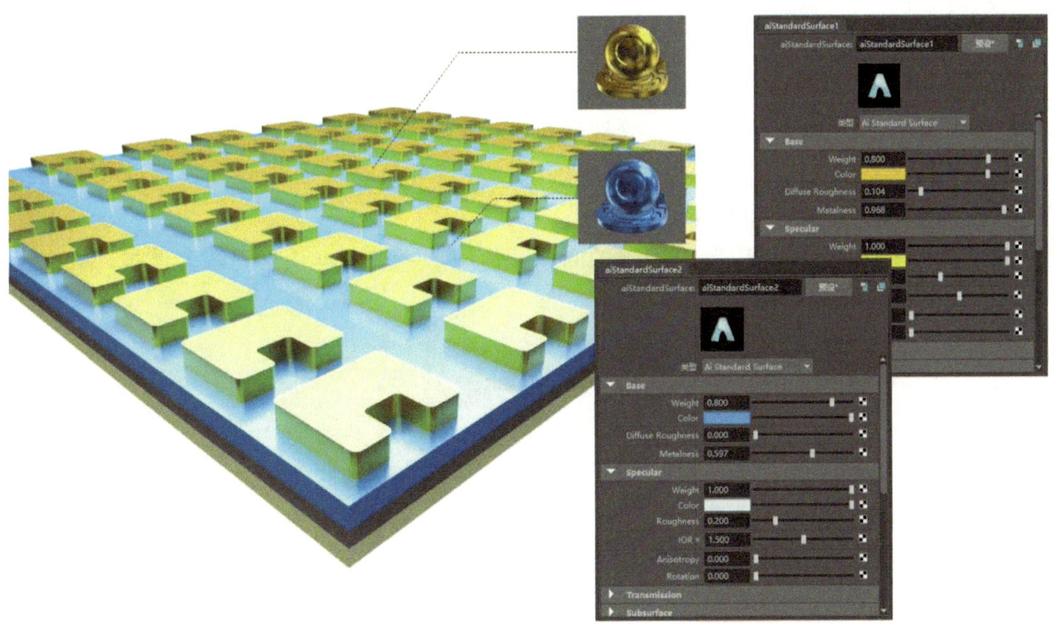


图 10–14

在三维软件中，材质的设置决定了最后的画面效果，当材质参数发生变化时，会呈现完全不同的效果，如图 10-15 所示。

图 10-15

用传统的绘画工具追求写实、描绘自然，将眼睛看到的光与影用画笔画出来呈现一个故事或者记录一种情景，曾经一度是艺术家们追求的。在追求对自然写实的时期，艺术家需要经过大量的练习才能将光和影的效果表现得更具可信度。

三维软件在构建结构时就为使用者解决了光影关系的问题，在三维软件中可以根据现实光影关系设置光线衰减属性、光线遮挡属性，甚至光线反射与折射属性。三维软件中构建的结构不需要使用者再做大量的训练，只需要按照真实环境设置好灯光相对位置，便能得到具有立体感的结构效果。

此外，三维软件也可以解决透视的问题，使用者不需要再长时间练习透视，只需要将结构放在合理的位置。

## 10.4 重视现象以及现象对信息的帮助作用

三维软件往往用于构建基础结构，二维软件最后将三维软件构建的一个个基础结构组合起来，实现画面中的语序搭建。如图 10-16 所示，在语序搭建的过程中，用二维软件的图像处理功能，将三维软件渲染出来的结构再进一步优化，例如为结构完善光影、填充细节，让最终的整体效果看起来语义通顺、细节丰富、画面均衡。

在二维软件中，将三维生成的血管、肿瘤、试管结构与胚胎结构放置在画布上，用二维软件将肿瘤中延续出来的血管与试管衔接起来；再将药物沿着血管排出，形成逐渐运动的效果；在三维渲染的检测装置中添加血液的效果；为了让画面看起来空间感更好，在肿瘤结构与检测装置的底板下增加阴影的效果；最后为画面增加曲线和文字说明，获得完整的图像。

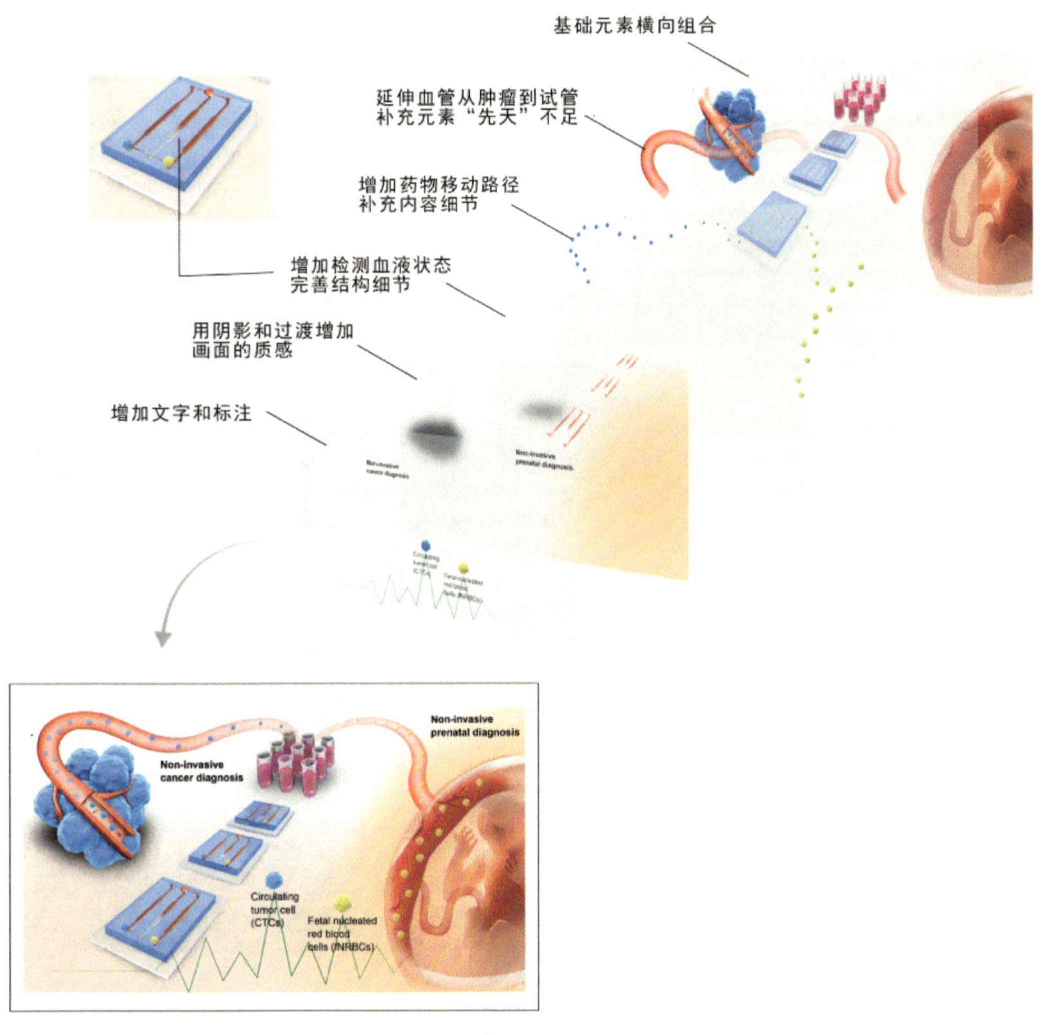


图 10-16

在现实的场景中，胚胎与实验器皿不会出现在同一时空；可见的血管与不可见的纳米药物不会出现在同一时空；肿瘤结构无论是在动物体内还是在实验台上都不需要阴影存在；药物不会以整齐的队列形式进入血管。

在图像中，采用渐续进入的现象可以营造出药物进入的时间感，阴影可以强化结构的立体感，让画面看起来更具有时空联合的奇妙效果。

**在科研领域，结构特征以及结构特征的变化是科学人员重点关注的。在图像表达中，要通过图像来阐述过去、现在、未来的时间感，可以采用的手段不仅仅是用箭头指向结构或者采用文字描述，还可以在画面中构建产生关联联想的现象，例如空间延伸的透视现象、雾气缭绕的氛围现象、急速前行的运动现象、冰冷刺骨的寒冷现象等都可以帮助画面给出更多研究信息，同时为画面增加美观度。**

在科学研究中，科学人员希望为读者呈现出在长长的纤维丝中植入细胞的精巧心思，又希望读者能看到纤维丝的细长绵延，即便是在同样一个微观维度中，要同时用特写的视角看清楚内部结构，又用全景视角看到完整结构的形态，横着画出一条完整的纤维丝再用放大图框展示内部结构是最容易想到的常规处理方式。调转一下视角，不妨借助画面空间营造出透视的效果，这样可以让画面看起来更加有趣生动，如图 10-17 所示。

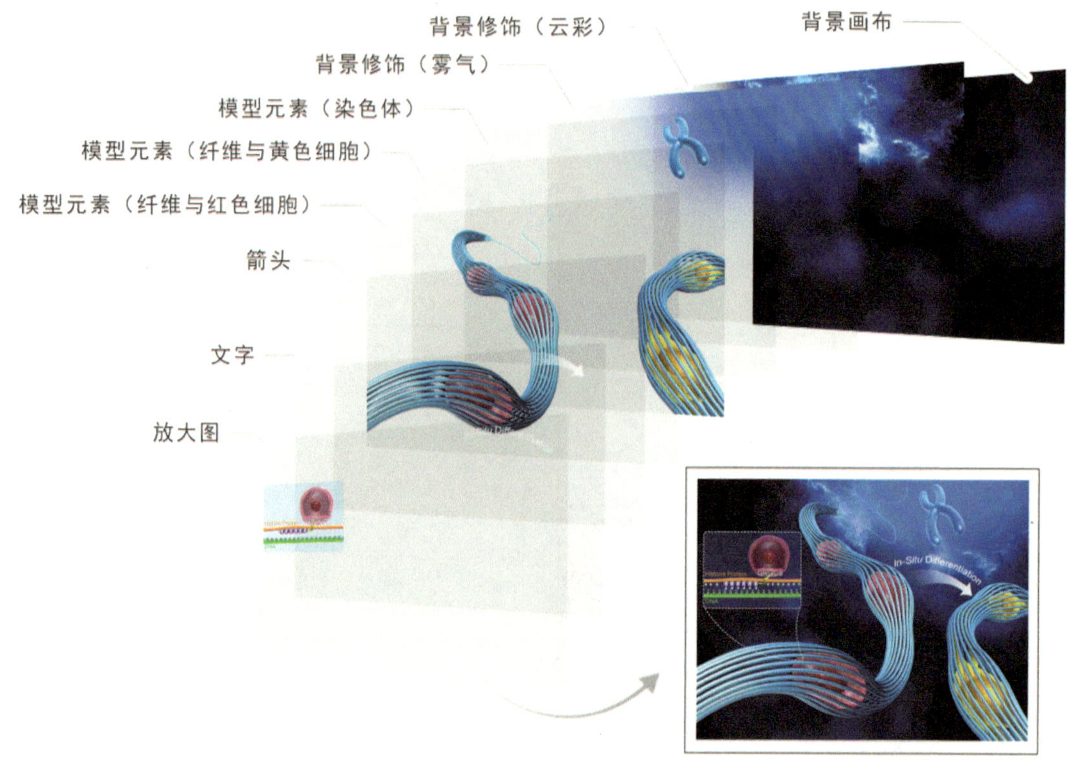


图 10-17

将三维软件中构建的结构选择具有空间延伸的视角渲染输出，用黑色背景和背景中的云彩为画面增加遥远的延伸的空间感，借助空间延伸的现象将纤维的全景与特写一并交代给读者，在前景增加放大图框，以符合科研习惯的方式增补对原理的解释信息。

现象可以强化图像的视觉效果。科学的原理是客观的，但是用学术图像呈现客观原理时是可以借助现象来修饰润色的。在图像结构上苦于无法提升美观度时，将注意力从元素结构延伸到周边与之相关的现象，可以在创作角度上打开新的天地。现象可以优化整个画面，也可以雕琢个别元素。

## 10.5 箭头对整体画面的审美调节

箭头是大家最熟悉不过的重要符号，在各种学术图像中都少不了箭头的存在。箭头是学术图像中非常重要的配角，用来串联整个图中的逻辑关系，用来引导诠释元素之间的相互关系。箭头一般在二维软件 Adobe Illustrator 或者 CorelDRAW 等矢量软件中创建，矢量的属性可以让箭头看起来更加工整精致，也更加方便后续调整。如图 10-18 所示，以 Adobe Illustrator 为例，用钢笔工具创建矢量线段，在描边属性面板中，为矢量线段增加箭头，点开箭头属性下拉菜单可以看到多种不同形式的箭头效果。

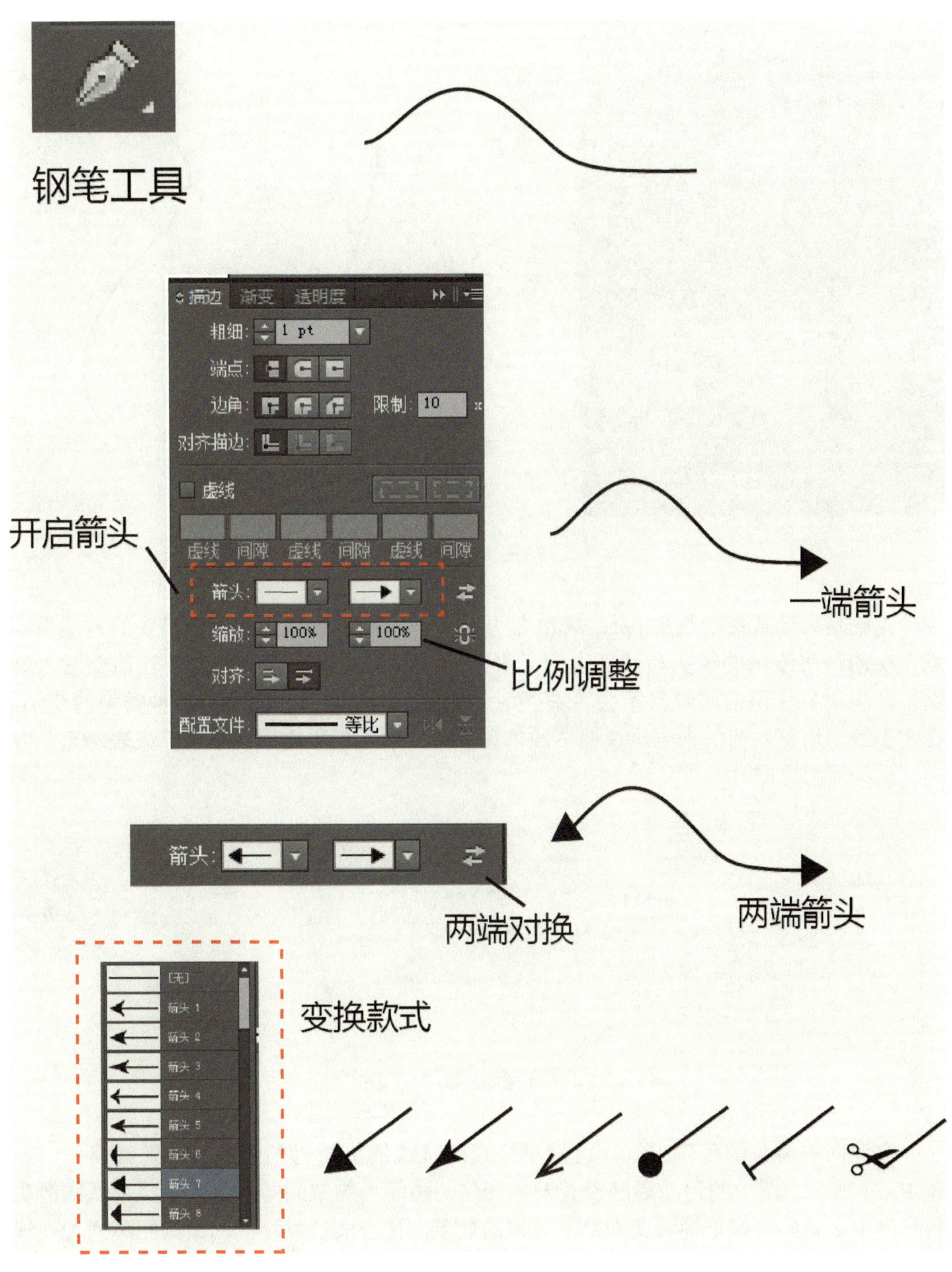


图 10-18

在矢量软件中创建箭头，可以通过控制矢量线段的变形，获得光滑流畅又变化多端的箭头样式，如图 10-19 所示。

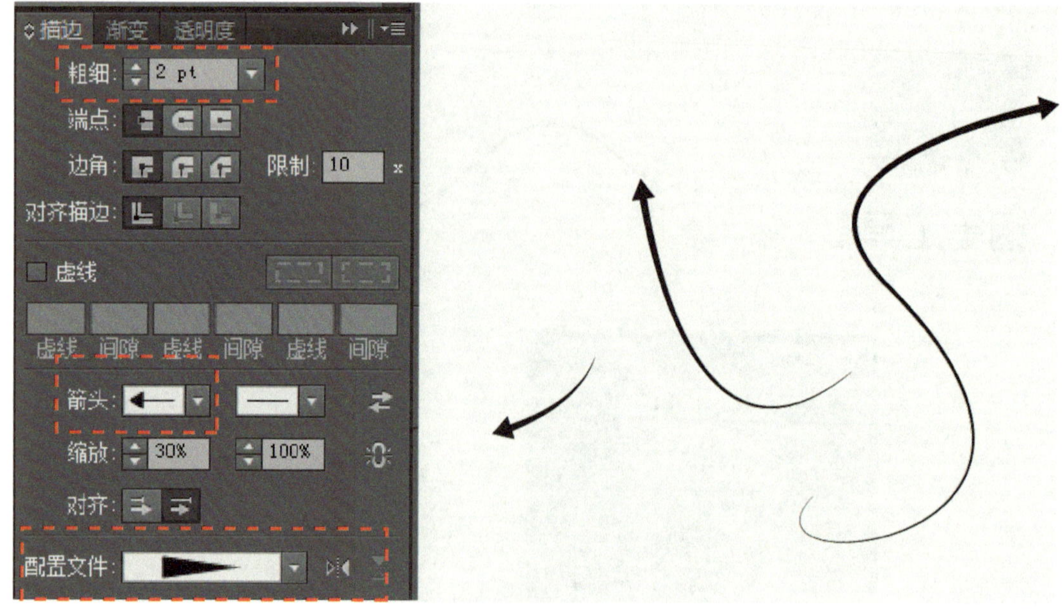


图 10–19

无论是二维软件还是用 ppt、word 等办公软件，在不同软件中绘制箭头的方法都不难，难的是将绘制的箭头与画面上的元素结构之间的主次关系调配好，让箭头融入画面，产生引导作用的同时又不会喧宾夺主。如图 10-20 所示，图中有两种类型的箭头，在主干线上用蓝色箭头来层进说明主线信息，在三个元素上均采用小箭头来表示运动方向、结构受力方向。

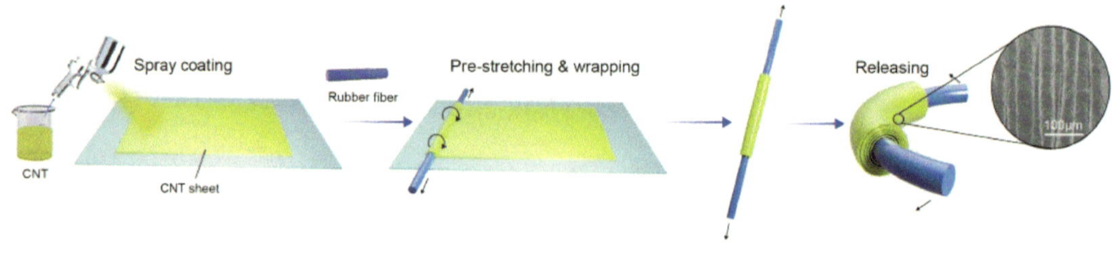


图 10–20

改变图中箭头的呈现方式，将横平竖直的直线箭头改为圆滑流畅的弧线箭头，如图 10-21 所示，图中的语法顺序没有发生变化，画面上的空间却发生了变化，弧线箭头将信息由原来的直线平铺转变为空间延伸的效果，让合成产物环节的结构距离读者视线更近，细节展现得更加清楚，画面整齐，效果看起来更加大方舒展。

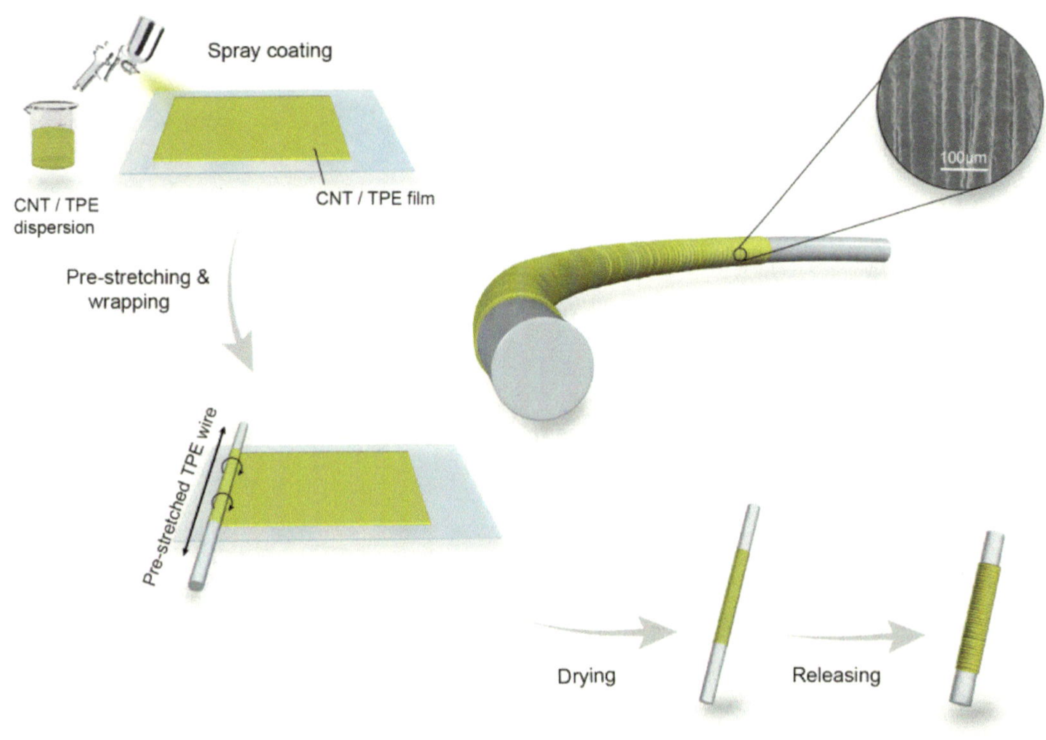


图 10–21

箭头是具有结构特征、具有色彩的多变元素，没有特别的规定说是直线箭头好看还是曲线箭头好看，箭头的使用取决于整体画面效果，能将画面上要阐述的信息表达清楚，衬托出图像框架便是最好的箭头。

## 箭头可以做到

### 箭头可以控制引导画面构图

箭头在图像中表示状态递进的趋势，箭头不是被动存在的，不是在两个元素之间的填空，不是两个元素的连接线。根据图中元素的结构形态设计箭头，也可以为画面增加新的视觉效果。

### 箭头可以用来表示画面中元素的运动方向 / 运动趋势

画面是静止的，结构是具有动态属性的，在常见的学术图像中，用箭头模拟指示运动的方向或者即将运动的趋势，对已经发生的运动或者即将发生的运动都有很好的表达。

### 箭头可以用来表述现象

箭头可以用来表述扩散、挥发等与温度有关、与光热有关的现象，如图 10-22 所示。

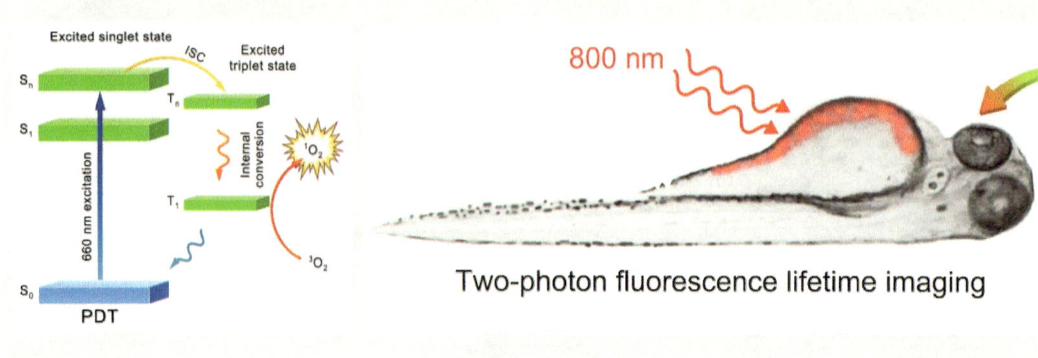


图 10–22

### 箭头与箭头之间是存在视觉延续性的

在多箭头连接的关系中，例如生物信息图中，如果前一个箭头头部与下一个箭头尾部连接起来能形成平滑的曲线效果，可以让画面上更加流畅，如图 10-23 所示。

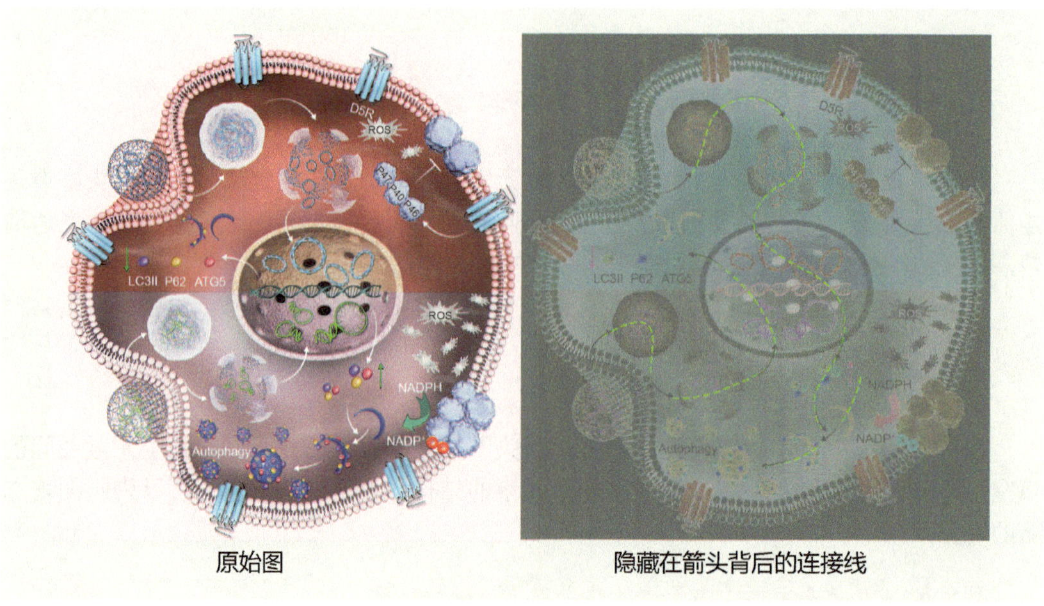


图 10–23

## 箭头要避免做到

### 不要用箭头强调重点

结构的问题让结构去解决，如果画面的重点是某个结构，就着重把结构画好画清楚，不要用加粗加大的箭头去强调它。

**不要用箭头当装饰画面的彩灯**

如果觉得画面中的元素太过于平淡，想增加几个闪闪的箭头，可能会适得其反。箭头在画面上的作用，就像丝线对珍珠的作用，如果丝线花里胡哨反而会显得珍珠廉价不高级。

## 10.6 文字在画面上的点缀作用

学术图像中的文字的主要功能是准确地提供信息、辅助阅读，不需要对文字本身进行修饰性的设计。学术图像中的文字常用字体为 Arail、Time New Roman 等，期刊对字体如果有特殊要求时，会在投稿要求中标注说明，例如，Nature 要求用 Helvetica。学术图像中文字常规大小在 8pt ～ 12pt，如果文字过小会看不清楚，过大会显得笨重，影响美观度。

学术图像在画面整体的构建中，文字是最后一个环节。文字是画面构成的一个部分，如图 10-24 所示，画面中的反应方程式正好填补了中间空白区域。

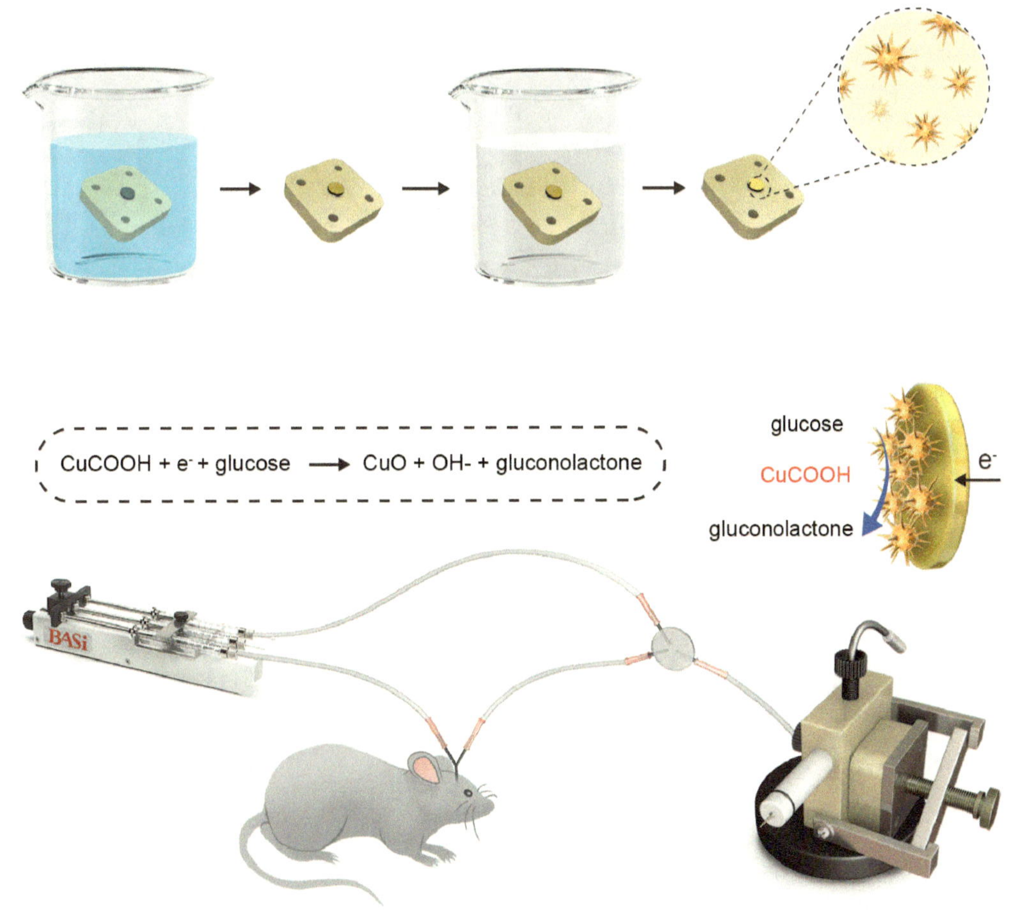


图 10-24

将原本直给的化学反应式拆分，并引入更多必要的文字标注，如图 10-25 所示。拆分化学反应式之后，图像中间的空白减少了，还能为图中填补更多的文字信息，比如图像分段文字、元素对应的名称、反应条件等。图中 A 段生成原理中文字工整对应；B 段应用环节中，文字配合元素的结构特征穿插错落，形成了有节奏感的画面效果。

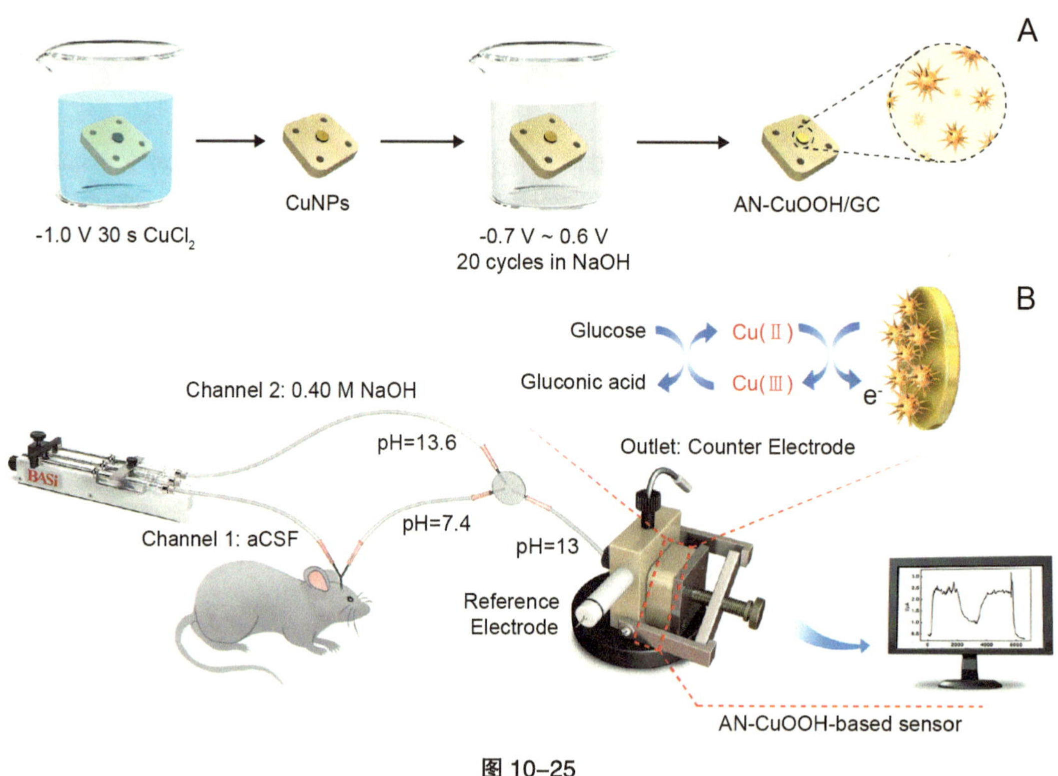


图 10–25

文字是画面的一部分，选择适当的描述文字和标注方式，也是构成画面美观度的一部分。

## 常见的需要写在画面上的文字

### 反应条件注解

从第一步到第二步，结构产生的变化在画面上可以看到，但是是什么原因造成的变化，或者采用了什么特殊的手段、增加了什么特殊反应条件，可以在箭头上用文字阐明。

### 反应物名称

反应物可以靠结构说明自己的身份，也鼓励大家作图的时候尽量要依靠结构去画明白反应物的特征，但是画完之后，再增加一个“铭牌”，丰富信息的给出方式，会让大脑中文字和图像的阅读系统都觉得很满足。

### 不可见或干扰主线的因素

在画面中尽可能画看得见的结构特征变化，对反应条件、外加或引入的处理手段等，可用文字写在箭头之上或者加入的位置。

### 反应状态说明

图像主干部分侧重关注重点的微观结构变化，但科学实验可能涉及不需要重点关注的反应状态，比如所处的宏观环境和可能发生的固液气的状态转化等，这类不需要重点关注的反应状态都可以用文字来辅助提示。

### 引导秩序的标记性文字

例如，需要划分段落时，可用 a、b、c、d 编号；图中多条信息线且信息有发生顺序时，可以用文字标记顺序。

当画面中反应元素众多，需要标注的元素名称和反应过程过多时，可以采用图注的方式来说明画面上元素的指向性，如图 10-26 所示。

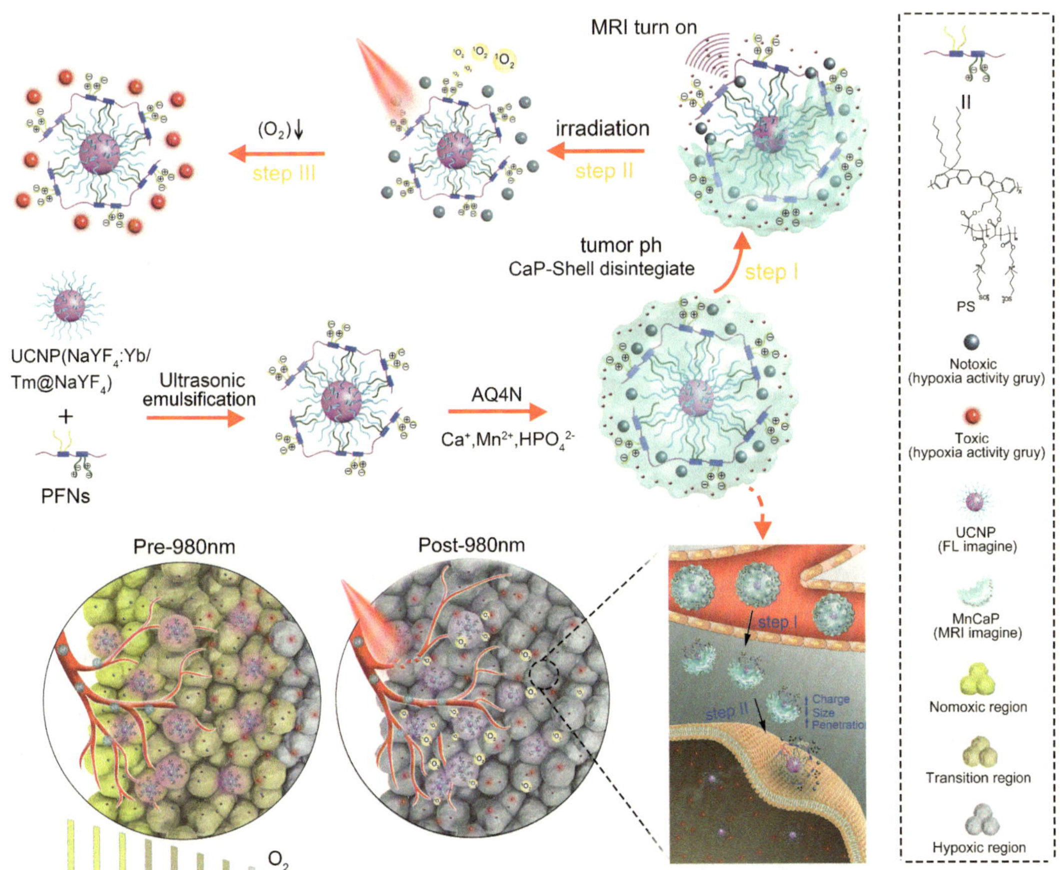


图 10-26

标注元素名称的说明文字习惯放在对应图像元素的下方，如果放在元素上方，则整个图都放在元素上方，如图 10-27 所示。

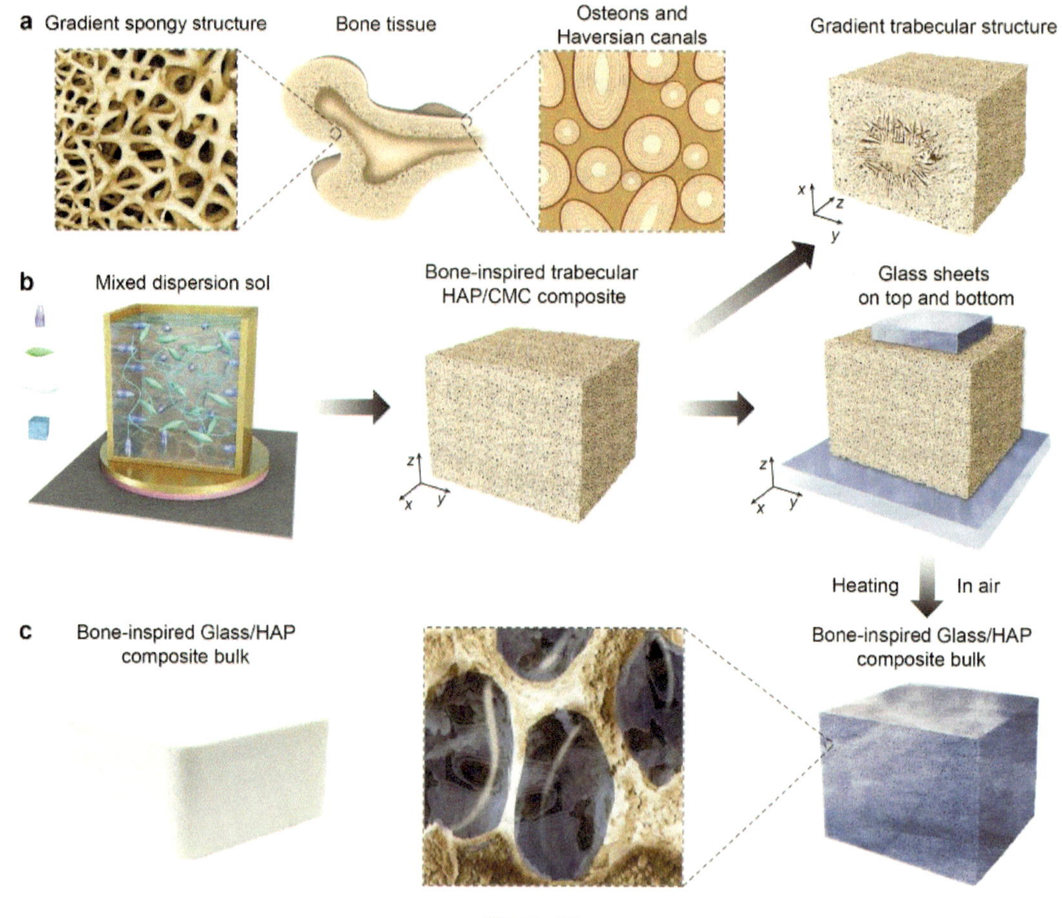


图 10–27

标注文字也可以配合结构，在画面中产生透视变形，如图 10-28 所示。

文字不要跟图像抢关注点。图像是与文字不同的描述方式，因为对图像方式的不熟悉和不自信，很多人在作图的时候习惯加强文字的强调，主要表现在经常用“黑”“粗”“大”文字。粗黑文字在 ppt 放映时可以看得更加清楚，但在印刷时却会显得很笨拙，让画面看起来印刷质量不够精致。

文字不要占据不必要的画面空间。在图像中，文字本身的含义是一个部分，文字处于画面中，便是画面中的一个部分，与其他元素共同起着构图作用。画面中的文字主要是提点关键词的作用，如果将描述性的文字满满当当地填在画面中，会降低图像的可读性，同时影响美观度。

文字不要花花绿绿。学术图像跟普通墙报、海报、广告画不同，学术图像的文字是“不需要设计”的，工整明了地阐述学术信息即可；学术论文是工整的出版发行物，工整的文字会让期刊更有整体性和精致感。

矢量对文字更有意义。在文字方面，矢量很重要。即便图像本身不是矢量绘制的，但用矢量工具来标注文字，也会让画面更有精致感。

同一类文字尽可能一样大小。当排版时调整缩放数据图，身处数据图中的文字大小的变化有时会被忽略，用标尺和对齐工具矫正好数据图的位置和面积之后，将文字大小调整统一，画面会看起来更加舒适。

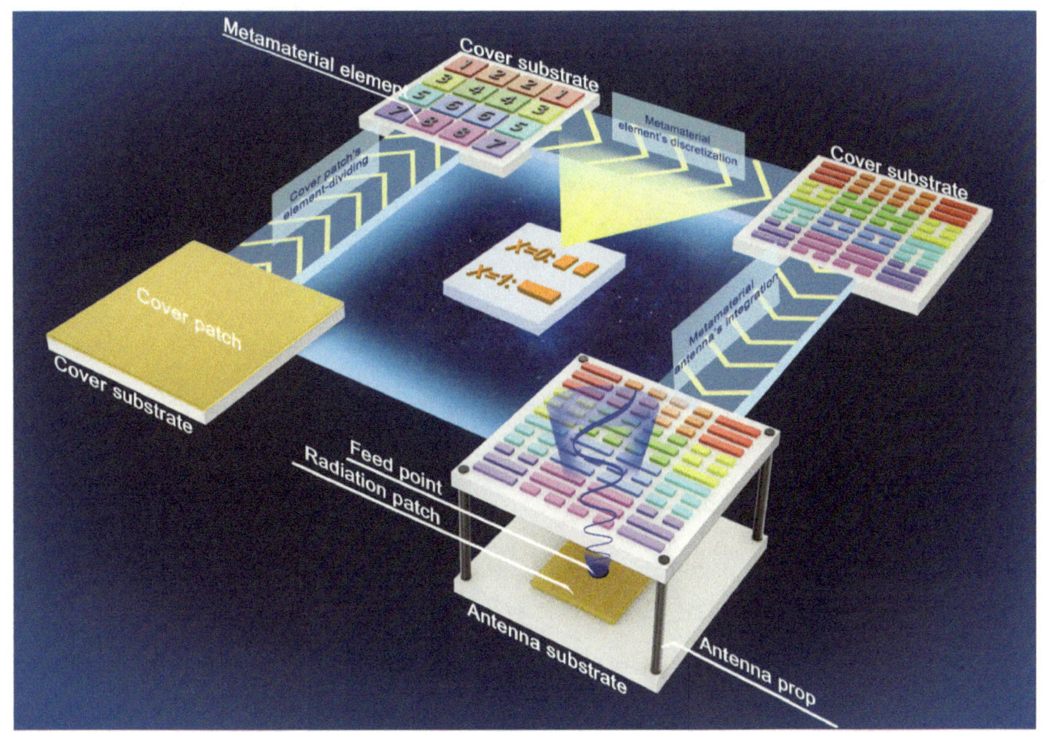


图 10-28

## 10.7 精致感对画面的影响

说到画面精致感，很容易想到要把元素画得足够大，以满足分辨率来达到精致。元素的精致只是画面精致感的一个方面，文字与线段经常是影响画面精致感却容易被忽略的因素。

### 文字和线段的精致感

在学术图像中会遇到多素材排版的情况、数据图与结构图混排的情况、用数据图作为流程图结论的情况，在这样的图像中，数据图本身保持精致会让整个画面看起来整齐干净。如图 10-29 所示，在看起来不够精致的数据图中，不仅仅是分辨率影响观感，画面上的文字大小不一、线段粗细不均也带来不好的观感；在调整之后，图像中同一类文字大小保持一致，所有线段粗细保持一致，画面看起来更精致舒适。

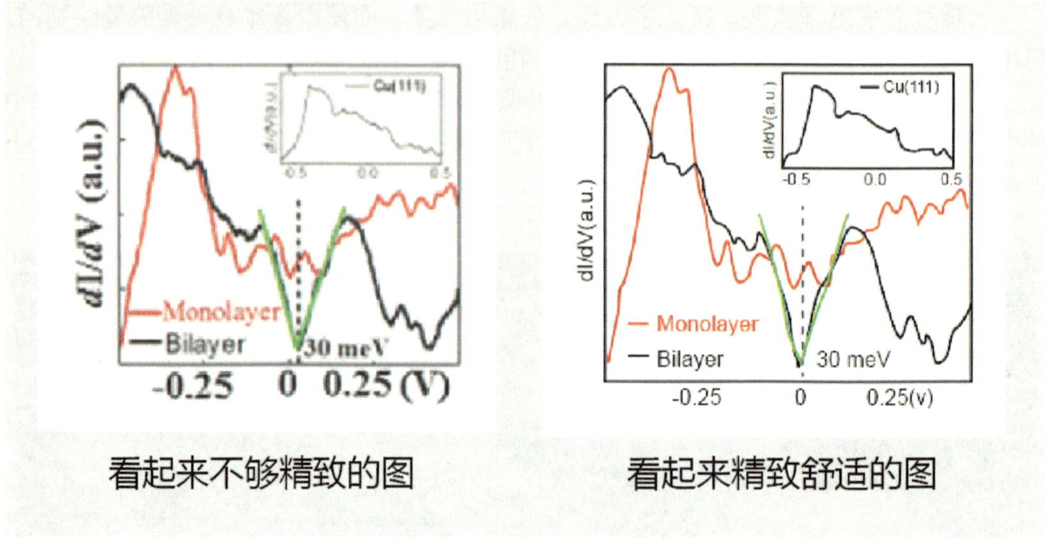


图 10-29

在调整精致度之后的画面上，没有过于放大强调的文字和线段，整个画面看起来更容易深入其中地阅读信息。

学术图像中线段会出现在这样几个地方：

### 数据曲线

数据曲线是图像内容核心，这个部分一般来说是比较容易被注意到的。

### 图像的边框与刻度

常见的数据图、曲线图、柱状图、表格等外围的边框和刻度线，经常不被重视。如图 10-30 所示，当边框线粗细发生变化时，画面呈现的感觉会随之发生变化。常规的图像中线段粗细以 1pt 为标准，超过 1pt 显得笨重，小于 1pt 会太过于单薄。

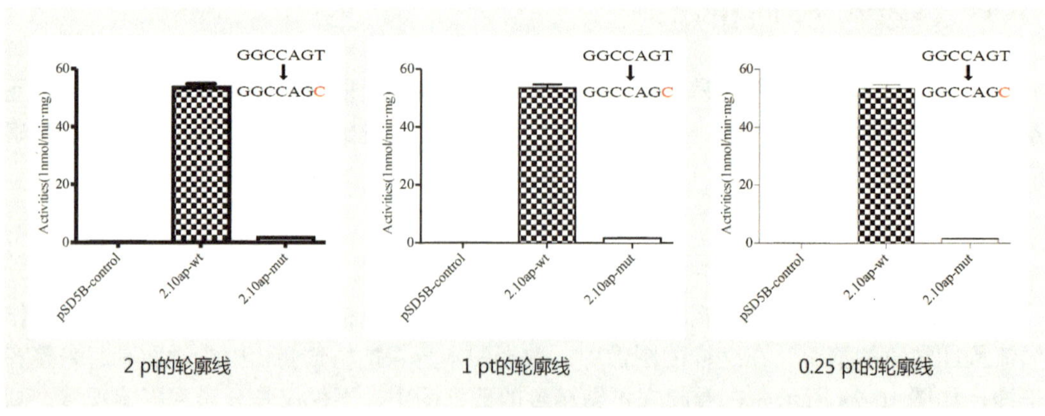


图 10-30

### 标注线 / 引注线

引注线常用来配合文字诠释画面中的结构信息，如图 10-31 所示。对结构中特定位置的标注说明，引注线可以准确指向对象。当在同一个结构中有多个细节需要标注说明，或者同一个环节点上有多个结构时，引注线是很好的辅助工具。

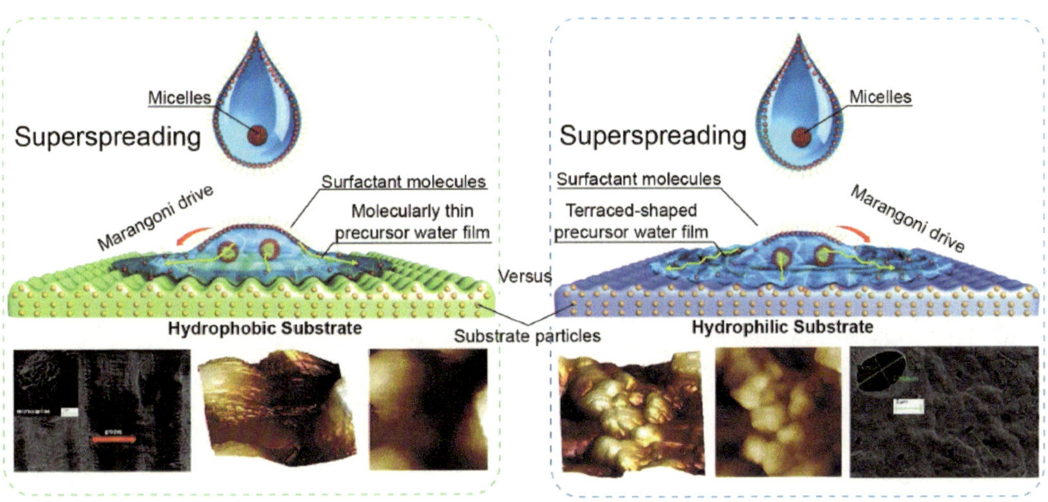


图 10-31

引注线并不是必须配置，使用与否要看图像情况和个人标注习惯。如果使用引注线就需要考虑线段在画面中的位置和粗细；如果不使用引注线，可以将对应的结构拆分出来以图标对应文字的形式做注解，如图 10-32 所示。

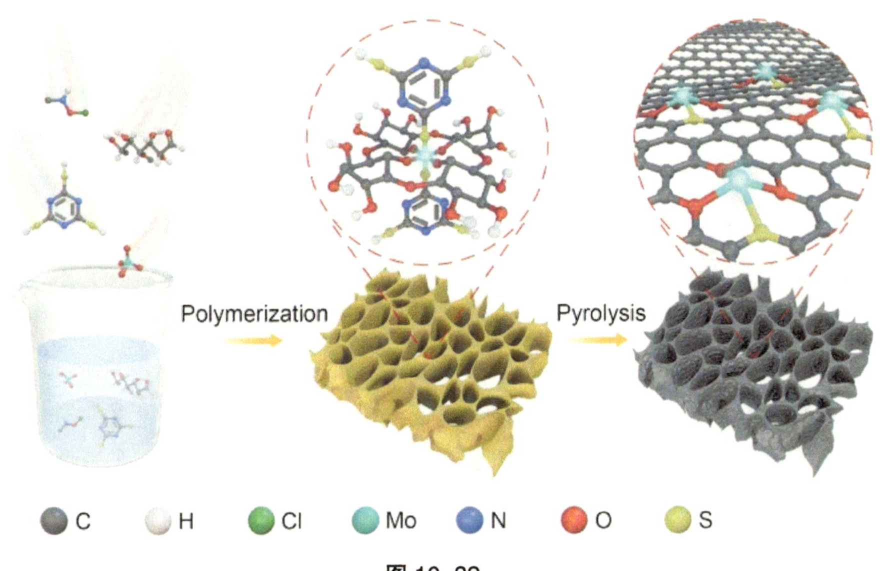


图 10-32

### 矢量图外轮廓线

三维软件中生成的元素是渲染出来的，没有轮廓线的问题。在矢量软件中绘制的结构，外轮廓线是结构的一部分，外轮廓线的粗细也是画面精致感的一个重要影响因素，如图 10-33 所示。

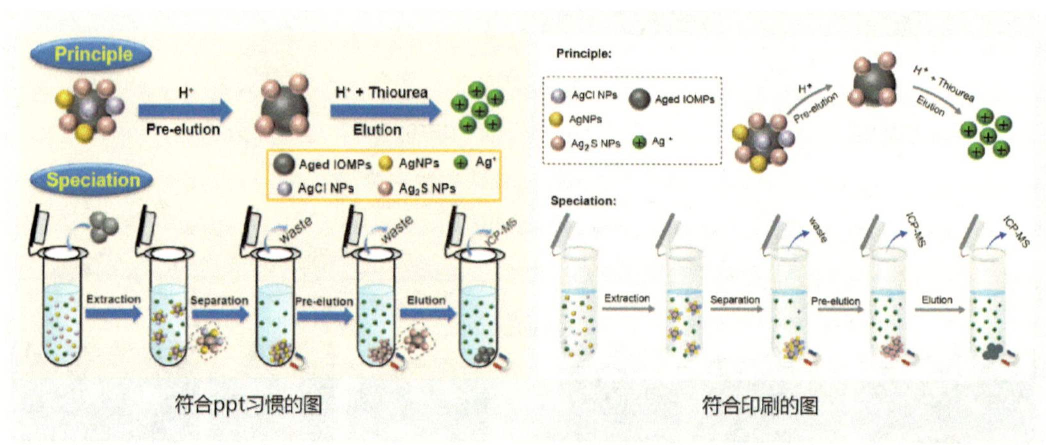


图 10-33

### 分子结构线

分子结构式一般会作为一个整体结构考虑，分子结构中单键与双键也有粗细之别，对印刷而言也应纳入线段精致感的考量之列，如图 10-34 所示。

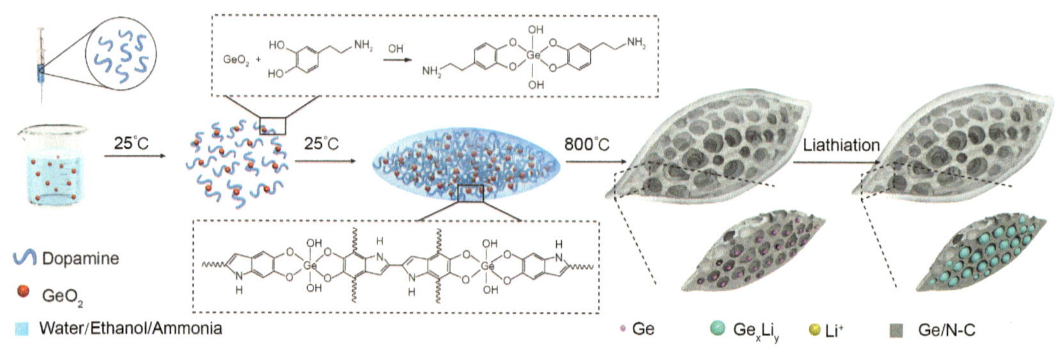


图 10-34

图像精致感不是一个抽象的审美概念，而是一个具有整体规划性的工作。用三维软件构建的立体模型完成了图的主干，用矢量软件标注的文字、箭头、分子式、引注线等整体营造了画面的精致感。

## 10.8 理解图像风格与画面中的情感因素

最后，对于图像美观度，还需要正视一个看不见的因素，即感情因素。

无论是讲述科学故事的图像，还是讲述人文风光的图像，在图像创作过程中都会渗入作者的个人情感因素。同样主题的作品，当作者对作品的情感因素投射不同，呈现出来的画面也会不同。这一点与科研工作完全不同，科研工作中按照标准的流程秩序执行下来，是可以得到同样结果的。而艺术创作工作中，无论怎么去校准细节，作者无形的情感因素终会导致画面发生变化。如图 10-35 所示，对同样的主题，不同的作者画出同样的动作、细节、同样的环境，但是画面整体给人的感受却是不同的。

图 10-35

情感因素是画面美观度的最后一个环节，也是最难设定、最难控制的一个环节。

## 正视画面中的情感因素

带着正向的情感创作出来的作品，即便技术水平不那么高超，呈现的画面也会具有美好的吸引力。而负面的情感，不确定、惊慌、疲倦、厌烦，都会在画面中埋进看不下去的情感排斥力。

## 调度读者的情感因素

在讲述客观故事的时候，生动的“表演”会比刻板的“教学”更让读者情绪舒畅。客观的科学故事不存在喜怒哀乐，但是故事的讲述方式可以有更有趣味的设计，进而潜在地触动读者使其产生共鸣。如图 10-36 所示，用常规的方式画出纳米颗粒在 NK 细胞和肿瘤细胞间的作用方式，画面中规中矩；但是，如果把纳米颗粒起到的作用变成刺激 NK 细胞战斗力的道具，为 NK 细胞增加“手脚”，再“表演”出攻击性，画面会更有意思，让读者对画面印象深刻。

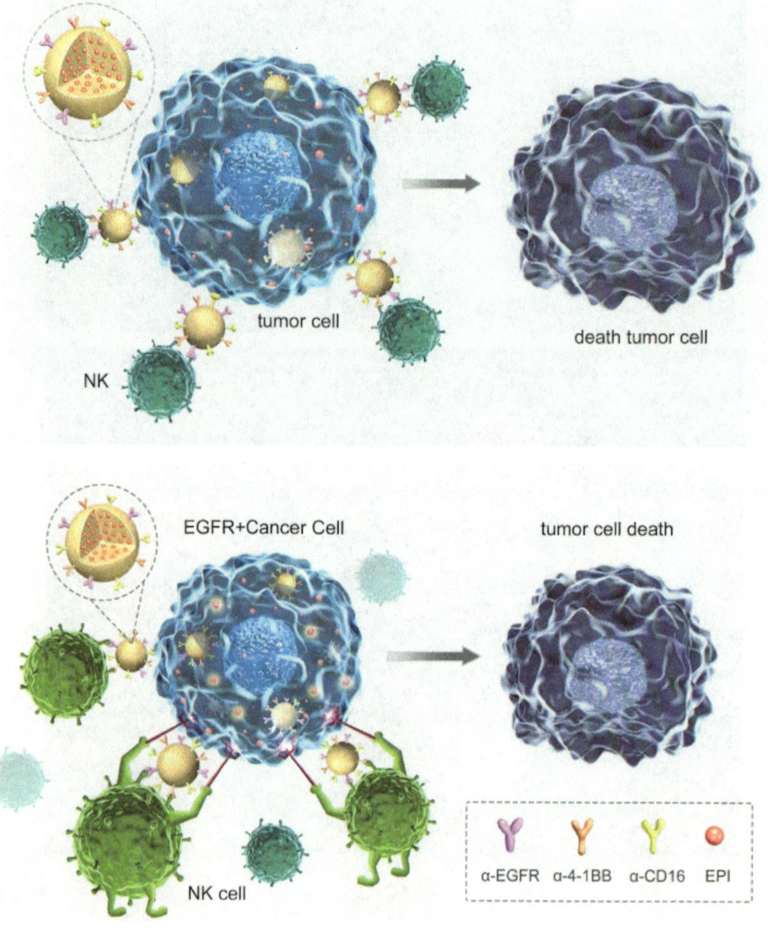


图 10-36

## 调整自己的情感因素

在科研工作中，反复实验、反复调整实验参数可以获得更精准理想的结果；在图像设计时，反复实验、反复替换元素、反复调整配色，最后可能会陷入自己情绪的漩涡，在细节中徘徊，而对图像整体感失去感觉，如图 10-37 所示。

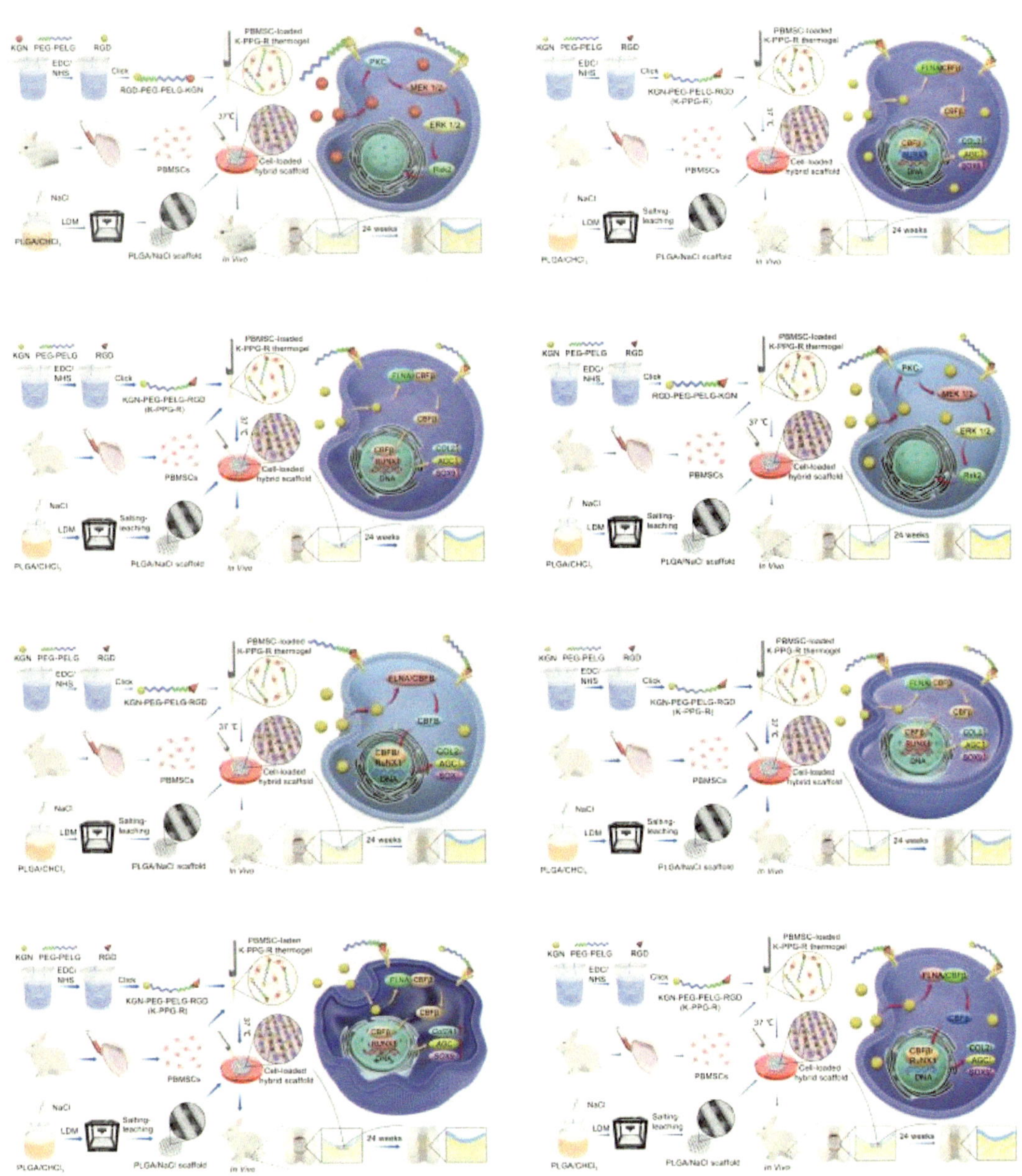

图 10-37

# 第 11 章
# 为什么我的图不好看

为什么我的图总是不好看？很多时候，大家会觉得是因为自己不会操作软件，更糟糕的是会觉得自己没有审美能力。其实，即使是软件技术娴熟的设计师，也有可能会制作出不够好看的图。在学术图像领域，图不好看需要从几个方面来找问题。

## 11.1 词的问题

第 2 章中解决过词“可见性”的问题，讲述了怎么把看不见的学术名词变成看得见的学术结构。但是，在美观度问题中排行第一位的仍然是“看不见”的问题，下面划分几个层级来诠释一下看不见的问题。

### 词“看不见”的问题之一：元素结构特征不明显

如图 11-1 所示，这是一张初学者绘制的围绕金纳米棒周围结构发生的变化的图。

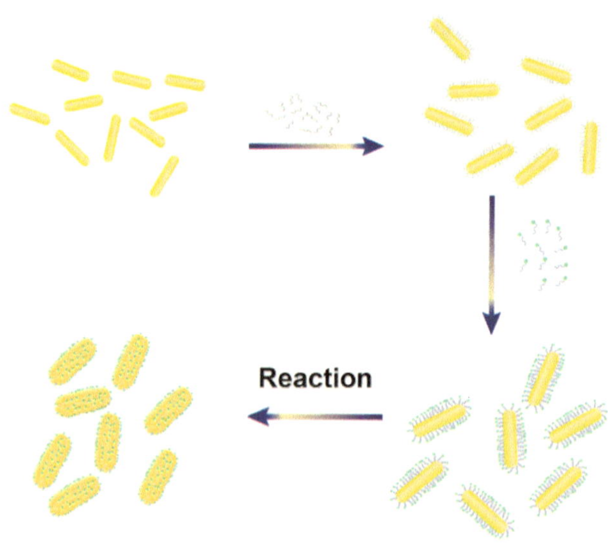


图 11–1

看得出来，创作者在这张图上花费的时间不少，绘制了许多细节。可惜，将原图放大到 16 倍，才看出金纳米棒周围的双螺旋居然是双色的，如图 11-2 所示。

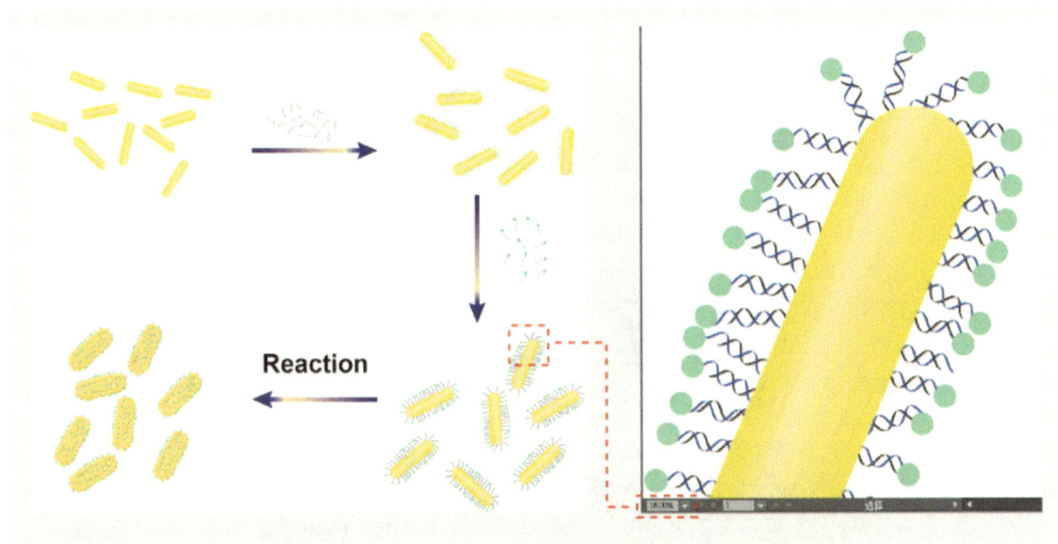


图 11–2

在图 11-1 中，很难辨认金纳米棒周围的结构是 DNA 探针还是高分子链段，花费这么大功夫画得这么细致的结构，在正常看图的状态下却“看不见”。

微观的结构是很微观，尺度越小越显得研究的高难度。但是，如果画图也按照实验尺度呈现，需要读者用放大镜才能看清微观结构的变化，所耗费的功夫就有点不值得了。

**看不见的常见问题：画图的时候忘了从表现性角度把控比例，习惯按照实验标准，用足够小的尺寸来体现研究的优势，在画图的时候，仔细抠了那么久的细节结构，当回来看整体画面的时候，细节完全看不清楚。**

## 词“看不见”的问题之二：诠释信息的结构关注点不明确

如图 11-3 所示，图中需要讲述一种材料与二维材料的作用，在第二个环节中用了两个放大附加信息来说明结构的吸附方式。

在图中引入的元素替换掉原始的原子是想要说明什么现象，还是描述什么样的结构？答案是不明确的。

图 11-4 展示了另外一种给出信息的方式。在图中可以看到紫色的药片进入材料之后逐渐沉没，融入材料之内，在第二个环节和第三个环节分别给出放大附加信息。图 11-4 中虽然简化了膜的表现方式，但是“沉没融合”这个现象表达得更加形象准确了。

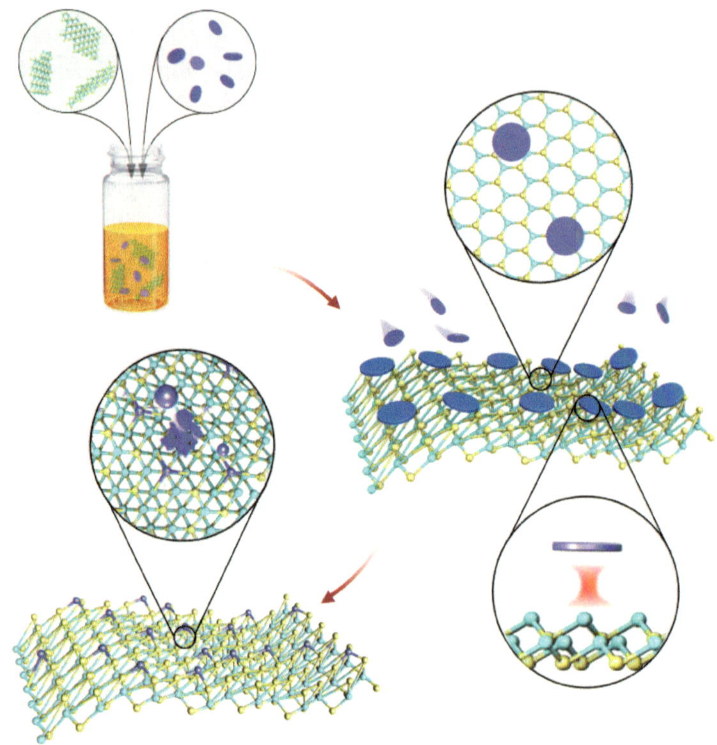

图 11-3

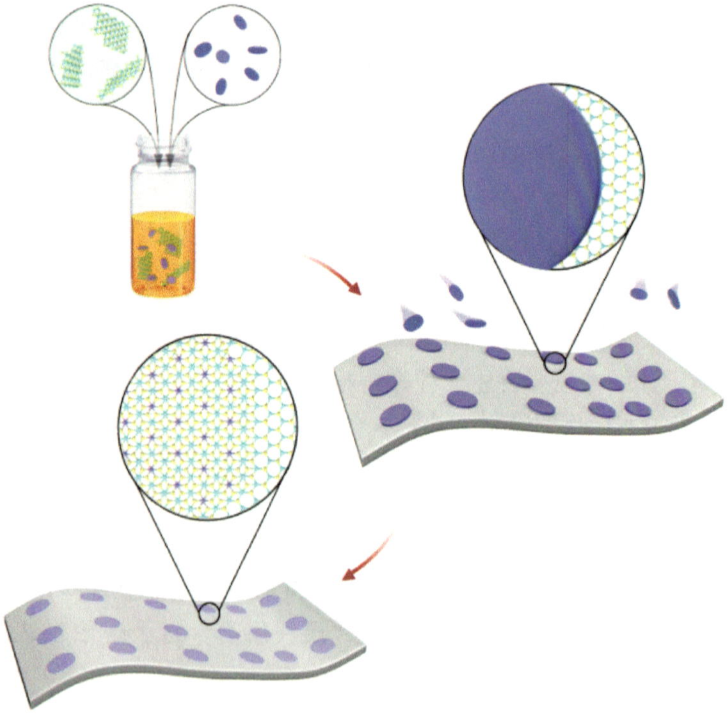

图 11-4

我们习惯观察现象获取结论，图像名词正是给出现象的基石。在科研工作中，随着视角不断推进，每一个层级看到的现象和状态都会不同。在学术图像设计时，需要考虑图中要呈现的结构到底是基于哪个现象说明问题、基于哪个出发点讲述特征，使得当前的图像名词要传递的信息更容易被接受。

## 11.2 句子含混

句型是用来组织图像名词的方式，句子含混则需要从“读图”角度来看信息是否清晰可辨。以下几种情况经常会造成句子含混。

### 按照贴纸方式将信息全部贴在主干结构上

如图 11-5 所示，通过一个放大结构来说明单元结构形貌特征，将结构的模拟状态和应用方式都贴在主干结构上。

对图像做细微的调整，将贴在主干结构上的三维模拟结构拿下来与电镜下的结构一起作为放大信息来诠释结构单体的形貌特征，将在主干上发生的反应用箭头表现出进入结构和释放输出的状态，如图 11-6 所示。

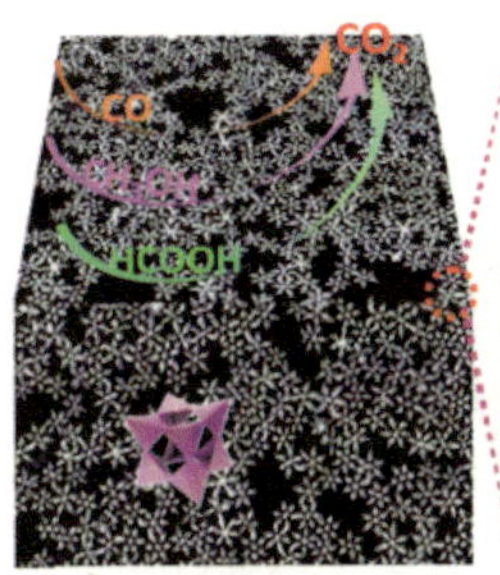


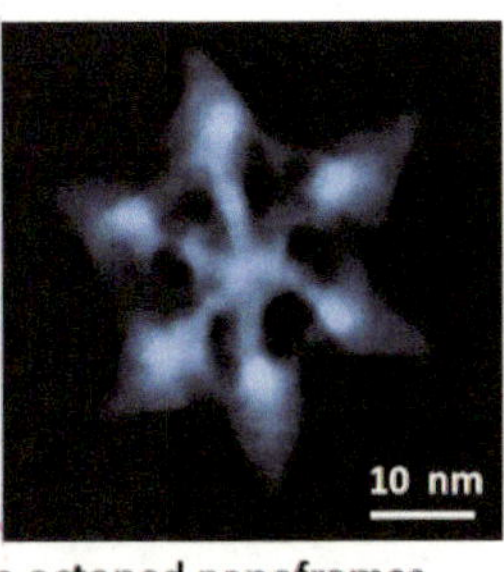


Free-standing concave octopod nanoframes

图 11-5

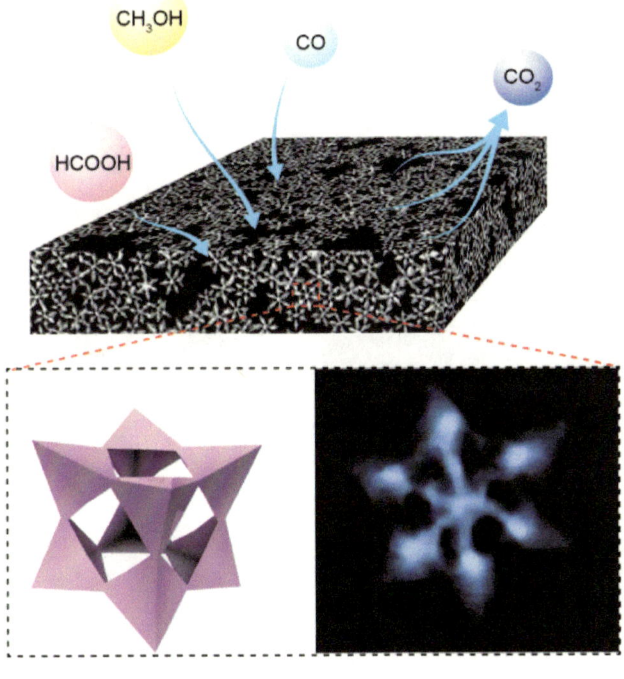


图 11-6

学术图像并不一定都要用复杂的技术制作华丽的结构，用简单的方式清晰明了地表达信息，对科研工作来说更是提高工作效率的方式。在句型上下功夫，更有助于提高表达效率。

## 按照做实验的方式做到哪、画到哪

在实验中，各个环节都有流程并涉及不同结构，按照实验顺序逐一画出来每个环节的结构，有可能讲得清楚研究，但是也有可能适得其反，如图 11-7 所示。

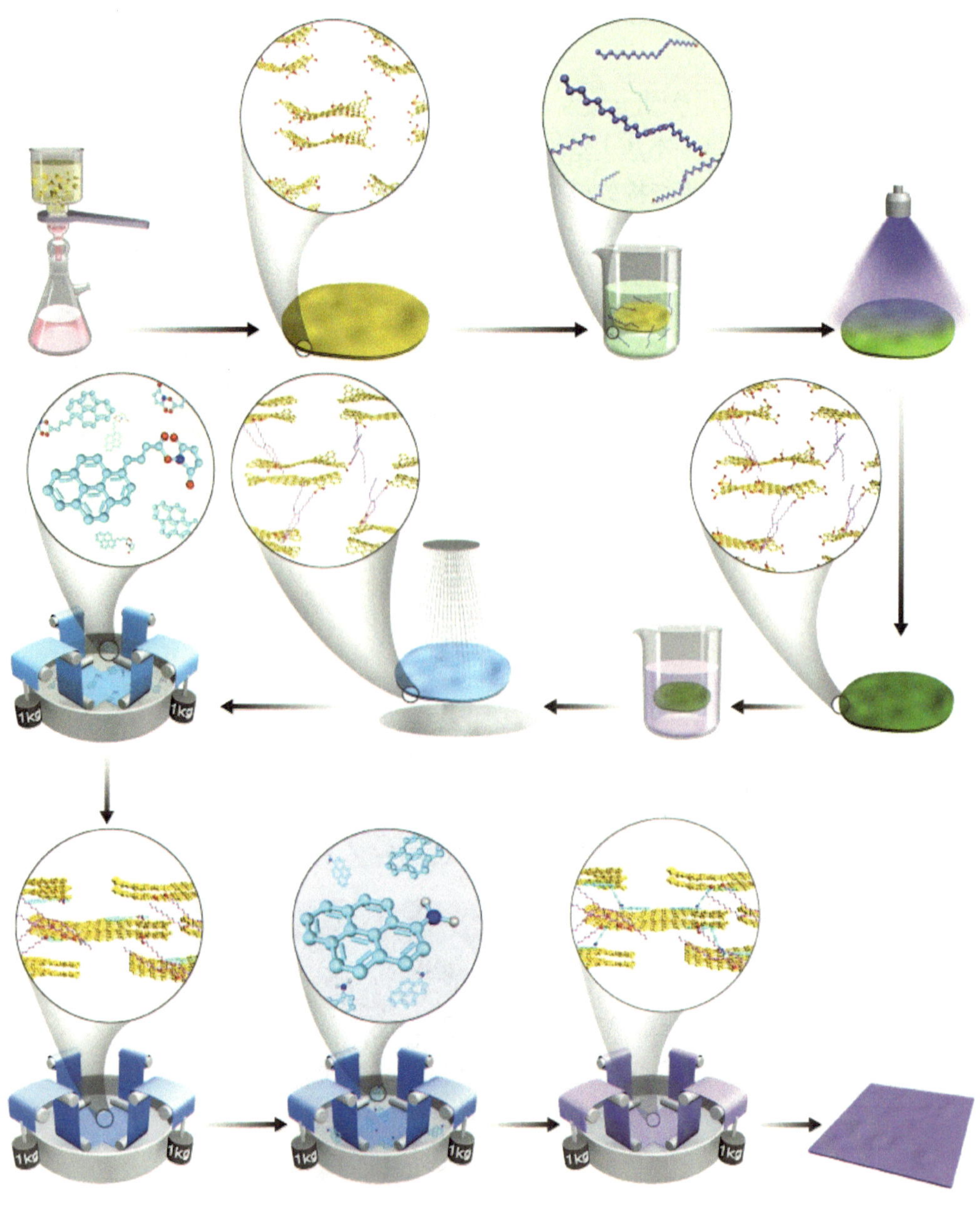


图 11-7

图中每个环节都有切实的结构，为了诠释每个环节的结构，还增补了放大图，画面看起来很丰富，但这幅图要说明的核心亮点是什么呢？对比另外一张图的表现方式来感受一下画面传达的信息，如图 11-8 所示。

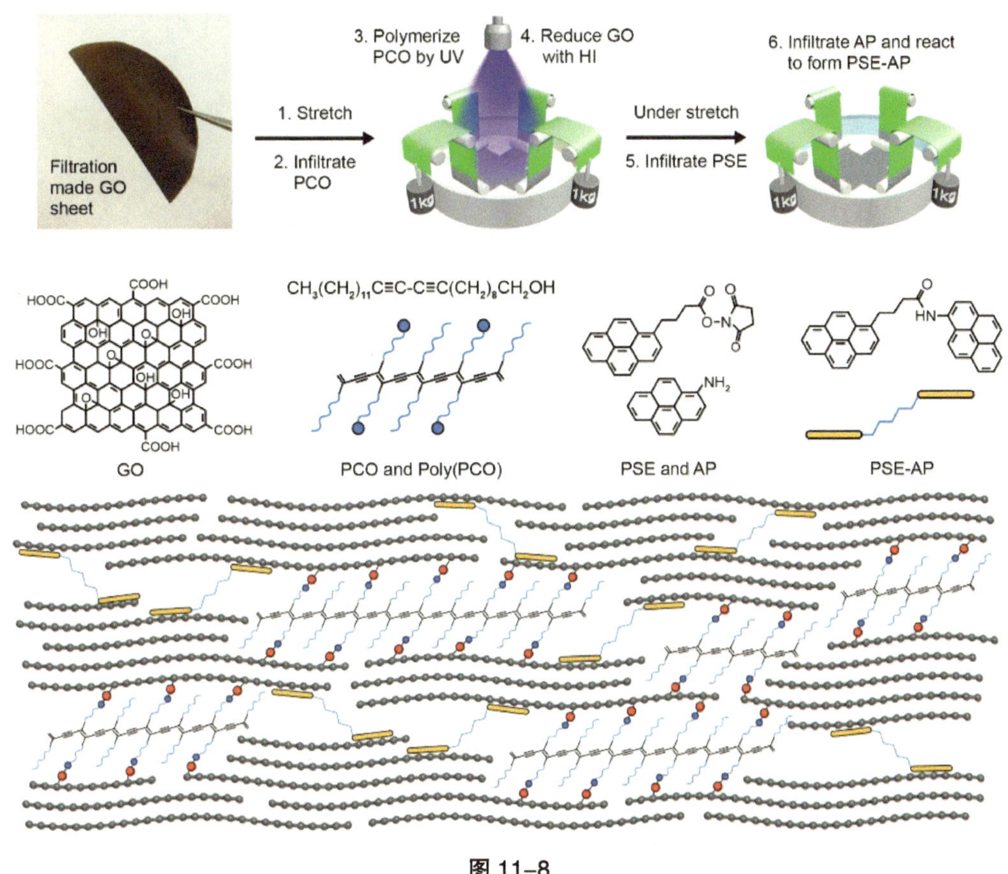


图 11–8

图中保留了实验中重要的结构，将繁杂重复的实验流程压缩在流程说明中，在下半部分腾出来足够的画面为读者梳理结构原理。句型结构是按照信息呈现的方式来梳理流程，不是按照实验的路径环节来绘制流程。

## 按照写论文的顺序写到哪、画到哪

画好学术图像，除了要跳出实验思维，还不能受限于撰写论文的因果思维。在论文撰写时需要陈述研究的背景，这是研究的起点，基于这个起点再展开自己的观点。如果按照这个方式在图像中安置语序，则会呈现图 11-9 所示的效果：图中用了大量篇幅描述木质素的来源，最后在左下角讲述木质素的应用方式。

交代木质素来源的部分属于阐明研究背景，在图中却占据了四分之三的画面；在最后的四分之一篇幅中，才开始讲述作者自己的研究。至于作者自己的研究是什么、做了什么，在当前的篇幅中画得太小了，并没有交代清楚。

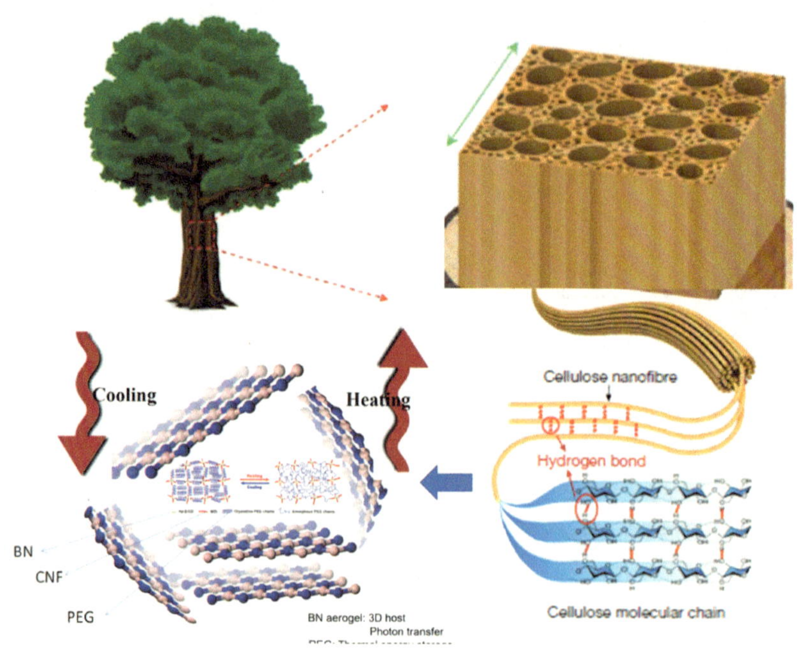


图 11-9

重新梳理这张图的结构，发现原来树和木质素只是原材料之一，最终结论是获得了一种特殊的结构，让这个特殊结构本身占据画面主体，将树和木质素牢牢地束缚在限定的空间中，画面主次一目了然，如图 11-10 所示。

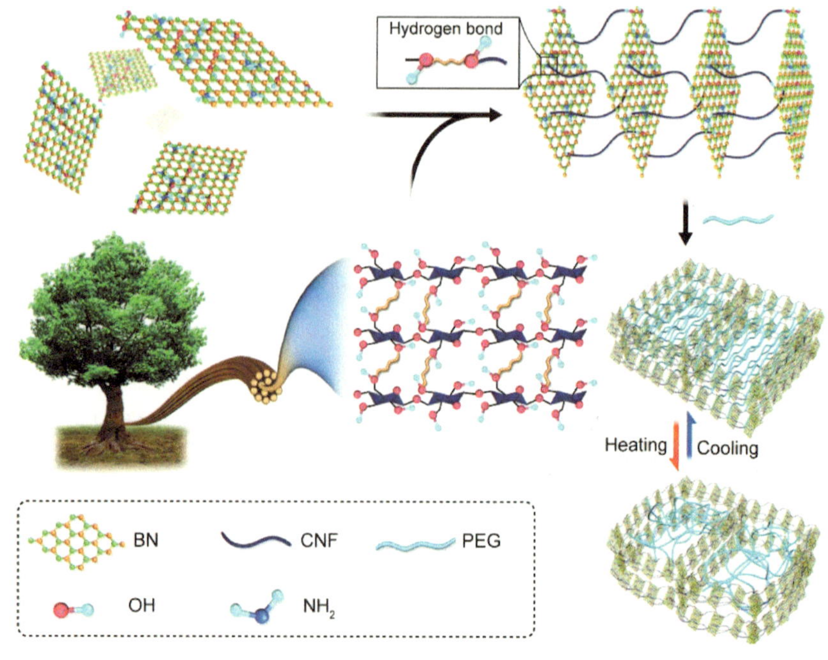


图 11-10

不论是什么类型的学术图像，都有篇幅的限制。请珍惜图的篇幅，尽量讲述与自己的论文有关的内容，着重描述自己论文的重点、亮点内容，将背景信息压缩，或者索性采用倒叙方式从结论入手，来考虑图像怎么规划。

## 11.3 背景问题

由于早期受印刷技术限制等原因，白底黑字的呈现方式在科研领域十分常见，甚至曾经是论文发表的硬性要求。而现在，数字图像可以使用各种丰富的色彩，在前面几章中介绍的图像也不乏彩色背景或者暗色背景。

在图像美观度问题上，背景的处理可以加分也可以减分。

如图 11-11 所示，在这张学生作品中，用彩色背景衬托前景结构，为整个画面贡献了色彩感，似乎提升了画面的美观度。

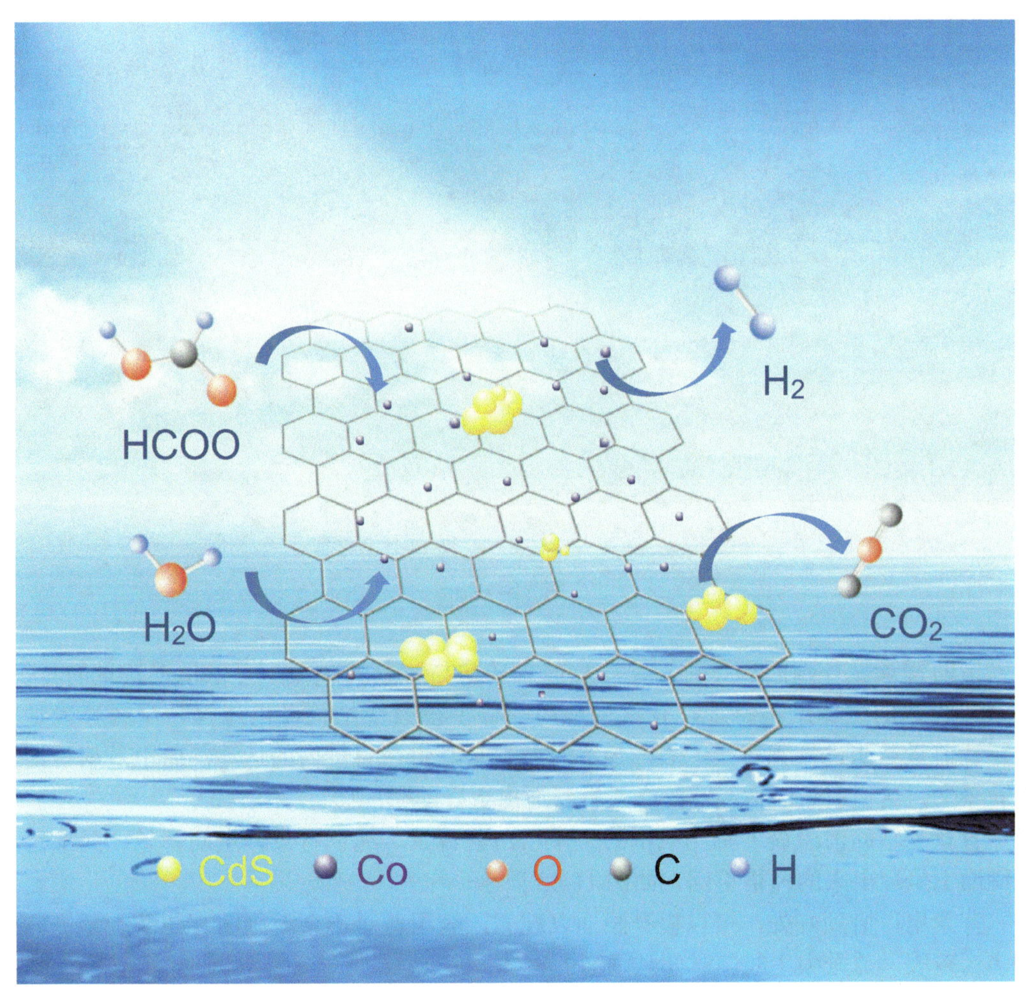


图 11-11

借用背景环境来营造氛围，如果能够将主体的石墨烯结构顺着画面透视、向远处延伸，让元素的关系符合空间逻辑，分出“上下”，而非沿袭纸张的左右关系，会让画面上的视觉效果更加合理，如图 11-12 所示。

图 11–12

借助背景提升画面趣味时，要注意前景结构与背景的融合。可以根据背景的特征，结合要表达的主体结构特征，有意识地用软件手段改变结构做出遮挡、穿插等视觉效果，让前景结构进入到背景中去，最终看起来是发生在背景内的运动，而不是扁平地贴在背景上，这样前景结构能够配合背景营造出更好的空间感。

背景是辅助前景调节画面氛围的。采用白色背景、纯色背景、空间背景、局部背景在画面上呈现出来的风格不同，如图 11-13 所示。

背景用得恰到好处，可以提升画面表现力，滥用背景不会对画面有帮助。无论背景图多么璀璨，前景中主线信息才是画面的主体。

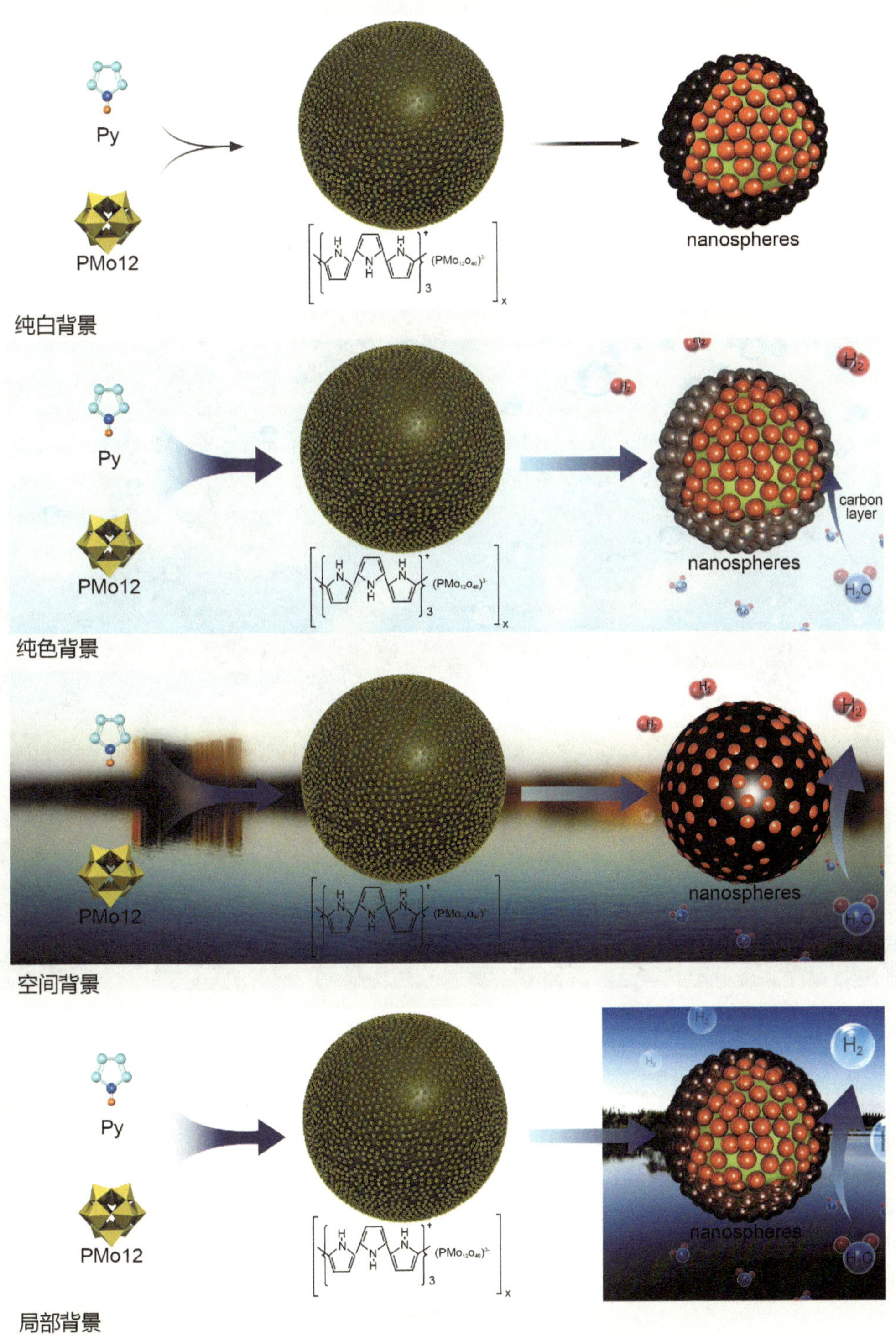
Py
PMo12
nanospheres
纯白背景
Py
PMo12
nanospheres
carbon layer
$H_2$
$H_2O$
纯色背景
PMo12
nanospheres
$H_2$
$H_2O$
空间背景
Py
PMo12
$H_2$
nanospheres
局部背景

图 11-13

## 11.4 画过头也会不好看

图像技术的最高目标是将联想到的结构都制作出来，将质感与结构极尽写实地画出来，但是，在学术图像中如果画过头了也会不好看，如图 11-14 所示。

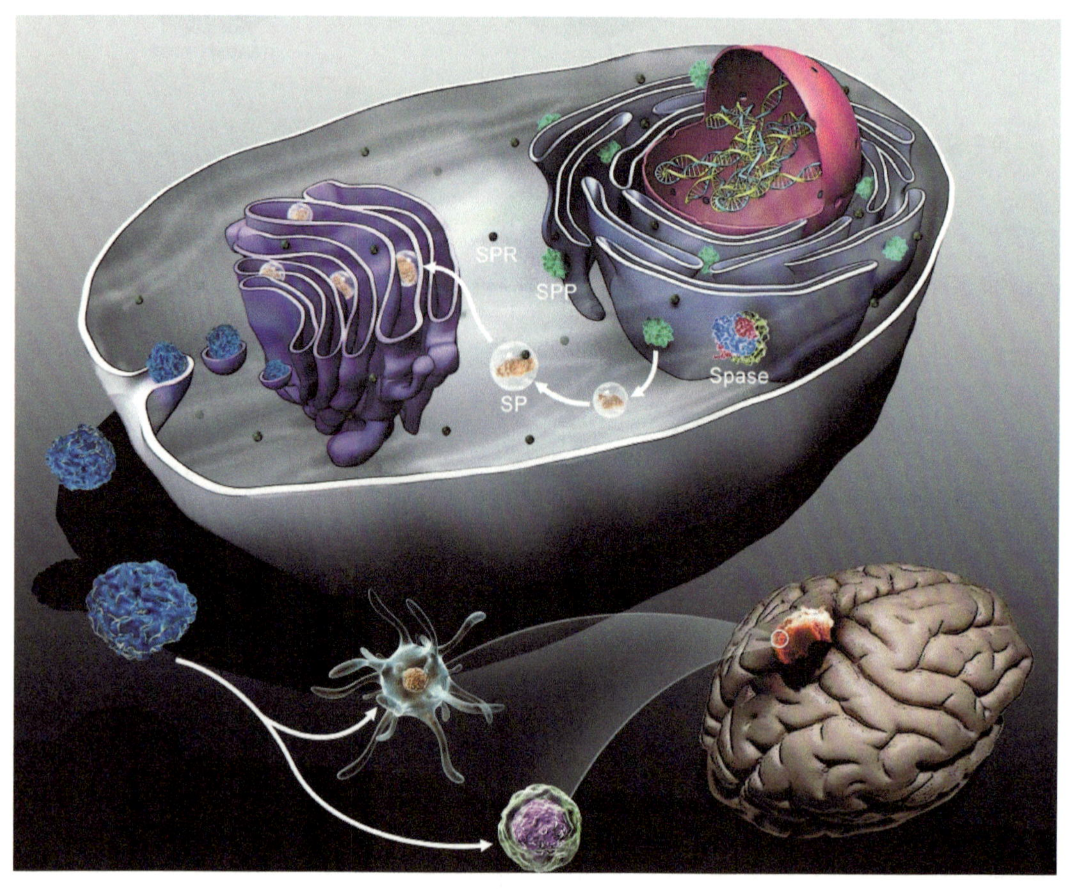


图 11-14

图 11-14 中，三维技术将细胞结构做得很有空间感，从细胞到大脑的结构都充分展现了三维的结构感和质感，但是在画面中标注的信息和运输的路径会被忽视。

将这幅图的技术维度降低，降低到只关注图像核心信息的部分，如图 11-15 所示。调整之后，在图中可以清晰地看到外泌体转运的途径和运转出来的结果。这幅图技术难度和画面效果均比之前降低了不少，但是这幅图准确清晰地说明了科学想要呈现的信息点。

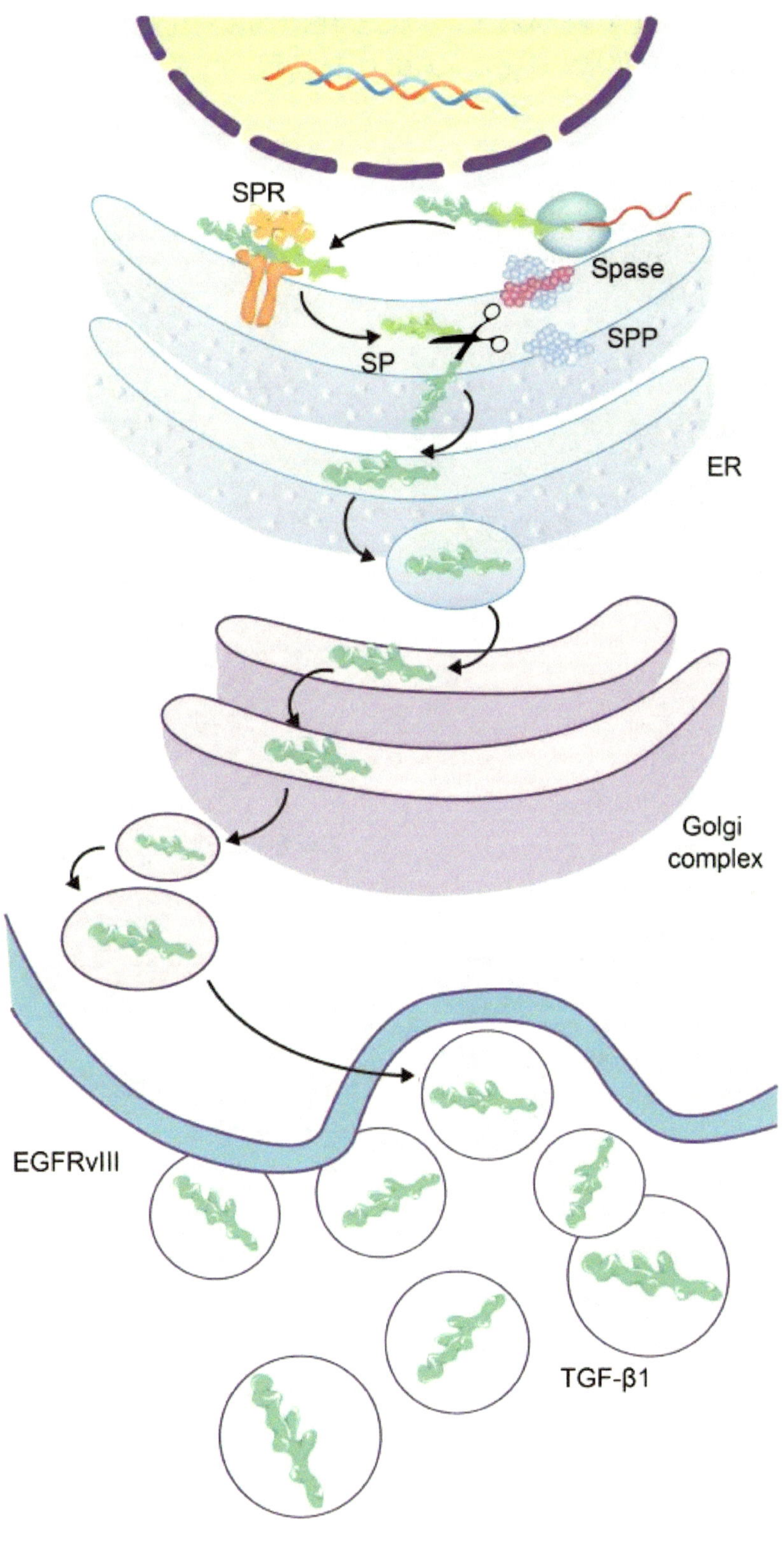


图 11–15

在学术图像中，过量地投入技术、一味地将图使劲做到视觉效果炫酷的时候，会丧失图像原本应该具备的信息承载能力，如图 11-16 所示。

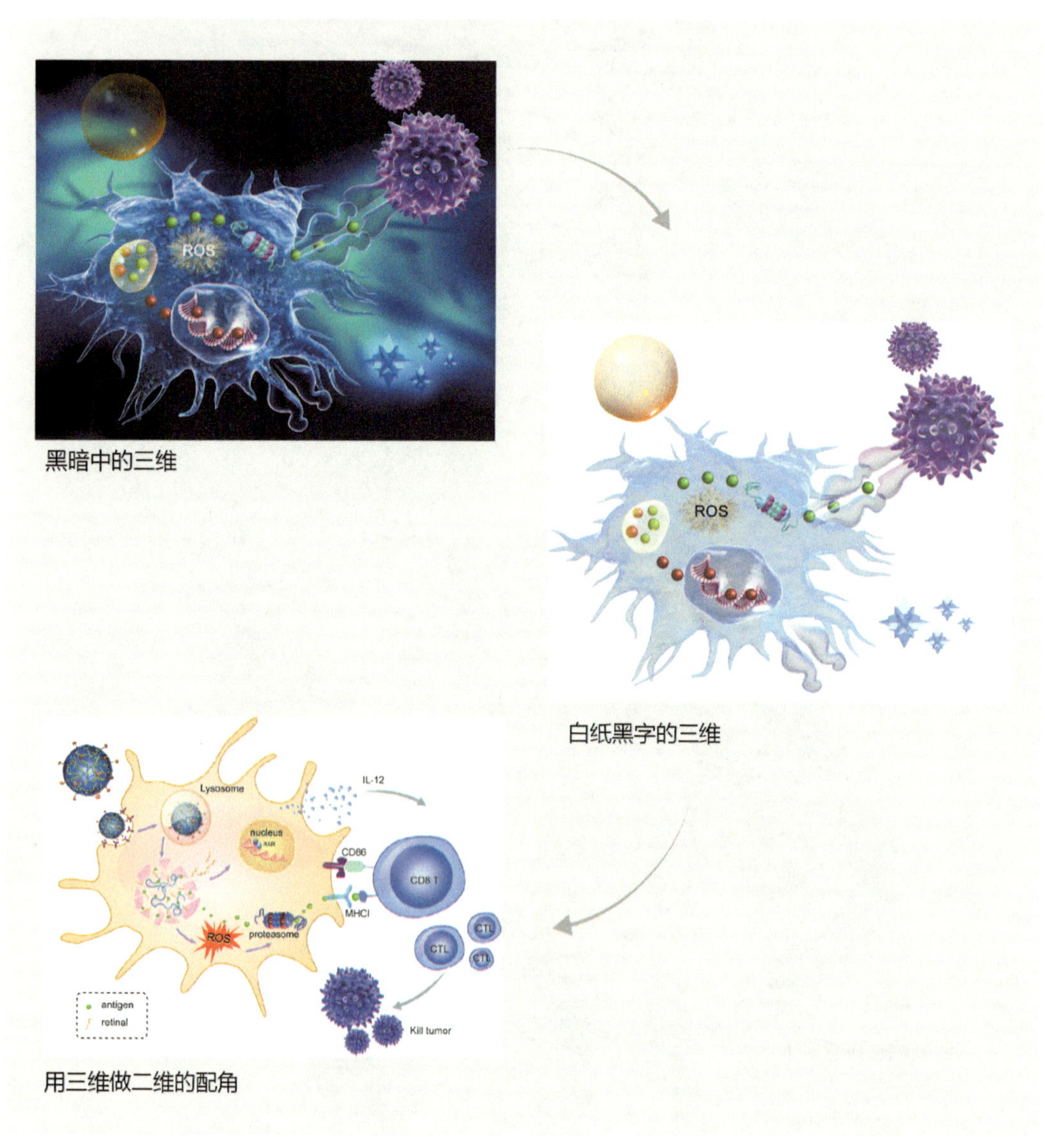


**图 11–16**

不知什么时候开始，炫酷的效果成了学术图像制作的一个靶点，很多时候图的细节还没有想好，就开始想怎么样最炫酷。追求炫酷效果的常见误区：

**研究内容不重要，炫酷就行**

**结构没啥可看的，做炫酷点就行**

**多用点颜色更炫酷**

**找个炫酷的背景贴在上面**

照着别人的图偷梁换柱的炫酷
用花哨的箭头
用花哨的文字
寻找最炫酷的颜色
用“高级”的软件——三维软件
……

炫酷并不是不可取。炫酷是当学术信息呈现得当、结构制作细节得当，再加上背景的氛围配合，这些综合因素叠加在一起并合理配比，最后呈现出来的效果，不是任何软件单方面的功劳。

# 附件
## 期刊投稿图像标准示例

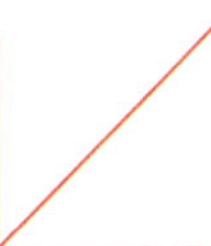

Cell Press 相关标准

# Cell Press Graphical Abstract Guidelines

## OVERVIEW

The graphical abstract is one single-panel image that is designed to give readers an immediate understanding of the take-home message of the paper.

Its intent is to encourage browsing, promote interdisciplinary scholarship, and help readers quickly identify which papers are most relevant to their research interests.

## TECHNICAL REQUIREMENTS

- **Size:** The submitted image should be 1200 pixels square at 300 dpi.
- **Font:** Arial, 12–16 points. ***Smaller fonts will not be legible online***
- **Preferred file types:** TIFF, PDF, JPG
- **Content:** the abstract should consist of *one single panel*

**A note about color:** Effective use of color can enhance the graphical abstract both aesthetically and by directing the reader's attention to focal points of interest. Authors are encouraged to select colors that are consistent with and complementary to the colors used on the Cell Press website. Heavily saturated, primary colors can be distracting.

## CONTENT

### UNIQUENESS AND CLARITY

The graphical abstract should:

- Have a clear start and end, "reading" from top-to-bottom or left-to-right
- Provide a visual indication of the biological context of the results depicted (subcellular location, tissue or cell type, species, etc.)
- Be distinct from any model figures or diagrams included in the paper itself
- Emphasize the new findings from the current paper without including excess details from previous literature
- Avoid the inclusion of features that are more speculative (unless the speculative nature can be made apparent visually)
- Not include data items of any type; all the content should be in a graphical form

## KEEP IT SIMPLE

The graphical abstract should also:

- Use simple labels
- Use text sparingly
- Highlight one process or make one point clear
- Be free of distracting and cluttering elements

## EXAMPLES

**Below are four examples of graphical abstracts that were modified according to the guidelines above. The original submissions illustrated the article's take-home messages, but with a few minor tweaks to their style and layout, those messages were made even clearer.**

## EXAMPLE 1

- The three panels have been condensed as one split panel.
- The Hira$^{-/-}$ panel has been removed because it was not absolutely essential to conveying the article's take-home message.
- Extraneous text has been removed, including the smaller text, which at 6.5 pt would not be legible online.

**BEFORE**



**AFTER**

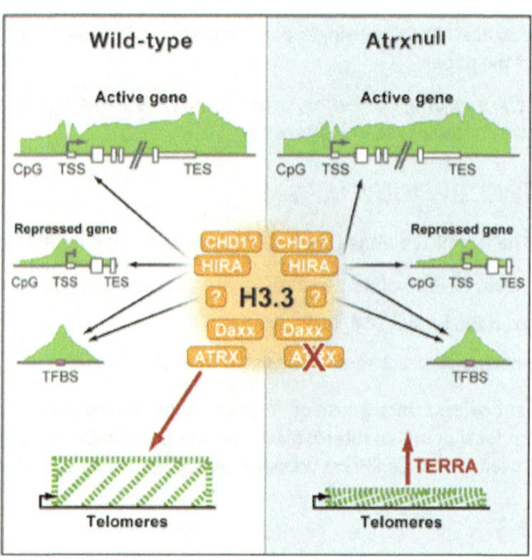

### EXAMPLE 2

- The image's components have been reoriented to tell the story from left to right.
- Some arrows and text were removed for simplicity.
- The color palate was softened.
- The paper's take-away message and new findings ("Activation of Hv1") were set as the focal point of the abstract.

**BEFORE**

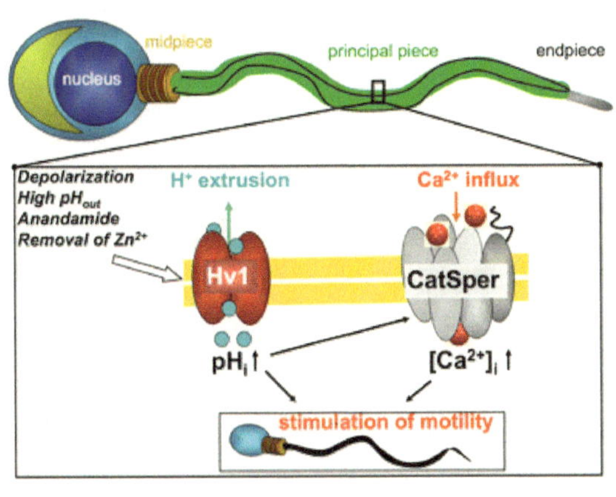


**AFTER**

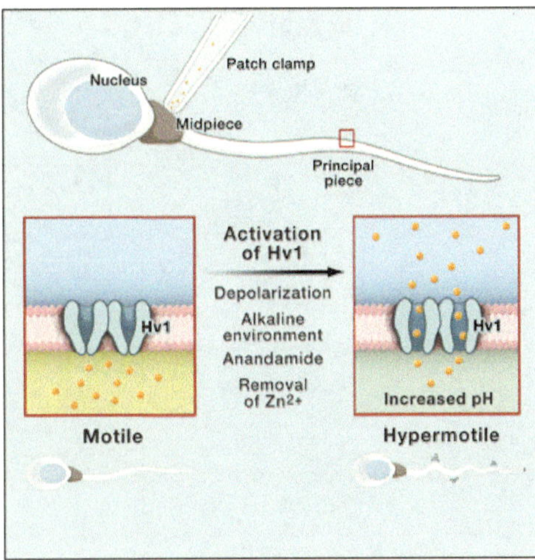


### EXAMPLE 3

- The image's components have been reoriented and condensed to tell the story from top to bottom.
- The colors have been adjusted to highlight and direct focus toward the most relevant information.

**BEFORE**

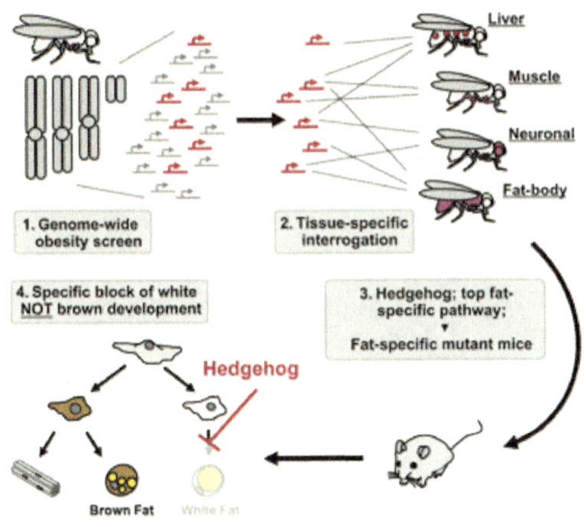


**AFTER**

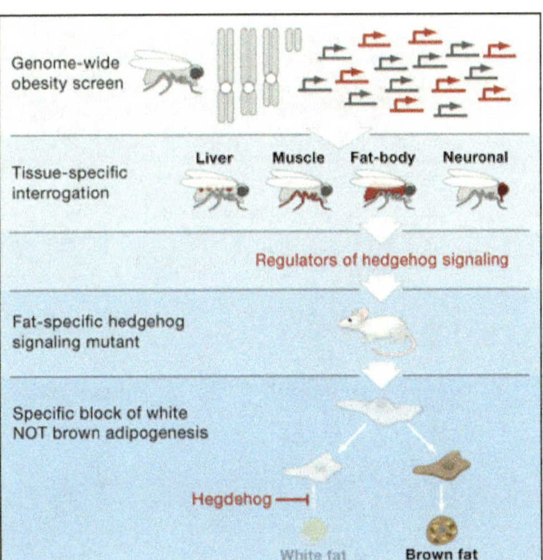

**EXAMPLE 4**

- The abstract's shape has been changed to adhere to the guidelines.
- The colors have been adjusted to direct focus toward the new findings.
- The mice used in the study have been inserted to add biological context to the image.

**BEFORE**

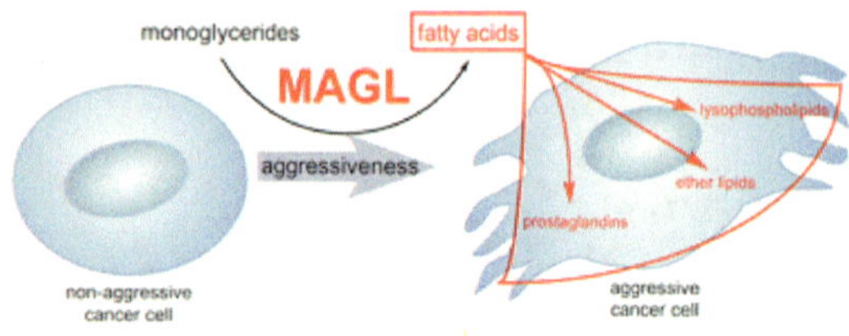


**AFTER**

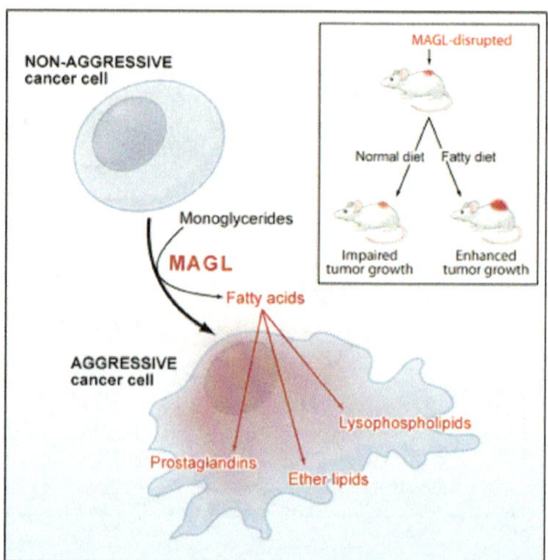


## Springer Nature 相关标准

**SPRINGER NATURE** GUIDE TO PREPARING FINAL ARTWORK

**Please take particular care to follow these guidelines for your final submission. Figures submitted in inappropriate formats will cause delays in processing your manuscript for publication.**

### Figure sizes

Provide files at approximately the optimal display size, as indicated below.

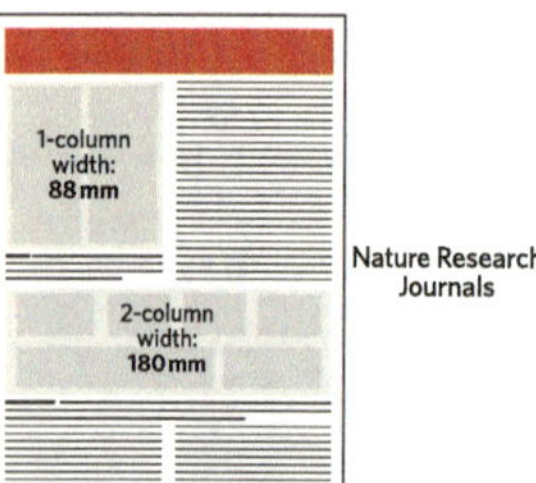


Nature Research Journals

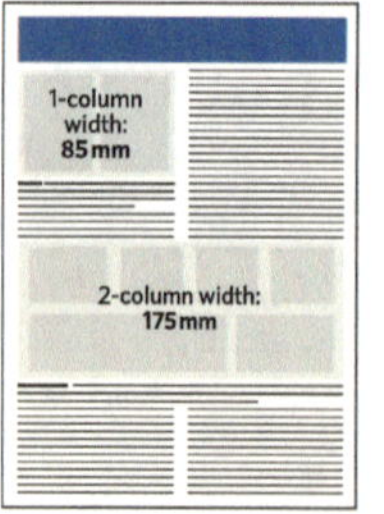


All other journals

**Vector files: AI, EPS, PDF**

All line art, graphs, charts and schematics should be saved/exported directly from the original application and file in which they were generated.

- To create vector files, open the original figure file in the application that it was created in. The text, data, lines and colours in this file should remain editable. Directly save/export the file as one of these file formats: AI, EPS or PDF. We cannot use bitmapped file types such as BMP, GIF, GIMP, JPG, PNG, Tex or TIFF for vector art.

Examples of figure types that should be supplied in vector format

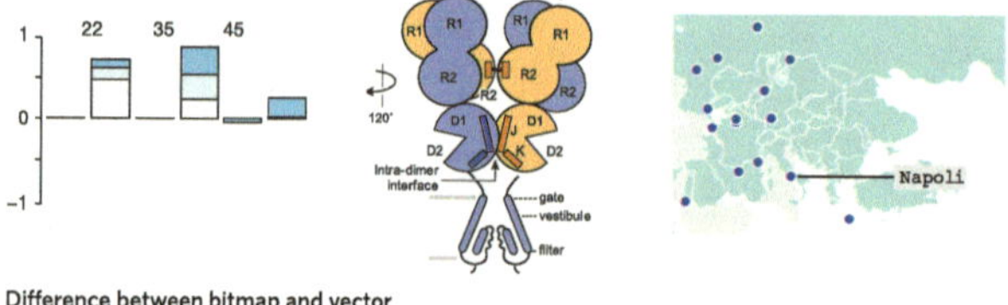


Difference between bitmap and vector

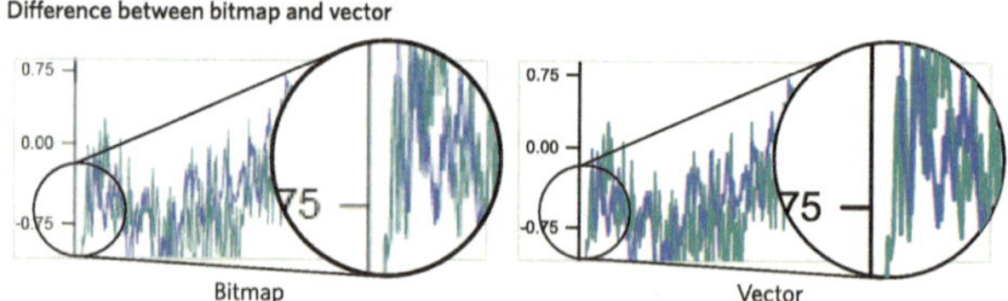


The pixelation becomes more apparent on bitmapped images the closer the reader zooms in.

**Bitmapped files: BMP, GIF, GIMP, JPG, PNG, Tex, TIFF**

GUIDE TO PREPARING FINAL ARTWORK

SPRINGER NATURE

## Text

- All text should be sans-serif typeface, preferably Helvetica or Arial.
- Maximum text size is 7pt. Minimum text size is 5pt.

## Colour

- Files should be supplied in RGB colour mode.

## Chemical structures

- If you are supplying a composite figure in a format other than .cdx but it contains ChemDraw structures, please also supply the ChemDraw elements in a separate .cdx file following the style guidelines. Please refer to the Chemical Structure Guide and use the downloadable template to format your structures.

## Stereo images

- Submit stereo images at their final published size.

## Saving figure panels

Save graphs, charts, schematics or other line art as **vector files.**
Save photographs or complex illustrations as **bitmap files.**

- All photos and complex technical illustrations, e.g. 3D-rendered graphics, should be directly saved/scanned in *at least* 300 dpi resolution at the maximum size that they could be used.
- Do not artificially increase the resolution of images in graphics applications such as Photoshop as this does not improve quality. Images should retain the best available resolution of the source files.

Examples of figure types that should be supplied as high-resolution bitmaps

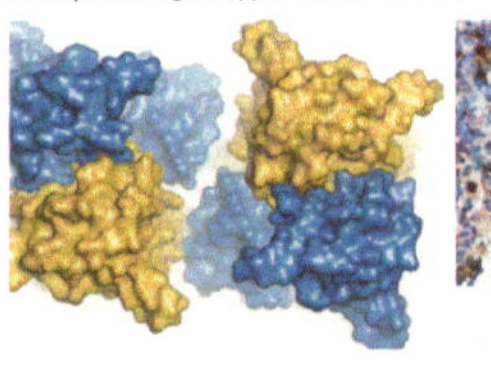

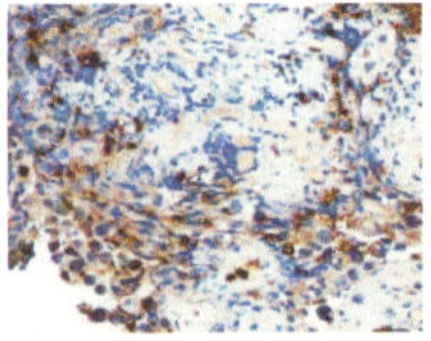

Difference between high-resolution and low-resolution images

The pixelation becomes more apparent on low-resolution images the closer the reader zooms in.

### Microsoft Office

- **Word:** We *do not* recommend using this because layers and vectorised formats can downgrade and flatten depending on how an image will import or paste.
- **Excel:** Please convert figures to PDF.
- **Powerpoint:** We can accept this if the figures are fully editable.
- Do not add graphical effects (e.g. drop shadow, 3D rotate and bevel) to objects, as these are exported as low resolution bitmaps.

### Adobe Photoshop

- We *do not* recommend Photoshop for creating figures. It is a 'raster' picture-based application, files are often large and difficult to process, and vector data can easily become flattened. This causes further delay when the production team have to retrieve editable files from authors.
- If you do decide to use Photoshop, PSD, TIFF or EPS, files will work provided that all text remains fully editable in 'type layers', and line-art (e.g. graphs, diagrams and symbols) are preserved and embedded within 'vector smart objects'.

## Combining vectors and bitmaps for final layout

### Compiling final figures

- When combining different figure parts into one file for layout, use a vector-based application such as Adobe Illustrator or Microsoft Powerpoint. We recommend: AI, EPS, PDF, PPT
- Do not use applications that do not support vector format. We do not accept: BMP, GIF, GIMP, JPG, PNG, Tex, TIFF
- Place all bitmapped images into the layout application at 300 dpi or at the native resolution if captured at less than the optimal 300 dpi.
- All text, and any overlaying elements, such as lines, axes, boxes, arrows and scale bars, should be in editable vector format and laid over the bitmapped images in the layout application.
- Try to keep each final figure to a maximum of 50 MB file size.

Examples of a figure with both vector and bitmapped parts

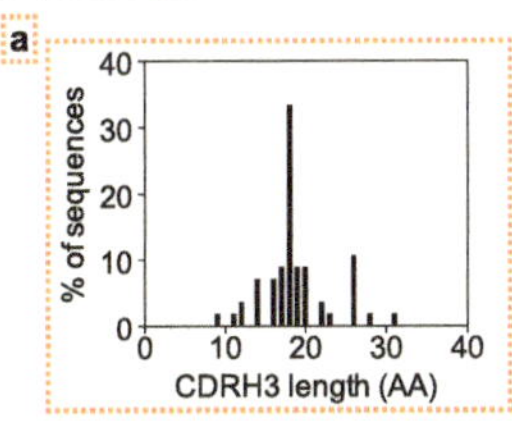


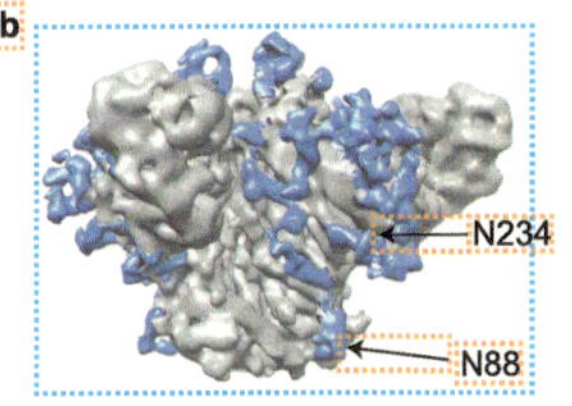


Vector parts that should be separate and editable.
Bitmapped parts that should be separate and at least 300 dpi resolution.

Example of overlaying vector elements onto bitmapped image

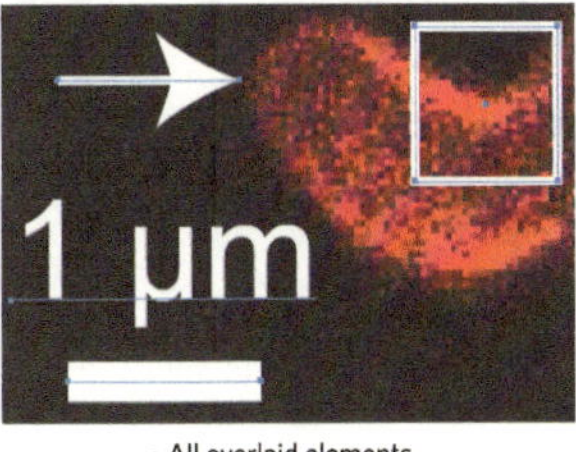


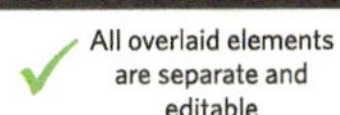

All overlaid elements are separate and editable

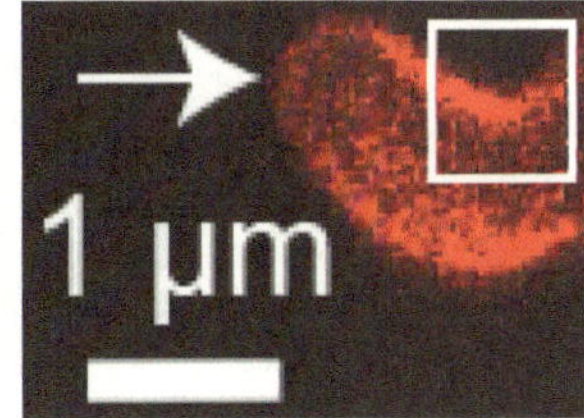


All elements have been flattened and are not editable